貓頭鷹書房：小歷史

在大歷史遺忘的角落
有各種事物，我們不知其來歷
有芸芸眾生，我們不知其悲喜
還有無數非比尋常的故事
我們不知其曲折動人，遠勝於虛構

小歷史撿拾這些精采的細節
讓你感受大千世界的
繽紛與深邃

貓頭鷹書房——智者在此垂釣

公尺的誕生

「公尺」如今已成爲我們溝通一切的基礎，土地、身高、光速、質量、公斤、溫度、宇宙尺度……從物理實驗室到市場買牛肉，公尺和公制彷彿是一件天經地義、自古即存的標準。然而你知道公尺是如何誕生、如何丈量的嗎？你知道推動公尺的背後，需要多大的熱情，又需要面對多大的人性考驗嗎？這是一個堅毅與挫折交雜的科學之旅，也是眞理與人性永恆糾纏的悲喜劇。

作者簡介

亞爾德（Ken Alder），現於美伊利諾州的西北大學教授歷史，擁有哈佛大學科學史博士及物理學學士學位。一九九八年曾獲美國獎勵科技史著作的「德克斯特獎」（Dexter Prize）最佳書獎。

譯者簡介

張琰，台大哲學系畢，輔大翻譯學研究所碩士。譯有《比利時的哀愁》、《伊麗莎白的祕密》、《腦力大躍進》、《哈！小不列顛》、《朝聖》等書，現爲專職譯者。翻譯本書第七章至結語，及全書定稿。

林志懋，台大物理系肄業、台大哲學系畢業。曾任雜誌社與出版社編輯，現專職翻譯。譯有《光的故事》、《阿基米德的浴缸》、《數學巨人哥德爾》、《艾可博士的36道推理謎題》等書。翻譯本書序幕至第六章。

貓頭鷹書房 412

公尺的誕生

The Measure of All Things

亞爾德◎著

張琰、林志懋◎譯

貓頭鷹出版社

貓頭鷹書房 412 ISBN 978-986-6651-72-4

公尺的誕生（原書名：《萬物的尺度》）

作　　者　亞爾德（Ken Alder）
譯　　者　張琰、林志懋
主　　編　陳穎青
執行編輯　陳雅華、張慧敏
特約編輯　陳慧靜
文字校對　李鳳珠
封面構成　董致成
版面構成　謝宜欣
行銷企畫　陳綺瑩、楊芷芸
出　　版　貓頭鷹出版社
發 行 人　凃玉雲
社　　長　陳穎青
總 編 輯　謝宜英
發　　行　英屬蓋曼群島商家庭傳媒股份有限公司城邦分公司
聯絡地址　104台北市中山區民生東路二段141號2樓
讀者服務　電話：0800-020-299／24小時傳眞：02-25170999
電子郵件　owl_service@cite.com.tw
貓頭鷹知識網　www.owl.com.tw
郵撥帳號　19833503英屬蓋曼群島商家庭傳媒股份有限公司城邦分公司
香港發行　城邦（香港）出版集團
電話：852-25086231／傳眞：852-25789337
馬新發行　城邦（馬新）出版集團
電話：603-90563833／傳眞：603-90562833
印　　刷　成陽印刷股份有限公司
初　　版　2005年8月
二　　版　2009年6月

定　　價　370元

大量團購請洽專線
02-23560933轉264

國家圖書館出版品預行編目資料

公尺的誕生 / 亞爾德（Ken Alder）著；
張琰、林志懋譯. -- 二版.-- 臺北市：貓頭鷹出版：
家庭傳媒城邦分公司發行, 2009.06
面；　公分 .-- (貓頭鷹書房；412)
譯自：The measure of all things:the seven-year odyssey
and hidden error that transformed the world
ISBN 978-986-6651-72-4（平裝）
1. 大地測量術 2. 歷史
440.9209　　98008356

■推薦序

公尺滄桑史

度量衡是一切科技的根本，本身也是一門最基礎的科技。在科技史上，公制的發明絕對是影響最深遠的事件之一。一九六〇年至今舉世通用的「國際單位制」（International System of Units，簡稱SI），便是衍生自公制的一套系統。而無論是公制或國際單位制，公尺（metre或meter，源自希臘文「測量」）這個長度單位都具有中心地位。

然而正如「國際度量衡局」所強調的「度量衡總是不停演化」，過去兩百多年來，公尺的定義經過數次大大小小的更迭，正好反映了十八世紀以來的科技發展。《公尺的誕生》這本書，正是要帶我們回到「公尺」定義的源頭，置身十八世紀科學家論辯與測量的現場，了解這一切如何發生。作者有如撰寫推理小說般鋪陳故事，一步一步解開隱藏在公尺背後的身世之謎，讀來趣味十足。

公制與法國大革命有密不可分的關係。法國人早就有心建立一套科學的度量衡制度，一七八九年那場革命正好帶來「破舊立新」的機會。他們鄭重其事地設立一個委員會，成員包括當時好些大科學家。爲了要讓這套度量衡成爲名副其實的「公制」，委員會決議採用地球當標準，將北極到赤道的經線定義爲一千萬公尺（粗略地說，便是將地球周長定義爲四千萬公尺）。想當然耳，他們最初定義的是經過巴黎的經線，但後來眞正測量的，則是從敦克爾克到巴塞隆納那一小段——根據這段距離，再配合天文觀測，便可推算出所需要的長度。然後將這段長度除以一千萬，便是製作「公尺原器」這根金屬棒的根據（這根金屬棒曾經改版好幾次，在此就不細究了）。

從此以後，法國人推廣公制不遺餘力，不過由於想像得到的諸多因素，世界各地的阻力卻相當大。一八七五年是公制全球化的第一個里程碑：許多國家在「公尺條約」上簽字，算是承認了公制的國際地位。位於巴黎近郊的「國際度量衡局」便是根據這個條約於一八八九年成立的，而公尺定義則改爲：保存於該局裡面那根鉑銥合金「國際公尺原器」上兩個刻度間的長度。

根據這個定義，公尺遂定於一尊，與地球周長不再有絕對的關係。嚴格說來這不算走回頭路，原因之一是地球並非眞正的球形，表面又凹凹凸凸，並不適合當長度的標準；原因之二是「國際公尺原器」還有許多副本，分送各國妥善保存，例如美國便將其副本存放於「國家標準與技術局」。

但是隨著科技的發展，「公尺原器」這種中央集權式定義逐漸過時（缺點與政治上的中央集權一樣，一來風險太大，二來不夠親民）。於是在一九六〇年，第十一屆「萬國度量衡會議」通過改以光波波長來定義公尺：將氪（86）原子某條橙色光譜線所對應的波長，定義爲一公尺的一，六五〇，七六三．七三分之一。如此只要有足夠精密的設備，任何實驗室皆可量得公尺的標準長度。套句政治術語，這是個標準的「去中心化」定義。有趣的是，某位法國科學家在一八二七年便提出過這樣的建議。

不過這個定義卻只用了二十三年。到了一九八三年，第十七屆「萬國度量衡會議」再度翻案，改將光線在眞空中行進一秒的距離定義爲二九九，七九二，四五八公尺，小數點後面統統是零。這個定義不但比波長定義簡潔得多，而且放諸宇宙皆準。因爲自從愛因斯坦一九〇五年提出狹義相對論之後，物理學家便堅信眞空光速是宇宙中最絕對的速度。値得注意的是，這個新定義造成「國際單位制」根本上的改變：最基本的物理量從長度變成了光速（通常寫作c）。此後測量光速的目的，不再是爲了求得更精確的c值，而是爲了對公尺做更精確的定義。

爲何要用二九九，七九二，四五八這個既古怪又麻煩的數字定義光速呢？那是因爲雖然光速非常接近每秒三億公尺（三十萬公里），科學家卻早就測得十分精確的數據：以公尺的舊定義來說，這個數據的整數部分正是二九九，七九二，四五八。因此一九八三年的新定義可算是「倒因爲果」，利用這個整數倒過來定義光速。據說當年在會場上，有人主張乾脆將光速定義爲每秒恰好三億公尺，可惜這個高瞻遠矚的提議卻遭到否決。想必是由於那會使得許多精密數據被迫更改，而全球科學社群經不起這樣天翻地覆的變化。

然而我相信總有一天，有識之士將體認到「長痛不如短痛」，而在某次「萬國度量衡會議」上將光速定義改爲每秒三億公尺。至於時機什麼時候成熟呢？當然是全球大大小小的資料庫都充分連線，所有相關數據能在一聲令下同時更改的那一天。

葉李華　柏克萊加大理論物理博士，現任交大科幻研究中心主任，譯有眾多科普及科幻作品。

公尺的誕生

目次

此書獻給布朗溫及瑪黛琳

它是每艘漂流船隻的星辰，
雖然量測了它的高度，它的價值卻不被人知。

人物表

主角

德朗柏（一七四九～一八二二），天文學家，爲一七九二至一七九九年經線探查隊的北段領隊。德朗柏最後的職位，是擔任巴黎科學院終身祕書。

梅杉（一七四四～一八〇四），天文學家，爲一七九二至一七九九年經線探查隊的南段領隊，協助他的是製圖工程師特杭蕭。梅杉在一七七七年娶馬儒爲妻，他倆的長子傑侯姆艾隆參加拿破崙的埃及遠征隊，幼子奧古斯丁協助梅杉第二次前往西班牙的任務，梅杉此去再也沒有回返。

拉蘭德（一七三二～一八〇七），天文學家及富有啓蒙傳統的哲學家。他是一名熱切的無神論者、伏爾泰的友人，自稱「全宇宙最有名的天文學家」，他也是德朗柏和梅杉二人的師友。

配角

波爾達（一七三三～一七九九），經驗豐富的海軍指揮官，也是法國首屈一指的實驗物理學家。德朗柏和梅杉所使用的科學儀器複讀儀，便是他的發明。

卡西尼（一七四八～一八四五），也稱卡西尼四世，是舊王朝時期主掌巴黎皇家天文台的家族世代第四人。最初被指派擔任經線探查隊領隊，後因抗議大革命而退出。

孔多塞（一七四三～一七九四），對於人類進步懷抱至為樂觀的態度。在舊王朝時期，他擔任科學院的終身祕書。身為熱切的革命派，他極力鼓吹公制在政治和平等主義上的優點。為了避免在革命派警方手中被處死，他在一七九四年自殺身亡。

拉普拉斯（一七四九～一八二七），是所處時代最重要的數學物理學家。他最高的成就——《世界的體系》，代表十八世紀牛頓物理學的極致。拉普拉斯理論最重要的部分是提及地球的形狀。他是公制主要倡導者。

拉瓦榭（一七四三～一七九四），是現代化學主要創立者之一，並且由於他擔任皇室包稅人的職務，也使他成為舊王朝時期法國數一數二的巨富。雖然他歡迎大革命，也是公制幕後強有力的提倡者，但還是在一七九四年因為參與舊王朝收稅機構而被處死。

勒讓德（一七五二～一八三三），法國數一數二的數學家。他在德朗柏和梅杉蒐集而來的數據資料協助下，創立了現代統計學。

普里鄂（一七六三～一八三二），又名金丘普里鄂。原為初級軍事工程師，後以公共安全委員會成員身分，成為法國的共同獨裁者。公制的採用，他是幕後主要推手。

勒諾瓦（一七四四～一八二二），法國頂尖的儀器製造者。他製造了波爾達的複讀儀，以及一七九九年定案的鉑公尺棒。

德朗柏，時年五十二歲，身著科學院正式服裝。畫像由高格爾作於一八〇三年。

梅杉，身著科學院正式服裝。此畫係由嘉尼耶根據梅杉生前的蝕刻畫，在他過世後繪出，作於一八二四年。

公尺的誕生
The Measure of All Things

編輯弁言

本書注釋體例有兩種，一種是以楷體字表示的譯注，另一種是以阿拉伯數字標示的出處注釋（相當於引用文獻出處）。

本書另外備有作者引用文獻（Note on Sources）、參考書目（Selected Bibliography），以及中文原文名詞對照表供進階讀者查索。讀者如有需求，可以上貓頭鷹知識網（www.owl.com.tw）查詢，亦可來信至owl_service@cite.com.tw索取電子檔。

德朗柏與梅杉的經線測量地圖

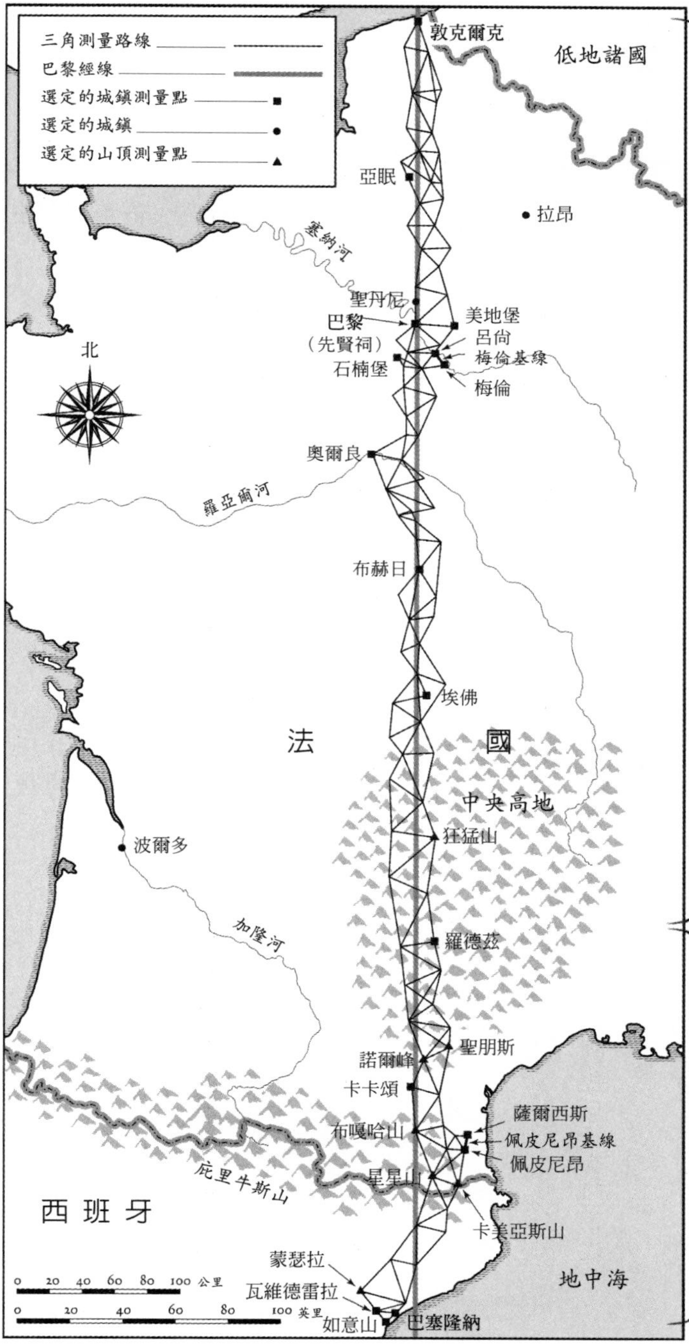

德朗柏測量的觀測點

梅杉測量的觀測點

序幕

一七九二年六月，法蘭西王朝日薄西山，正當世界以大革命所許諾的新平等爲中心開始轉動之時，兩位天文學家動身出發，朝著相反的方向，展開一段非凡的探尋之旅。博學多聞、見多識廣的德朗柏從巴黎往北，謹小愼微、一絲不苟的梅杉則往南。兩個人各搭乘一輛特別訂製的馬車，上面裝載著當時最先進的科學儀器，並有一名能幹的助手隨行。他們的任務是度量世界的長度，至少是從敦克爾克經巴黎到巴塞隆納的那段經線弧。他們希望，全世界從此都用地球作爲他們共同的度量標準。他們的任務是以北極到赤道距離的千萬分之一作爲此一新度量單位——「公尺」。

公尺恆存不變，因其取自地球，而地球本身恆久不變。公尺也將爲世上所有人民平等共有，恰如地球爲所有人民平等共有。借用這兩位科學家的前輩同行孔多塞（他是數學化社會科學之父，也是史上最偉大的樂觀主義者）之語，公制將「屬於所有人民、所有時代」。

我們常聽人說，科學是將全新觀念強加於人類歷史的一種革命力量。但科學也是崛起自人類歷史之中，重塑了日常活動的形式；有些活動太過慣常，我們幾乎不曾留意。度量是我們最爲平常的行爲，每當我們交換精確資訊，或是要分毫不差地買賣物品時，都會說著度量的語言。但正是這種無所不在的特性，讓度量隱而不彰。度量標準要發揮作用，就必須成爲眾人共有的一套設定，我們以此未經檢驗的假定爲背景，達成協議，做出區隔。這麼一來，度量單位被視爲理所當然、無庸贅言，也就不令人意外了。但一個社會對其度量單位的用法，表現出這個社會對於公正性的看法。這正是天秤被廣泛用作正義象徵的原因。在《舊約聖經》中便找得到這樣的告誡：「你們不可在審判、在量桿、在秤砣、在量器上做任何不義之事。你們當有公正的天秤、公正的秤砣、公正的**伊法**（古希伯來的度量單位），和公正的**容器**[1]。」我們的度量方法，決定我們是什麼樣的人，以及我們所珍視的價值。

發明公制的人明白這一點，他們是啓蒙時代傑出的科學思想家，在那個時代，理性被提升至「宇宙唯一主宰」的位階。當時一般稱呼研究大自然的學者爲「科學才士」（savant），他們有一張現代的臉孔在瞻望著我們，還有一張較古老的面容猶回眸過往。當然，在他們看來，自己並非兩面游移；兩面游移的是這個世界，一面是難以負荷、阻礙進步的過往，一面是烏托邦式、等待降生的未來。

這群科學才士驚訝於周遭所見形形色色的重量與尺度單位，十八世紀的尺度單位不只各國有別，連一國之內也分歧多異，這種分歧阻礙了傳播與商業活動，同時不利於理性治國之道；這些科學才士更難以將他們的研究成果與其他研究者比對交流。一個在大革命前夕遊歷法國的英國人發現，當地度量單位的分歧多異有如苦刑般磨人。「在法國，」他抱怨，「度量單位雜亂如麻、沒完沒了，完全無法理解。不只各省不同，每一區，甚至每一個城鎮也各有差異……」當時有人估算，王朝時期的法國，在大約八百個名稱底下，包括了二十五萬種不同的重量與尺度單位，數量之多，令人咋舌[2]。

科學才士們則想像一種普世通用的度量語言，以取代度量單位的這種巴別塔亂象（基督教《聖經》中的故事，挪亞的後代妄想在巴別城建高塔通天，引起上帝震怒，遂令建塔工人一夜之間語言各異，無法溝通，因而彼此猜忌，各自散去，塔因而無法建成），此一語言將給貨物交易與資訊交流帶來秩序與理性。這會是一種合於理性且一致的制度，引導其使用者以一種合於理性且一致的方式來思考這個世界。但若沒有法國大革命，即史上最偉大的烏托邦動亂，提供他們一次意外的機會甩掉慣習舊制的鐐銬，並在依循原則行事的基礎上建立新世界，則科學才士所有偉大構想都將流於空想。科學才士的主張，正如法國大革命宣告了所有人民的普世權利，大革命也應該宣告普世通用的度量單位。而爲了確保他們的發明不會被視爲只是某一個人或民族的產物，他們決定要從度量這個世界本身，推導出這個世界的基本單位。

七年之間，德朗柏與梅杉沿著經線而行，從我們這顆星球的曲面，萃取出這個獨一無二之數。他們反向開始各自的旅程，然後，當他們抵達各自那條經線弧的盡頭時，再掉頭相向而行，穿過因革命而引燃火苗的國土，測量其回程路徑。他們的任務讓他們登上大教堂鑲金綴銀的塔頂，攀越穹頂火山之巔，差一點點就上了斷頭台。在這樣的暴力年代中，這是一件極其講求精準的任務。他們一再被人質疑，遭遇阻礙。當地球正在你腳下轉動，你要如何去測量它？當全國陷入混亂之際，你要如何建立一套新秩序？當一切事物皆可爭而奪之，你要如何訂出標準？單就這件事而言，難道沒有更好的時機完成它？

到最後，他們完成了七年之行，兩位天文學家在南方要塞卡卡頌碰頭，從那裡返回巴黎，將他們的資料呈給一個國際委員會，這是世界上第一次的國際科學會議。他們努力的成果，則以純鉑製成的一根標準公尺棒加以崇奉（歷史上共製作過三次標準公尺棒，第一次是一七九五年六月九日，以黃銅製成暫定的標準公尺棒；第二次是一七九九年六月六日，以純鉑製成定版的公尺與公斤標準原器；第三次是一八八九年，以百分之九十的鉑和百分之十的銥製成的鉑銥合金棒爲公尺的國際標準原器。此處所言應是指第二次的標準公尺棒）。這是凱旋的一刻：證明在社會與政治動盪之際，科學仍能做出某種恆存之物。法國的新統治者收下他們努力工作的果實，並做出一項預言。「征服者來來去去，」拿破崙如此宣言，「但此一成就將永垂不朽[3]。」

在過去這兩百年間，征服者的確來來去去，但公尺已成爲萬物的尺度。今天，公制是高科技通訊、尖端科學、機械化生產與國際商務的共同語言。當百分之百全球化規模的貿易與經濟合作，因公制而得以可能，舊制的度量單位也就黯然退位。弔詭的是，全球經濟中首屈一指的國家，至今仍是此一規律的唯一例外。美國第三任總統傑佛遜無法說服國會讓美國成爲第二個採用公制的國家，此後每一個改革者都遭遇相同的命運。當有人要求美國第六任總統亞當斯考慮美國是否應採用公制時，他稱此爲印刷機之後最偉大的發明，並預言公制將比蒸汽機節省更多人力，但他卻主張不予採用。一直到最近幾年，美國的製造商才開始重新改裝機器以配合公制單位。很少有美國人知道，他們的國家終於開始一場寧靜革命，在新的全球經濟壓力下，改變他們的度量單位[4]。

當然，照目前的情形看來，難堪的是，此一轉換並不完全。一九九九年，美國人損失了火星氣象觀測軌道太空船，因而痛苦地體認到此一事實。美國航空及太空總署針對衛星失靈的一份調查報告透露，有一組工程師使用傳統的美制單位，另一組則使用公制單位。結果就是六十英里的軌道誤差，以及一億兩千五百萬美元的發射行動付諸流水。

兩百年前，具革命性思想的科學家創造了公制，正是要避免這類的失敗慘劇。他們的目的之一，就是要增進科學家、工程師與行政人員之間的溝通。他們還有更大野心，那就是把法國，最終是全世界，轉變爲貨物與資訊公開交流的自由市場。今天，他們的目標似乎觸手可及。現在，全世界超過百分之九十五的人口採公制爲標準，而此一成就則被吹噓爲全球化大行其道的好處之一。

但在公制高奏凱歌的背後，卻有著一段漫長又苦澀的歷史。烏托邦主義的基本謬誤之一，就是假定每個人都想生活在同一個烏托邦之中。事後看來，法國不僅是率先發明公制的國家，她也是第一個拒絕公制的國家。法國引進公制幾十年後，一般民眾視新制如無物，堅守各自的地方性度量單位，以及憑藉這些度量單位而運作的地方經濟。遭遇這種來自底層的反叛，拿破崙在他災難性的侵俄戰爭前夕，讓法國恢復巴黎在王朝時期所採用的度量單位。如今，他嘲弄著他曾讚譽過的這些人世界一家的抱負。「讓四千萬人快樂，對他們來說是不夠的，」他對這些人嗤之以鼻，「他們還想在全宇宙留下自己的大名[5]。」一直到十九世紀中葉，法國才又變回公制，而且一直到二十世紀還有人在使用舊制的度量單位。科學上還得大費一番周章，加上許多年的痛苦衝突，公制度量單位才成爲常態；正如當初是經歷了一場革命，公制才得以問世。稍有差池，結果可能就有所不同。

公制的擁護者與反對者可能都不知道，在公制的核心之處，祕藏著一個錯誤，日後每一次給公尺下定義時，這個錯誤都會一再延續。甚至，正如我在研究過程中所發現，可能知道這個錯誤究竟有多嚴重的，唯有德朗柏與梅杉本人。

那些想知道公制起源的人，得去翻翻一份文件：經線探查隊兩位領隊之一、北上的那位天文學家德朗柏所編纂的正式報告書。德朗柏撰寫了《公制之基礎》，以便「無所遺漏或保留地[6]」呈現探查隊的所有發現。超過兩千頁的內容，這部令人肅然起敬的巨著看來的確是夠詳盡的了。但儘管如此長篇累牘、專業權威，《公制之基礎》卻是一部詭異之作，有著令人困惑的矛盾。我讀著讀著，開始有了這種感覺：這部書不是公尺的完整歷史，德朗柏自己在書中到處留下這樣的線索。例如，他在第三卷中說明，他把公尺計算的所有紀錄都存放在巴黎天文台的檔案中，以釋後代對其計算步驟可靠性之疑。

這些紀錄現在還放在那裡，巴黎天文台是一幢氣勢宏偉的石構造建築，就在今天的巴黎市中心盧森堡公園南邊。路易十四創立皇家天文台和皇家科學院時，其目的是要拿新的天文科學來彰顯其君臨天下之輝光，並提供其科學才士們所需之工具，好拼出其地上王國的精確地圖。這幢建築的座向完全循法國境內南北經線的走向。天文台就像法國一樣，呈現出兩種面貌。從北邊看過來，天文台幾乎難免被誤認爲一座皇家堡壘，暗色石牆監視著一片霧濛濛的灰色礫石平原，迤邐而向北海。從南邊看過去，又好似一座雅致的宮殿，自其八邊形樓閣遠眺，目光越過階梯庭園，順著篠懸木的林徑，彷彿一階階走下遠方的地中海。王朝時期，大多數的法國頂尖天文學家都寄住在天文台綠草如茵的院落內；到了今天，此地仍然是法國首屈一指的天文物理學家才能使用的研究場地。

天文台的檔案放在八邊形的東南角上，那裡的經線考察文件裝滿了二十個紙箱。其中包括寫在工作日誌和紙片上的好幾千頁計算，並附上地圖、議定書、圖解和公式，七年精算只爲求得一數：公尺的長度。翻閱梅杉其中一本工作日誌，我發現一段長長的旁注，是由德朗柏所寫並署名：

我把這些筆記放在這裡，來證明我對於應發表梅杉哪一個版本的資料所做的選擇是正確的。因為我並未把大眾不需要知道的事告訴他們。我隱瞞了所有可能削弱大眾對此等重要任務之信心的細節，這是一個我們不會有機會再次核查的任務。梅杉先生對他每一項觀察與計算所投注的心力，讓他享有良好聲譽且當之無愧，任何可能損及其聲譽之情事，不論多麼枝微末節，我都滴水不漏地加以封鎖[7]。

我還記得當我讀到這些字句時內心的震驚，梅杉的資料何以不止一個版本？究竟是什麼東西被隱藏而未公諸於眾？部分答案就在一個紙箱裡，這個紙箱沒有和其他紙箱放在一起，而是被德朗柏另存他處，並加上封蠟特爲防範。如今，這塊封蠟已破，紙箱中沒有工作日誌或計算紀錄，倒是有些信件，數十封德朗柏與梅杉之間的往來信件，以及德朗柏與梅杉夫人之間的信件。我是否在這些滿布塵埃的計算紀錄中，意外發現一樁密謀矇騙的醜聞？讀完這些信件，我領悟到，我所發現的比這更加令人感興趣：一個有關科學錯誤的故事，以及正直誠實的男女因此而被迫面對的痛苦抉擇。梅杉給德朗柏的最後一封信是從遙遠南法黑色山脈的聖朋斯修院寄出，在信紙的邊上，德朗柏字跡潦草地寫著最後一則注解：

雖然梅杉不止一次求我燒掉他的信，但他的心理狀態，以及我怕有一天他會轉而與我敵對，讓我留下這些信件，以防有朝一日，我需要用這些信來為自己辯護……但為審慎起見，我把這些信件封存起來，如此一來，這些信件就不會被打開，除非有人需要核查我在《公制之基礎》中所發表的摘錄資料[8]。

在別處還有一些與此謎團有關的線索，這些線索不僅散落法國各地及德朗柏保存的各種資料中，也散見於西班牙、荷蘭、義大利、德國、丹麥、英國及美國許多與這兩位科學才士魚雁往返的通信紀錄裡，其中包括德朗柏的一批文件，這些文件從法國一處檔案室中神祕消失（據檔案管理員的說法，是和垃圾一起丟了），而後經由倫敦一家拍賣商行，來到美國猶他州普羅沃市的楊百翰大學圖書館。最後，我追查到一樣長久以來被認定已經佚失的東西：德朗柏自己手上那一部令人肅然起敬的巨著，《公制之基礎》。

這套書如今放在卡普斯的私人住宅裡，他是美國加州聖塔芭芭拉市一位珍本書與手稿收藏家。在那套書的書名頁上，德朗柏以他瘦削的字體寫下拿破崙的大預言：「『征服者來來去去，但此一成就將永垂不朽』，拿破崙致《公制》作者之語[9]。」而書名頁並非他注有眉批的唯一頁面。

這些文件加在一起，揭露出一個精采故事。這些文件透露，儘管梅杉極其小心、力求精確，卻在考察初期犯了一個錯誤;更糟的是,當他發現自己犯了錯,卻加以掩蓋。梅杉因爲怕被人發現自己的錯誤,而備受折磨,瀕臨瘋狂。一直到最後過世之前,他還在設法要矯正自己的錯誤。原來,公尺是錯的,日後每一次重新定義其長度時,都會延續這項錯誤,包括我們現在以光在幾分之一秒內的行進距離來定義公尺。

根據今天的衛星探測,北極到赤道的經線長度爲一千萬零兩千兩百九十公尺。換言之,德朗柏和梅杉算出來的公尺大約短了〇·二公釐,差不多是這本書兩頁的厚度。看起來好像不多,但已經多到能用手指感覺出來,多到會對高精密科學產生影響,而就在這些微的差距中,有著兩個男人的故事;他們被派往相反方向去執行一項艱鉅的任務——度量世界的使命,卻發現,正直就像馬車般將他們載往南轅北轍的方向。這兩人都是四十多歲的男人,都是來自外省,出身卑微,憑著天分和苦幹而出人頭地。他們兩個都受業於同一位天文學家——拉蘭德,並且就在被選入科學院之際,躬逢大革命交付千載難逢、建功立業的大好良機:在世界的度量標準上留名。但在他們的七年之行中,這兩個人對他們的公尺度量使命,以及這項使命所要求的矢志獻身,有著不同的體會。而此等不同,也就決定了他們的命運。

這也是一個關於錯誤及其啓示的預言:人如何在他們的工作上,也在他們的生命中努力追求烏托邦式的完美,又如何不得不接受無可避免的缺陷。犯錯是什麼樣的感覺,尤其是在這種至關重大的事情上?但德朗柏與梅杉就算沒有功勞,也有苦勞,因爲他們不僅改寫我們對於地球形狀的知識,也改寫我們對於錯誤的認知。在此過程中,科學上的錯誤不再只是一項道德缺陷,更轉變爲一個社會問題,從此改變所謂科學工作者的意涵。的確,這場探險,同時也是一段自我發現之旅，訴說著舊時科學才士如何轉型成爲現代科學家的故事。而他們的辛苦成果所產生的回響，更遠邁於科學領域之外。我們可以從經濟交易的全球化，從一般民眾對自身最佳利益的認知方式之中，察知其影響之所及。到頭來，連他們足跡所經的法國鄉間也都幡然變貌。

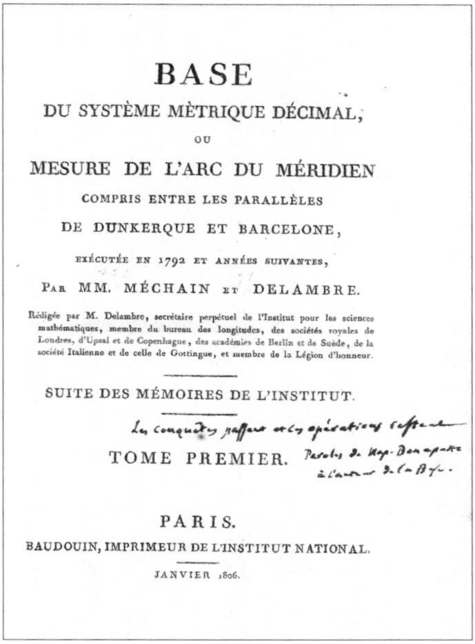

BASE

DU SYSTÈME MÈTRIQUE DÉCIMAL,

OU

MESURE DE L'ARC DU MÉRIDIEN

COMPRIS ENTRE LES PARALLÈLES

DE DUNKERQUE ET BARCELONE,

EXÉCUTÉE EN 1792 ET ANNÉES SUIVANTES,

PAR MM. MÉCHAIN ET DELAMBRE.

Rédigée par M. Delambre, secrétaire perpétuel de l'Institut pour les sciences mathématiques, membre du bureau des longitudes, des sociétés royales de Londres, d'Upsal et de Copenhague, des académies de Berlin et de Suède, de la société Italienne et de celle de Gottingue, et membre de la Légion d'honneur.

SUITE DES MÉMOIRES DE L'INSTITUT.

Les conquêtes passent et ces opérations restent

TOME PREMIER.

Paroles de Nap. Bonaparte à l'auteur de la Base.

PARIS.

BAUDOUIN, IMPRIMEUR DE L'INSTITUT NATIONAL.

JANVIER 1806.

卡普斯收藏的德朗柏《公制之基礎》　在《公制之基礎》一書的書名頁上，德朗柏親筆寫下：「征服者來來去去，但此一成就將永垂不朽——拿破崙致《公制》作者之語。」

爲了弄清楚這段歷史，我動身出發，重新踏上他們的探查之旅。二〇〇〇年，正當法國在經線綠帶上（這是一排六百英里長的常綠樹，原本是要標誌法國境內的經線，但不知什麼原因，根本就沒種下去）慶祝千禧年之際，我循著德朗柏與梅杉的之字形路線出發了。我攀上教堂尖塔與山嶺巔峰，他們曾在此進行測量；我也在各省的檔案中爬梳，追查他們的行蹤。這是我自己的法國觀光行程。德朗柏與梅杉已經證明，謹慎地運用科學知識，或許就能像阿基米德曾誇言的，移動整個世界。他們憑著馬車和雙腳前行，我則以一輛自行車代步。畢竟，自行車不就是一根槓桿架在齒輪上嗎？這根槓桿讓自行車騎士得以在世界的表面上移動，或者換句話說，讓自行車騎士得以移動整個世界。

第一章　北上的天文學家

法布瑞斯向他們出示通行證，上頭說明他是個帶著貨品旅行的氣壓計推銷員。「他們是笨蛋嗎？」邊界守衛大叫，「這太離譜啦[1]！」

——斯湯達爾，《帕馬修道院》

鄉下靜得出奇，路上看不到半個人。當地民兵奉令要攔下「任何徒步、騎馬或搭乘馬車旅行的陌生人，以大革命揭櫫的『自由』與『平等』原則所要求的親切態度，核對通行證上的身分；如果通行證確屬僞造，則將他們帶到市政府，依法裁決」[2]。那天下午，一名騎兵隊長叫一個攜同妻女乘馬車旅行的男子趕快回家。凡爾登要塞已經陷落，八萬名普魯士軍兵正越過香檳平原，朝巴黎進軍，要讓法王重返王位，一輪猛攻蓄勢待發。首都已經發出一道公告，外圍村莊的民眾應當做好準備，「與他們的市民同胞共享拯救祖國之榮耀，或者爲保衛祖國而殉命」[3]。在首都城牆內，這名騎兵隊長告訴那個旅人，愛國志士已經開始屠殺市內所有囚犯，以免他們起事爲王黨助戰。

就在一七九二年九月四日這天，一處坐落於這一帶最爲隆起高地上的城堡頂端，有一個男人正俯身以一具奇怪的儀器瞄準著地平線。這個外表看來應該是位科學才士的男人，已在二十二英尺高的尖塔內設置了觀測台，這座尖塔通常是拿來當觀景台，在這裡用餐的人大概會覺得景色怡人。他不時從儀器上抬起頭來，操作兩具望遠鏡上彼此交錯的銅環，先把銅環轉向一邊，再轉向另一邊，彷彿在解一道機械謎題。然後他把眼睛湊到接目鏡上再瞄一次，一位助手確認刻度，另一位則記下刻度值。這是一種精細的操作，對極微的震動都會有反應。這些人不敢挪動重心，以免樓板把他們的動作傳遞到儀器上，弄亂了刻度，這些刻度值注定要用來算出獨一無二、恆存不朽的萬物尺度。

美地堡這個名字取得好，這座城堡的確是「坐擁美景」，以其俯瞰布里耶的肥沃谷地而聞名。自十三世紀以來，山丘上就矗立著一座城堡，此時的堡主維塞克伯爵准許探查隊在他的遊憩樓閣中工作。西方的地平線上，這位科學才士可以看到一雙穹頂自灰暗雜亂的巴黎升起：新的是先賢祠鉛灰色穹頂，舊的是傷兵院金色穹頂。南方的地平線上，他可以找到布里康羅鎮上的哥德式教堂。北方的地平線上，他應該認得出即將被拆除的達瑪坦教堂鐘樓。近一點則可以看見蒙惹的中世紀城樓，他原本希望在那裡進行測量。他的任務是測量這幾個地點之間的水平夾角，並達到前所未有的精準度。

那天傍晚，正當這位科學才士完成他在美地堡第四天、也是最後一天的觀測，夜幕已經低垂，他的助手們正在打包儀器要放進馬車，等著他們從拉格尼鎮叫來的驛馬，但來的不是驛馬，而是一隊民兵。這些民兵全副武裝、火槍上膛，而且幾杯黃湯下肚後，酒膽十足。他們取得當地市議會的批准，可以搜索附近所有莊園城堡。鄉下正謠傳有叛國賊出沒，許多人懷疑美地堡的四位訪客正在替普魯士蒐集情報。他們不是付錢叫當地的木匠小尙在蒙惹的塔樓廢墟上蓋一座台子嗎？而人人都曉得，蒙惹有殺人祭司的惡靈出沒。他們必須出示證明文件[4]。

這位科學才士出示通行證，上頭說他叫做德朗柏，「與梅杉先生共同受命於國民公會，進行敦克爾克到巴塞隆納這段經線的數學測量」。德朗柏是個身材結實的四十二歲男子，身高五．四英尺，就當時來講算是中等，有著圓臉、高鼻、藍眼，以及從前額往後梳的棕髮。這是一張眞誠、坦率的面容，但充滿好奇、觀察敏銳，加上帶點嘲諷的嘴。他的藍眼睛毫無遮掩，令人戒心全消，靠近一點看才恍然大悟：德朗柏沒有眼睫毛。他觀察別人，卻不是容易觀察的人[5]。

他的助手們也出示了證件。第一位是勒弗朗謝，二十六歲的天文學見習生，是傑出天文學家拉蘭德的外甥。第二位是貝勒，三十二歲的儀器製造工匠、勒諾瓦的學徒，勒諾瓦的工作坊爲探查隊打造了最新型的「波爾達複讀儀」，這套儀器讓他們的測量達到前所未有的精準。第三位是叫做米榭的男僕[6]。

民兵隊長似乎覺得有這些文件就可以了，但他的夥伴並不同意。他們抱怨這些通行證已經失效，講得更精確一點，這些通行證是由一個已經失效的政權所核發。通行證被簽署之後的這四個月來，路易十四已在一場動亂中遭到罷黜，共和國也已建立。

德朗柏試著解釋，他奉派進行一項度量世界大小的任務，他是大地測量人員，這是一門度量地球大小與形狀的科學。儘管聽起來不合理，但在國家存亡之秋，政府還是把他的任務列爲最高優先。他的任務就是沿著法國境內那條經線來來回回地走，而科學院——「沒啥**學院**啦，」一個民兵打斷他的話，「**學院**沒啦，我們現在人人平等。你得和我們一起走[7]。」

這不是眞的，至少此刻還不是；就德朗柏所知，科學院還在。就在那個星期稍早，科學院裡的偉大化學家兼財務主管拉瓦榭還提醒過他，不要放棄任務，直到「耗盡身上所積蓄的最後一絲氣力」[8]。任何暫停或終止，都必須得到國民公會的許可。但此刻再做反抗，似乎沒什麼意義。如德朗柏寫給一位朋友的信中所言：「他們有武器，而我們有的只是理性，爭論雙方並不平等[9]。」

所以，德朗柏和他的隊員接受民兵的「邀請」，與他們一起在夜間穿越田野。滿地泥濘，天空一片漆黑，大雨開始傾盆而下。「幸好，我還有時間在身上披一件雙排釦長大衣，」德朗柏寫道，「我們在趕路時可以和這些人聊聊天，讓他們明白事理，所以，他們開始對我們表現出一點禮貌，會警告我們前面的落腳處不太穩靠，當我們有需要時，也會伸手把我們從爛泥巴裡拉出來。」接下來的四小時裡，他們與民兵一起巡邏，挨家挨戶搜查武器並徵用馬匹。在漆黑中奮鬥六英里之後，終於在將近午夜、被暴風雨淋得全身濕透時，抵達拉格尼[10]。

自治委員會正秉燭夜會，鎭上已進入戰爭狀態。奥柏蘭鎭長原是當地修道院（此時已遭解散）的財務官，不久前才剛稱許他的鎭民們推翻了「可憎的國王」，並拆穿「腐敗的大臣及國內其他吸血鬼背信棄義的政令」[11]。德朗柏向與會的官員們出示文件，一位委員認可文件上縣府官員的簽名，並主張德朗柏應予釋放。但奥柏蘭鎭長較爲多疑，他下令探查隊四名隊員由武裝警衛護送到「大熊旅店」，要他們「別自認遭到逮捕，**只不過是拘留而已**」。此期間，德朗柏可以送信給縣辦公室，好讓他們派人來擔保其任務合法有效[12]。

「那一夜，我們無法更衣，沒有睡衣，什麼都沒有；我們只弄到幾根薪柴和兩杯劣酒，來把身上弄乾一點[13]。」不過那天晚上，看管他們的兩名警衛更慘：他們整夜都得待在多風的走廊上，拘留幾個沒打算要逃跑的傢伙。德朗柏在他的探查工作日誌上如此記載：「被送往大熊旅店，兩名哨兵守在出口；一七九二年九月四日，『自由』的第二年、『平等』的第一年[14]。」

天亮後，區辦公室來函確認，該任務確實是由法國最高當局所指派，德朗柏心想，在離開鎮上之前，最好是親自向自治委員會感謝他們整夜的款待。當他進到鎮公所時，鎮長從他的辦公室衝出來，為前一晚的「小麻煩」表示歉意，然而，當時對德朗柏的說明不耐，並對科學院人士有所輕蔑的那

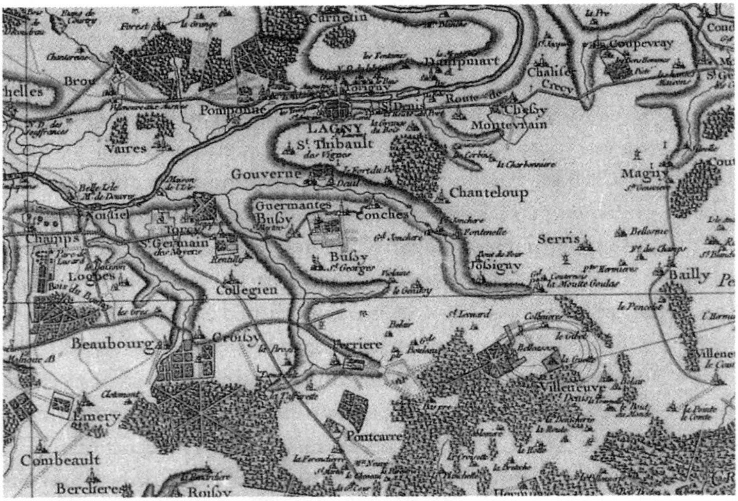

卡西尼的地圖，顯示巴黎以東、美地堡周邊區域　這是偉大的卡西尼法國地圖（一七四〇～一七四五）其中一塊，顯示美地堡周邊地區。該堡在此被標示為Belleassise，在拉格尼（Lagny）東南邊、往維勒納夫（Villeneuve）的路上。該堡在十九世紀時由羅特希爾德男爵取得，十九世紀末時被拆毀。堡中的幾何形花園（如圖中所繪），如今是一片雜亂的泥濘林區，只剩風車（圖上也有標示）依然矗立。拉格尼鎮現在是巴黎的一處郊區，該鎮東邊的土地如今則是巴黎迪士尼所在的谷地。

個民兵，就站在一旁，滿臉不悅，看起來宿醉方醒[15]。根據自治會紀錄，德朗柏隨即「感謝自治會這麼快就准許他繼續上路」[16]。

「於是，值得紀念的前科學院院士被捕記，這段眞實的悲喜經歷就此結束。」那天傍晚，德朗柏在給朋友的信上這麼寫著——殊不知，他的麻煩才正要開始[17]。

德朗柏的鎭定自若帶著點挖苦，部分是因爲他在科學上的起步較晚。他一直到三十多歲，才開始研究天文學，許多科學家在這個年紀，不是正處巓峰狀態，就是已經開始走下坡。他在一七四九年九月十六日生於主教座堂所在地的亞眠，是位小布商的長子。德朗柏這個家族姓氏大概是從lambeau這個字演變而來，意思是「碎布片」。當他十五個月大，還是個小嬰孩時，染上天花，幾乎喪失視力，眼睫毛更是再也長不出來。如果後面這項損失，使他日後在使用望遠鏡時較易於上手（睫毛往往對初學者造成妨礙），那麼，他的弱視幾乎就預告他在天文觀測領域前途黯淡。一直到二十歲，他都還對陽光嚴重過敏，幾乎看不見自己寫的字。他在成長過程中，一直猜想自己終有一天會瞎掉，也因爲如此，他拚命讀他找到的每一本書。他學英文，又學德文，還向耶穌會士學東西，一直到修道會被趕出法國，就在此時，鎭上從巴黎請來三位教師替補[18]。

若非這當中一位教師推薦德朗柏爭取普勒西茲獎學金，那麼，當地的本堂神父大概就是他所能求取的最高地位了。普勒西茲是巴黎名校，青春期的男孩在此不斷被灌輸拉丁文經典作品，從而將羅馬式美德默化於心。該校畢業生之中，有虔誠的神學家、無神論的醫生、主張共和的軍人及傑出的科學才士。然而，到了考試的時候，年輕的德朗柏卻未能實現大家的厚望。他沒有通過決選，因爲他看不見測驗卷上的字。由於沒拿到大學獎學金，他的父母便催他回亞眠擔任神職。

但德朗柏卻留在首都，以麵包和水餬口，白天研讀古希臘文，晚上與風流文人狂飲。此時正是啓蒙運動的高潮，年紀老邁的伏爾泰從瑞士費爾內發出雋語警句，鬱鬱寡歡的盧梭在鄉間撰述長篇大論，而他們的後繼者，則在咖啡館繪製烏托邦藍圖，在屋頂閣樓寫出煽動顚覆的小冊子。德朗柏和他的朋友也自組文學俱樂部，但爲了養活自己，他找了個臨時差事，在巴黎附近的貢比涅教貴族的兒子念書。爲了要教學生，他不得不自修數學；他讀原文版米爾頓的《失樂園》，還編寫自用的初級英文讀本，裡頭收錄像這樣的道德訓誡：「喜愛有錢人，乃卑屈奴顏的靈魂之屬性；相較下，生活清貧而德高，則爲尊貴恢宏的心靈之特質[19]。」

他實在夠窮了，二十二歲那年，他回到巴黎，給達西之子當家教，達西屬於興旺富裕的菁英階層，掌管整個王國的財政。此後三十年間，德朗柏一直是達西家裡的一份子。學生家長爲表謝意，甚至提議讓他在財政部門裡掛名領乾薪，但德朗柏選擇一份數額較少的年金，這樣，他就可以把餘生都獻身研究。王朝時期許多前途看好的外省年輕人也是如此，當一個俗家神職人員，領一小筆津貼，做個獨身學者。那些日子，德朗柏自稱爲「德．蘭柏神父」。他是個有世界性視野的人文學者，治學嚴謹，安於窮厄，對人類的荒謬處境別有洞見。他有著細窄的眼睛，雙眉帶點揶揄，還有一張勾著多疑弧線的嘴。雖然早已年過三十，事業尚無成就[20]。

過去這幾年來，他一直在研讀古希臘科學。爲了補強自己的研究，他也看一些現代天文學的書，這讓他接觸到此一領域的標準教本：拉蘭德的《天文學》。他一邊讀這本書，一邊決定去皇家學院旁聽拉蘭德的課。有一天，他聽老師說，銀河寬如天球。下課後，他告訴教授，希臘人也有過這種觀察結論。從那之後，每當拉蘭德想看看學生們有沒有聽懂，就會叫德朗柏起來回答問題，而德朗柏總是應答無誤；這其實無甚驚奇，因爲德朗柏早就從拉蘭德自己的教本裡得到所有資料，即使在兩百年前，這招也已經被學生們用爛了。「你是在浪費自己的時間，」有一天，拉蘭德終於對他說，「你幹嘛到這裡[21]？」德朗柏招認，不爲別的，就是爲了要結識拉蘭德。

所有人都知道拉蘭德，他是法國最佳的科學倡導者，反對所有的人類偏見。他坦承自己是個無神論者，他吞下蜘蛛以證明蜘蛛恐懼症是非理性的；他還計算彗星撞地球的可能性，讓全巴黎都陷入恐慌；他是個長相難看的小個子，卻又極端自負，喜歡誇耀自己長得與蘇格拉底一樣醜；他就算不是世界上最偉大的天文學家——有時候他似乎是這麼認爲，也一定是最有名的一個；他訓練出多位世界一流的天文學工作者，其中最新一位就是梅杉。一七八三年，拉蘭德要在天文學課上的幾十名旁聽生中，找一位新人，他認爲「德．蘭柏神父早就足以勝任有餘」[22]。

拉蘭德借給德朗柏一具三．五英尺的六分儀，並開始把他這位學生的觀察收入第三版的《天文學》。這些年來，德朗柏的視力有穩定的改善。儘管他在科學上起步較晚，但他已成爲一位計算高手。當他回來接受導師指派另一項任務時，拉蘭德拒絕了。「別當個傻子，」他告訴德朗柏，「爲自己工作，並進入科學院[23]。」德朗柏很快就躋身國內一流天文學家之列。一七八七年，達西家族搬到瑪黑區天堂路一號的新家時，他們在屋頂爲德朗柏蓋了一座專屬的私人天文台。

之後的二十年，德朗柏都住在達西府邸。這座典雅的新古典式建築還在，但門牌號碼改得比較掩人耳目，弗朗布茬瓦路五十八之一號，現在是法國國家檔案局辦公室。對德朗柏來說，天堂就在屋頂。登梯九十三階進入臥室後，只須再往上走一小段樓梯，就能進入一座建造規格最嚴格、儀器配備最新的天文台。一七八九年，當這座天文台竣工時，他有充分的理由相信自己到了天文學家的天堂[24]。

那一年，法國大革命撼動了巴黎，也顚覆了王朝時期安適平靜的階層制度，把其中未經檢驗的言行與主從規範揪出來，置於刺眼的理性之光下，這其中包括支配這個國家經濟生活的種種規範。比方說，達西家族的財富源自其壟斷日益重要的巴黎聖殿區市集。以往，任何一個想在瑪黑區一帶開店的肉販或麵包師傅，都必須向達西申請執照[25]。如今，這項壟斷權，連同貴族的其他法律特權，皆已不復存在。以後，法國公民可以自由買賣，不受其他私人的控制。這些未經檢驗、如今必須接受審愼考察的王朝規範，也包括了度量標準。就這一點來說，領導革命的正是這些科學才士。一七九〇年，新選出的國民公會授權科學院設計一種統一標準的度量衡制。這些科學才士敢於超脫他們此刻所身處的歷史處境，而將此度量標準置於永恆的基礎之上。他們誓言，他們所選出的這套標準「不會含有任何無根無據之物，也不會特別有利於此星球上之任一民族」[26]。他們決定要以地球本身的大小，作爲新標準的依據。

一七九一年四月，科學院將此一經線探查任務交付給三位院士；梅杉、勒讓德和卡西尼。對一個以邏輯嚴謹而自豪的團體來說，這三位傑出的科學才士正是合乎邏輯的選擇。梅杉是天文學界的苦幹者，主編《天文知識》，這本書是天文事件年表，是法國航海家在海上的指南針。勒讓德是位天才型的數學家，地球度量結果的計算在他手上臻於完善。而卡西尼——或叫卡西尼四世，一般人對這個名號比較熟悉，他有充分的理由宣稱，經線探查任務是他與生俱來的特權。他在皇家天文台出生，而他的父親、祖父和曾祖父，都先後擔任過這座天文台的台長，卡西尼家族是科學史上家族人才輩出的最佳範例之一。每一代的卡西尼都曾以當時最先進的儀器測量過法國境內這條經線。卡西尼四世從他年輕的時候開始，就和他的父親一起製作偉大的卡西尼法國地圖，測繪過許多的觀測點，這些觀測點日後將可作為新的經線探查任務基準。沒有人比卡西尼四世更能夠追隨卡西尼三世的腳步[27]。

如果家世、資深和學術專精在科學院中至為重要，那也是因為這些條件非常合情合理。但卡西尼遲遲不著手進行任務，一方面，他的夫人剛過世不久，留給他五個小孩要照顧；還有，他有保皇黨傾向的問題。一七九一年六月十九日，王室應卡西尼之請，接見公制委員會成員；傍晚六點，這些成員出現在杜伊勒利宮：卡西尼、梅杉、勒讓德，以及第四位科學才士——波爾達，他是複讀儀的發明者，這項新儀器可將這次探查的精準度推上新的水平。就歷史的觀點，路易十六以政治無能而聞名，但他也有他自己的才幹。他是一個鐘錶巧匠，而且他和他的祖父路易十五、他的高曾祖父路易十四一樣，是個繪製地圖的行家。畢竟，如果卡西尼家族擁有法國地圖，那麼，波旁家族擁有的是實際的法國。

國王對王庫的開銷也大感興趣，「這是怎麼回事，卡西尼先生？」他問這位科學才士，「在你之前，你的父親和祖父已經測量過這條經線，你還要再測量一次嗎？你認為你可以做得比他們更好嗎？」

卡西尼打算一方面保證會做得比以前更好，同時又不失孝道，「陛下，」他答道，「要不是我有一項他們沒有的強處，是不會奢望自己能勝過他們的。我父親與祖父的儀器頂多只能測量到十五秒以內的角度，這位波爾達先生的儀器可以測量到一秒以內。我就只有這點強項[28]。」

國王的沉著鎮定更了不起，因爲那天傍晚，王室家族正祕密籌畫著要逃往國外。第二天早上，國王和他的家屬近臣動身出發，開始那段丟人現眼的「瓦倫逃亡」，最後被一個外省旅店主人以波旁家族惡名昭彰搖晃姿勢，認出喬裝成英國商人的國王。路易被捉回狂怒中的首都，在全城眾目睽睽之下，監禁在他的皇宮裡。從此之後，卡西尼就認爲自己不用再對一個「由暗殺者組成、非法、篡奪、煽動的政府」盡任何義務。如果路易十四不願爲法蘭西效力，卡西尼四世又怎能對她盡忠[29]？

當卡西尼還在猶豫時，政府裡的其他人卻漸漸失去耐性了。首相羅朗專研讓英國改頭換面的新經濟，他希望法國享有統一度量衡制的好處。這種改革將促進穀物自由流通，因而有助於解決這個國家的核心難題——糧食危機。一個現代國家需要一個標準，任何標準都好，而最穩當的做法就是宣布以巴黎所使用的單位作爲全國通用單位。一七九二年四月三日，羅朗就揚言要這麼做[30]。

羅朗的要求令科學院陷入驚恐，他們的普世度量標準美夢似乎就要化爲烏有。他們在隨後召開的院會中，將經線探查範圍分成兩段，以利於任務進行，並催促卡西尼動身出發。一位專員負責北邊從敦克爾克到羅德茲這一段，另一位負責南邊從羅德茲到巴塞隆納這一段。雖然北段是南段的兩倍長，那是因爲北段之前已經測量過，最近一次是一七四〇年由卡西尼的父親所測量；而南段比較多山，而且包括地圖上沒有標示的西班牙地段。當然，這項分工只是暫時的，兩支隊伍會相向而返，循各自的路線執行任務，並儘快地碰頭。

儘管卡西尼不肯上路，卻還是宣稱他有權指揮任何的經線探查任務。革命或許已經推翻了王朝，但科學院仍然拘泥於某些繁文縟節。他提議自己留在巴黎，由一位助手執行實際的測量工作。最後，科學院拒絕了他的提案。一位科學才士需要直接接觸自然，親赴各處進行測量，這樣他才能保證自己的調查結果準確可靠。

這就是德朗柏加入科學院之時的情況。一七九二年二月十五日，德朗柏在全體一致通過下被選入科學院，拉蘭德告訴他，部分原因是院士們認爲可能需要他來擔當經線探查任務。當卡西尼拒絕了要他動身出發的最後請求，五月五日，德朗柏被推舉爲經線測量的北段領隊，南段由梅杉領隊。幾十年後，德朗柏回憶當時如何懇請卡西尼改變心意。德朗柏提醒他這位同事，在革命時期，每一位公民都必須證明自己戮力於國家利益，即便只是爲了保護自己免受指控。但卡西尼不肯爲一個他認爲不具正當性的政權而效力。對德朗柏來說，這種開創前程的機會，唯因革命才得以可能[31]。

六月二十四日，國王的授權狀一到，德朗柏就開始外出搜尋巴黎附近的觀測點。他打算回到一七四〇年卡西尼經線測量的觀測點，以他的新儀器做更精準的測量，並在年底之前完成他的任務，把他不久前對天體進行天文測量時所展現的高度精準，同樣表現於他對地球所進行的大地測量[32]。

德朗柏學得很快，他在三十幾歲時還是個人文學者，十年間卻成爲國內首屈一指的天文學家，而大地測量的主要方法基本上是滿簡單的，只不過是把歐氏幾何應用在曲面上而已。這個方法就是眾所周知的三角測量，兩百年來，製圖學者一直都用它來繪製地形圖，而且他們會繼續使用這個方法，直到衛星出現。三角測量根據的是幾何學中的一項基礎定理：如果你知道一個三角形全部三個角度，加上任一邊長，你就能計算出其他兩邊長。因此，如果你知道一組邊邊相連成串的三角形所有角度，加上隨便一個邊的長度，你就能計算出這些三角形的所有邊長（因為每兩個相連三角形至少共用一邊）。大地測量人員用的正是這個方法。首先，他定出一個接一個的觀測點，這些觀測點可以充當三角形的交點（頂點或「角」）——教堂尖塔、堡壘塔樓、視野開闊的小山巔、特別搭建的平台，每一個點至少可以從另外三個點看見，這樣才能組成一連串穿梭經線兩側的三角形。然後，他從一個點移動到另一個點，測量分隔相鄰兩點的水平角。接下來，他貼著地面測量其中一個三角形一邊的實際長度（「基線」），通常是把許多直尺首尾相接地排放在數英里的路線上，並用這個長度值計算出所有相連三角形的所有邊長。根據這個結果，他就可以推算出沿經線弧從最北觀測點到最南觀測點的距離。最後，他運用天文觀測分別定出最北觀測點與最南觀測點的緯度，這樣他就可以從前述那段經線弧的長度，推測出整個四分之一的經線，而他也由此得出地球的大小。

至少原則上是這樣，然而，如同所有追求極致精準的科學一樣，在實際操作上還有相當多的問題。第一，由於測量人員對那些略為高凸的觀測點所進行的測量，必然包含角距，因此，他必須把他得到的數值全都調整到一個同一水準面的三角形上。第二，由於他無法每次都把他的測量儀器剛剛好放在三角形的頂點上，因此必須再加入另一項修正。第三，由於大氣折射扭曲了目視觀測，所有角度都必須就光的曲射做調整。還有第四，由於曲面上的三角形三內角加起來不會剛好等於一百八十度，這也必須納入考量。這些調整全都使得計算工作更加複雜，但並不會改變其中的基本原則。

德朗柏重回卡西尼一七四〇年的法國經線測量用過的觀測點，是為了省卻三角測量中最吃力的步驟：找出可用的觀測點。首先，他必須確認這些地點仍然合用。拿首都巴黎城內的觀測站來說，一七四〇年的測量人員選擇蒙馬特最高處附近的聖皮耶教堂鐘樓，這所本篤會修道院今天還在，離聖心教堂現址不遠。六月二十四日，德朗柏和他的兩個助手動身出發，爬上這座葡萄藤、採石場與風車的山丘。即使在當時，蒙馬特的巴黎全覽景致，已是遠近馳名。從山丘頂上，他們回頭便可望見雜亂無章的灰色矮房，彷佛一大群蟲子，圍繞這座城市雄偉的皇家與宗教建築，憤怒地擠成一團。

但當他們再爬高一點，要在聖皮耶教堂鐘樓的平台上裝設儀器時，德朗柏失望了。眼前所見眞是慘不忍睹，環顧四周，一七四〇年所採用的地點一處也看不到。教堂鐘樓的位置根本沒辦法讓視野開闊。他一個方向看過去，視線都被周遭建築給擋住了。

回到首都，一幅古老的蝕刻畫釐清了謎團。五十年前，教堂屋頂上有一座高高的木造鐘樓，之後拆掉了。半個世紀來，城裡建的建，拆的拆，已經改變了巴黎的城市景觀，尖塔夷平，宮殿高築，空地蓋滿了房子。聖皮耶修道院不再堪用，德朗柏必須在首都另覓他處設置觀測點以代之。他判定，從城外往城裡看去，最能夠做到這一點。他決定要反時鐘方向繞首都而行，前往那些環繞市區的外圍觀測點，搜尋合適的市中心地標[33]。

接下來數星期的行程，正好讓他看到，法國鄉間在過去的五十年，也有了非常大的改變。在城南，一七四〇年的觀測人員採用蒙雷利的塔樓，這座廢棄荒置的中世紀堡壘正當進入巴黎的要衝。塔樓仍在（至今依然矗立），但塔樓內破敗不堪，鴿群盤旋其中。德朗柏發現，上樓的頭十階樓梯已經坍塌，雖然他派了一名工人上樓看看視野如何，但對於把自己和儀器吊上九十六英尺高的塔樓，卻是興趣缺缺，只得在下面雜草叢生的城牆上設立了一處觀測點。

接著，德朗柏到馬瓦辛農宅，這處農宅坐落在一條向東南綿延二十英里的低矮山脊上，卡西尼三世在一七四〇年曾使用過這處地點。這處農莊至今仍在營運，泥濘的庭院裡堆放機械，還有狗在巡邏。但即使上了農宅屋頂，德朗柏也只能勉強辨識出鄰近的蒙雷利觀測點。經過這五十年，農場四周都長出了高大的樹叢。他取得主人許可，給農宅煙囪加高六英尺，以便能從這裡發出一個可用的觀測信號，然後又繼續他反時鐘繞行首都之旅。

布里耶的哥德式教堂塔樓仍然合乎他的要求，但在蒙惹，德朗柏遇到了新難題。即使在一七四〇年，對於要爬上這座位於東邊，與蒙雷利一模一樣的中世紀塔樓，卡西尼三世也都猶豫再三，並非害怕傳說中出沒於廢墟的惡靈，而是因爲有人警告過他，塔樓可能會垮下來。德朗柏決定鼓起勇氣，雇用當地一個叫小尚的木匠，在塔樓旁另外搭建一座觀測台。工程還在進行，他繼續前往達瑪坦，這個小鎮位於陡峭山脊之上，就在今天的戴高樂機場外。到了那裡，他獲知因爲革命後要出售教會土地，曾在一七四〇年爲卡西尼三世出過力的聯合禮拜堂即將被賣掉，而買主打算把教堂拆下來充當建材。德朗柏馬上決定將此處列爲第一優先。但首先，他必須確認能夠從北行的下一站——帖爾特的聖馬丁看到達瑪坦；那裡的初步觀測也和一七四〇年的觀測結果不符，這意味在過去五十年的某一個時間點上，教堂鐘樓曾經移位數百英尺[34]。

大地測量是一門自然科學，是測量地球大小與形狀的科學，而形成地球的重力，同樣也使得太陽系自圓盤狀明亮的星雲塵粒中旋轉出來（根據學界新興的拉普拉斯理論）。地球的形狀為何？甚至，形狀指的是什麼？我們的星球表面並不平滑，因地質過程翻攪出的高山深谷。假定我們的星球表面每一個地方都在海平面上，就會具有今天科學家稱之為「大地水準面」的假想形狀，這就是十八世紀所說的「地球形狀」。對這些科學才士而言，經線是一條假想渠道的表面，這條渠道由北直行向南；在本書個案中，是從北海到地中海。但要測量這條渠道的長度，乃至於這個假想的地球形狀，大地測量人員所憑藉的，正是令地球表面隆起變形的地質過程，這些過程造就出山嶺丘陵，他們便在上頭探查地形。

大地測量也是一門仰賴人類歷史發展與人力勞動的科學。在地表太平坦之處，既無山嶺，也無丘陵可供三角測量之用，大地測量人員為了增廣其視野，必須徵用人造建築：教堂尖塔、堡壘塔樓、觀測台及任何高聳地點。然而，如同德朗柏從他旋風式的巴黎巡迴中所學到的，人類為了某些意圖而高築教堂、塔樓與平台，也會為了同樣意圖將之夷為平地。世界不會因他測量而停滯。在商業與政治革命以急遽速度合流的時代，師從過往並不可靠。

一七九二年八月十日，德朗柏終於準備就緒，要進行他第一次的正式測量。他在達瑪坦聯合禮拜堂的鐘樓安裝好他的精密儀器，派遣年輕的勒弗朗謝回蒙馬特，按指示從當地的屋頂觀測台以拋物面反光鏡發出閃光，讓他能從山丘上大雜燴般的建築中找到觀測點。到了那天晚上十點，德朗柏還沒偵測到來自蒙馬特的信號，倒是看見從一個意料之外的方向發出火光：杜伊勒利宮著火了。德朗柏並不知道，那天，大約一萬名巴黎人衝進這座實爲國王囚房的皇宮，縱火焚燒，並在巴黎民兵倒戈相助下，屠殺了國王的六百名瑞士衛隊，有些被丟出窗外，其他則死於刀劍之下。作爲高聳於城北的山丘，本身又築有砲台工事，在那些爭奪首都控制權的人眼中，蒙馬特具有戰略價值。當晚稍後，三名民兵在追捕瑞士衛隊時，在蒙馬特一處路障被殺。那天晚上要是想在山頂上點燃信號火光，如勒弗朗謝原本的計畫，等於是要自殺。第二天晚上，他在叔叔拉蘭德協助下，是設法燃亮了火光，但燒得不夠久，無法讓德朗柏讀出清楚的刻度。八月十日的暴動使得王朝從此告終，而德朗柏再也不會冒險在夜間點亮信號火光[35]。

然而，這意味著放棄蒙馬特，他得另擇一地作爲巴黎的中央觀測點。德朗柏爲此才剛選定傷兵院穹頂，以金色穹頂作爲觀測標的，重新測量角度，此時卻收到消息，蒙蒽居民帶著火槍，強迫木匠小尙把倚著頹圮塔樓蓋到一半的觀測台給拆了。德朗柏衝到蒙蒽，堅持要當地鎮公所命令鎮民停止騷擾木匠。公所的回覆是，在一個共和國裡，對公民或可勸告，但不能命令。如果德朗柏要木匠搭建平台，他必須自己懇求公民允准。德朗柏也眞的這麼做了，但他的解釋只是成功地激使周邊村落反對他的任務。蒙蒽非放棄不可。在尋找替代的觀測點時，他注意到附近一塊小高地上的美地堡，並取得堡主維賽克伯爵許可，使用他迷人的賞景樓作爲觀測點。四天後，當地民兵前來護送他出堡，前往拉格尼鎮公所，然後又到大熊旅店，他在那裡「並未遭到逮捕，**只不過是拘留而已**」[36]。

一七九二年九月六日早上，當他們終於可以離開拉格尼，德朗柏與貝勒駕著馬車前往山丘上的小鎮帖爾特的聖馬丁，反時鐘繞行巴黎，繼續他們的首都巡迴。爲了避免再被當地民兵找麻煩，他們在聖丹尼區辦公室停下來，取得一份安全通行的證明。區辦公室最近才搬到那所古老的修道院，那是法國最莊嚴的朝聖地。

一千五百年來，聖丹尼的長廊式教堂一直都是法國王室歷代先祖墓園所在。一位君王又一位君王，一個王朝又一個王朝，法國諸王的遺體被抬進聖丹尼的地窖，新王遂得以上台。達戈貝爾王被燒死在這裡，他就躺在南緹爾德皇后旁邊。亨利四世正值盛年時遭到暗殺，他躺在兩位妻子瓦盧絲和梅蒂琪中間。太陽王路易十四躺在德蕾莎旁邊。在他們的墓穴上方，雕像躺在大理石床上，有的披著石材長袍，有的裸身擺出他們最後的痛苦之姿，青銅製的天使與主教則雙腳下跪。一千五百年的王族傳承，就在上個月畫下句點。

聖丹尼縣政廳下令磨掉修道院的王室紋章，這是可鄙的封建政治記號。他們在長廊教堂的禮拜堂中架起熔爐，好將查理三世、亨利二世和梅蒂琪的青銅雕像熔鑄成大砲。而且就在那個星期，他們才爭論過是否要掘得更深，把王室靈柩拿來煉鉛，這麼一來，國王的棺材就能製成砲彈，射向新共和國的敵人[37]。

該縣的首席行政官諾埃爾簽署了德朗柏的安全通行證明，但也警告這位科學才士，這張紙並不能提供太多保護。聖丹尼跨越巴黎北方要衝，從這裡到前線的每一座村落都築起了路障，以阻擋貴族逃離首都。農民們正在挖掘防禦工事，預料普魯士人隨時都會到來。

但科學才士不想再拖下去。他指揮他的兩輛馬車繼續上路，取道通往普瓦西的大路，這條路沿著塞納河河彎，朝西北而行。離城十五分鐘，往塞納河畔埃皮內村的路上，在一處路障前當地民兵擋下他們的馬車，要求出示通行證。

遺憾的是，他們的通行證上並未提及運送的古怪儀器。這套設備是做什麼用的？他們又爲何要把它往前線送？這些儀器似乎是設計來監視遠處一舉一動。說不定也有軍事上的用途吧？

德朗柏解釋，這些是天文學儀器，讓他能夠測量地球大小。

那他爲何要這麼做？

就這樣，就在看得見塞納河畔蘆葦搖曳的路旁，德朗柏打開包裹，取出儀器，並說明他的任務。那是一個夏末的午後，戶外討論會的絕佳天氣，群眾愈聚愈多，紛紛傳言鎮外有一場科學馬戲正在進行。地方上的民兵攔下了幾輛外觀誇張的馬車，車上載著神祕的儀器要往前線去。有時，群眾裡有新來的人加入，吵著要人告訴他們發生了什麼事，德朗柏好幾次不得不從頭報告一遍。村長波多萬是當地釀酒商，他和兩位土地測量員都在群眾之中，德朗柏請求這幾個人協助。他向村長出示官方文件，包括地區官員當天早上才簽署的安全通行證明。他也求土地測量員爲他擔保，土地測量和大地測量系出同門，兩者都測量地球，只不過土地測量員測量的是田野，而大地測量員測量的是星球。

但這兩位測量員不願爲德朗柏的話背書，德朗柏也不難理解何以如此。「他們感受到群眾氣氛，明白幫我們講話是沒用的，也沒那個膽來聲援我。」至於村長，他也覺得謹慎爲妙，於是下令衛兵護送德朗柏和他的馬車回聖丹尼接受偵訊[38]。

那天早上，聖丹尼的大廣場本來是空無一人，此時卻有一千名興高采烈的男男女女，聚集在長廊教堂兩座不相稱的尖塔下，左邊較高的那座塔懸掛著三色旗，右邊較矮的那座塔套著一頂巨大的自由帽（法國大革命時象徵自由的三角形帽）。在群眾之中，有數百名年輕人戴著巴黎國民衛隊第一師的徽章，這些志願軍正要開拔北上支援他們的同志，擊退入侵的普魯士人。他們在聖丹尼稍作停留，停留時間不長，但夠讓他們鼓動當地年輕小伙子加入行列。祖國有難！普魯士軍隊要來讓國王復辟。為了拯救共和，新成立的政府已號召了三十萬名志願軍。志願軍！這可是個革命性的觀念。幾百年來，軍人都是為了錢、為了榮耀、為了戰利品、為了效忠同志與指揮官而死。如今，為了一個叫做國家的抽象概念而自願赴死，意味著這些人頭一次把自己當成一個國家的公民，而不是某個領主的家臣或某個國王的臣民。大約有八百名來自聖丹尼和附近村落的年輕人響應號召，他們離開他們的麵包店、工坊、農場與家庭，捍衛一個許他們以自由與平等的革命。他們聚集在聖丹尼的大廣場，要求自治會回應他們的犧牲奉獻，供應他們火槍、一千磅麵包，以及運送糧食到前線的馬車[39]。

就在此時，彷彿奇蹟一般，出現了兩輛馬車，由鄰村埃皮內的民兵護送而來。民兵從群眾之中開出一條路，向他們的同志們吹噓他們的戰利品：兩名嫌犯在運送間諜儀器到前線的途中被捕。廣場上響起了歡欣鼓舞的呼喊：「祖國萬歲！看看這些貴族啊！」當德朗柏被推進教堂旁的縣政廳時，一路被罵得狗血淋頭，接著又被推進設在修道院半月形中庭的縣辦公室。辦公室內，縮成一團的行政官們指責埃皮內村長造成這樣的爆炸性局面[40]。

辦公室外的廣場上，聖丹尼的民眾認為，他們的懷疑有憑有據。法蘭西有許多的賣國賊，兩星期之前，美國革命英雄拉法葉將軍試圖以武力拿下首都，但部隊拒不從命，便逃往比利時。許多將領和貴族倒向法國的敵人那一邊。凡爾登既已陷落，只有平民百姓能阻止普魯士向首都推進。

群眾漸漸失去耐性了。當德朗柏還在修道院內與官員商談之時，一群火爆的志願軍襲擊了馬車，並把裝有儀器的皮箱拖了下來。他們在箱子裡還找到一疊十四封信件，全都以王室官印封緘。這眞是一樁驚人的發現！這些信裡頭會不會寫著被囚禁的國王要傳到北方前線的消息？民兵費了好大的力氣，才說服這些人把箱子重新裝上馬車，條件是答應群眾要對這些王室信件詳加解釋。於是眾人叫喚德朗柏，要他出來。

聖丹尼的長廊式教堂　這幅卡內拉所繪的十九世紀初聖丹尼大街沿街景象，呈現出這座長廊式教堂大革命時期的正面樣貌。一七七〇年代便已引進街道照明，從那以後，長廊式教堂左邊的鐘樓便遭毀損。

在諾埃爾及其他官員聽來，這項要求如同是德朗柏的喪鐘。在大革命初期，聖丹尼縣長的助理曾因拒絕將麵包價格降爲兩蘇（法國舊幣），在教堂塔樓中被刺傷十四次。那一整個星期的巴黎，處在大革命最惡劣的暴民動亂情勢中，監獄裡的普通犯人從他們的牢房中被拖了出來，被控以參與貴族陰謀，遭到暴民殘殺，這些暴民包括了巴黎國民衛隊隊員，可能有些隊員那一天也在教堂外面的群眾之中。在出去了解群眾意圖之前，首席行政官諾埃爾要德朗柏先躲進碗櫃裡，等到他確定他們不會把德朗柏撕成碎片，他才把這位天文學家帶出去解釋他的任務、他的儀器，尤其是王室信件。德朗柏在縣政廳的階梯上嚴陣以待。他打開了王室封緘。

> 國王敕令
>
> 有關由科學院專員依據一七九〇年八月二十二日生效之法令所執行之觀測與實驗，該法明定重量與尺度應予統一。日期：一七九二年六月十日……

諸如此類，國王以三頁深奧難懂的王室法律術語，下令經線沿途的地方行政官協助提供馬匹、糧食與住宿給委派專員，並允許他們「在尖塔、高樓與堡壘屋頂及外部」豎立信號燈、台架與反射鏡[41]。

這封信即使很快地讀過，也得花上十五分鐘，但群眾堅持一字一句都要聽清楚。誰知道在這些冗詞贅語之間，會不會藏著某種惡毒的陰謀？群眾看來不再懷疑這封信的清白——儘管是一道王室敕令——而把注意力轉向其他同樣用王室官印封緘的十三封信。德朗柏不得不打開第二封信，以便讀給群眾聽。第二封信其實和第一封信一模一樣。但其他的信呢？說不定，在這些無關緊要的信件之中，夾藏著一封叛國的信？因此，德朗柏同意讀第三封信，接著是第四封，然後是第五封。就這樣過了一個小時又一個小時，讀信的人嗓子也啞了，而讀完全部十四封信得花上一整晚。九月的夜晚開始降臨了。而且，封緘打開後，信就失去法律效力了。因此，德朗柏向他的聽眾提議，他願意再任選一封信來讀，而如果這封信與前面幾封有一字不合，他願意賠上自己的命。協議成立，也選了一封信開封朗讀，結果是一字不差。

群眾還是不滿意（志願軍的目光顯然仍在那兩輛馬車上，用這兩輛馬車來運送糧食上前線，眞是再適合不過了）。他們想要知道他的儀器是做什麼用的，而說明的責任就落在德朗柏身上。

他盡其所能做了說明。身爲自由人，他們有權知道爲何以他們之名來進行這項工作，以及如何執行。他的任務聽起來或許神祕，與他們當下關心的事相距甚遠，但要是能成功完成，有朝一日對他們的生活所造成的改變，將甚於戰場上的任何一場勝仗。

難道一個國家不該有一套統一的度量標準，就像士兵爲一個祖國而戰？大革命不也許諾了平等博愛，不單及於法國，也及於全世界人民？同樣的，難道全世界人民不該使用一套單一的度量衡標準，以促進沒有爭端的商業活動、相互了解與知識交流？這就是度量世界的目的。

當天在場的群眾都知道，法國的度量標準各省、各鎭、各區都有差異。就算名稱相近，但不同交易、不同貨品也會有變化。一名聖丹尼的志願軍到了巴黎，當他舉起一杯一**品特**的啤酒要向他的巴黎同志致意時，發現巴黎的**品特**杯所裝的啤酒只有他家鄉品特杯的三分之二。群眾裡的麵包師傅所用的**里佛**（相當於磅），比五金商人的**里佛**要輕。在法國的許多地方，一磅麵包眞的不及一磅鉛的重量。舉例來說，聖丹尼的度量衡標準以石材銘刻，就安放在他身後的教堂門內：兩種容器用於兩種不同的穀物，兩種用於鹽，加上一種**巴黎尺**（相當於厄爾，大約三英尺長），就嵌在牆上。這種**巴黎尺**是專門用來量布的，巴黎有三種不同的**巴黎尺**用於三種不同的織品，而在德朗柏的家鄉亞眠，他父親的店裡批發買進用一種尺，零售用一種較短的尺，鄰近村落則使用十三種不同的尺。在法國各地，這種差異造成沒完沒了的混淆，擾亂貿易，令官員眼花撩亂，招來騙徒[42]。

幾個世紀以來，王室官員一直試圖從地方貴族、行會師傅和地方大老手中，奪取度量衡標準的管轄權。各地度量標準的確實數值無法確定，國家無法順利地抽取銷售收益、實施公平財產稅、針對進口估價課稅，以及管制穀物供應與麵包價格。軍方同樣很想統一度量標準，以便能把戰爭物資的生產、防禦工事的建造與地圖的製作協調得更好。過去數十年間，受過教育的民眾明確轉為反對度量標準的分歧現象。當時首屈一指的古代與現代度量衡標準彙編者波克東，便強烈要求改革：「這些是不可變易的公平之法度，也是必須受到崇奉的財產之保障[43]。」狄德羅和達朗貝爾的名著《百科全書》的開明作者們悲嘆著法國分歧繁多的度量標準所造成的「累贅」，但和當時的許多人一樣，他們也發覺「無可藥救」的毛病。即便是國王最幹練的大臣內克都認定，公制統一非王朝之力所能及[44]。

然而，懦弱的國王做不到的，大革命卻注定要成功。法國要成為一個國家，必得善誘之以採用統一的度量衡標準。應國王要求在一七八八年編纂，以連篇累牘的不平訴怨而聞名的《陳情書》中，是人民自己呼籲進行度量衡改革。約有一百二十八份地方陳情書要求統一度量衡，有三十二份貴族的和十八份教士的陳情書做此要求。而在地方層級，數千個村落的陳情書呼應「一套法律、一個國王、一種度量衡」的籲求[45]。聖丹尼的民眾在他們自己的陳情書中也做此要求，埃皮內村長自己簽署的該村陳情書要求法國應採單一度量衡標準。但一直到大革命，此一要求才得以付諸實行。

我們不知道群眾如何理解德朗柏的說明，只知道他們準備好要投入戰鬥，而不是來聽度量制度與大地測量的即席講課。德朗柏自己則察覺到某種不耐。

儀器散落在廣場上，而我不得不把當天稍早在埃皮內講過的大地測量課重講一遍，但這次不再得到聽眾的任何讚許。白晝將盡，視線漸漸不明。我的聽眾人數頗多，前排的聽而不解，其他更後排的聽得更不清楚，而且什麼也看不見。我開始聽到語氣不耐的低語，有些聲音提議採取當時常用的快速取供手段，這些手段能夠解決所有難題、終止所有疑惑[46]。

在起鬨的人把他們的狠話付諸實行之前，縣官諾埃爾先出面干預。他佯裝嚴厲，下令將可疑馬車貼上封條，拖進修道院中庭以妥善保管。接著他把德朗柏押回縣政廳，假裝要針對其任務聽取比較可信的說明。一進屋內，他就強制德朗柏在縣政委員陪同下過夜，這是爲了德朗柏自身安全；在此同時，他們也向巴黎請求指示。那天晚上，德朗柏與貝勒就睡在聖丹尼縣政廳的扶手椅上。直到黎明，他們才獲准投宿附近的三槌旅店[47]。

當晚稍後，一七九二年九月七日，國民公會投票通過，任命德朗柏與梅杉爲人民政府正式特使，並下令各地政府在途中予以協助。國王批可的探查之旅變成了人民任務。命令一發布，便由勒弗朗謝送到德朗柏手上，然後兩人一起帶到自治會的星期日晨會上，以便拿掉馬車上的封條，繼續他們的任務。那天晚上，歷經千年不曾間斷的祈禱之後，本篤會修士在法國最大修道院中舉行了他們最後一次的神聖彌撒[48]。

此期間，聖丹尼志願軍整隊前往巴黎郊外的一處軍營接受速成訓練，從那裡前往瑪恩河的夏隆迎戰入侵的普魯士人。十二月，有一群人闖進聖丹尼的長廊教堂，不是要殺活人，而是要掘死人。王室墓園有民兵保護，但自從路易十六在一七九三年一月被送上斷頭台之後，不斷有民眾要求進行大規模掘墳。路易十六國王的屍身被扔進不知名的墓穴，他先祖的安息之地也沒好到哪裡去[49]。

國民公會再次要領著民眾往前衝，為了紀念八月十日起義一周年，他們下令拆除聖丹尼墓園，把王室遺骸重新葬在瓦盧瓦一處大型墳場，並把王室靈柩裡的鉛——總共有九噸——重新製成砲彈和槍彈。只有弗朗索瓦一世塑像和其他高聳的文藝復興雕像，因其雕工精美而得救。首席行政官諾埃爾挖了第一鏟土。出土的第一具王室遺骸是法國最受愛戴的國王亨利四世，保存狀況極佳，他的臉孔黝黑如瀝青。一名年輕士兵從亨利的鬍子上割下一撮毛髮，擺在自己的下巴，惹得旁觀者大笑，然後宣稱：「喏，我也是一個軍人！現在我一定可以打敗那些英國雜種。」當太陽王被挖出來時，一名工人切開遺骸的肚子，贏得群眾鼓掌叫好。為了蓋過臭味，官員們燃燒一種醋和火藥的混合液，並封閉教堂[50]。

過不多久，當度量衡委員會的人到來時，自治委員會正在辯論是否允許地方上的愛國主義者，用砲彈把長廊教堂的鐘樓給打下來。度量衡委員會的人說，這座塔對於測量敦克爾克到巴塞隆納的經線至關重要。考量到制定共和國新度量標準與測量共和國領土的「重大利益」，還有地圖繪製及其他科學目的，委員會應只拆除那些冒犯聖丹尼傑出愛國主義者的殘存十字架和王室紋章，讓塔樓留在原地。這麼一來，科學救了長廊教堂，雖然科學本身也受到攻擊[51]。

亨利四世的遺骸被挖出並展示於聖丹尼長廊教堂　一七九三年，最受愛戴的法王遺骸在被挖出來後不久，暫放聖丹尼長廊教堂展示。

第二章　南下的天文學家

「歡迎來到巴塞隆納，所有騎士心中最頂尖的明鏡、燈塔、行星與北極星！歡迎英勇的唐吉訶德先生，不是近來在偽造的歷史中描述的那虛構、造假的冒險者，而是真正的、合法的、忠貞的騎士……[1]」

——塞萬提斯，《唐吉訶德》

根據經線探查隊的正式報告書，德朗柏那部令人肅然起敬的巨著《公制之基礎》，梅杉在一七九二年六月二十五日從巴黎出發，前往巴塞隆納，有三名助手隨行，搭乘特別訂製的馬車，裝載著他等了好久才拿到的科學儀器，延宕多年的探查隊終於上路了。科學院原本希望在一七九一年春指派專員之後，便開始著手測量。儘管勒諾瓦的測量儀器打造完成，但他們遲遲不上路，卡西尼也猶豫不決。到了隔年一月，勒諾瓦交出儀器，梅杉也期待著次年春天出發。四月，法國外交部取得西班牙政府充分合作的保證；五月，梅杉通知西班牙人，他將在六月十日從巴黎出發。但梅杉似乎不急於開工。六月九日，他宣布他要到六月二十一日才會確實出發。六月二十三日，他說他希望次日早上出發。一天一天過去，法國首相揚言要取消探查任務。政府正重新思考一條已多次測量的經線所需之測量費用[2]。

但六月二十五日後三天，這位南行天文學家還在首都，根據德朗柏的紀錄，這是梅杉離開巴黎的日子。六月二十八日，一位公證人造訪梅杉位於巴黎天文台院內的住處，讓「正要以科學院專員之一的身分出發前往西班牙巴塞隆納測定經線弧長度」的梅杉公民能夠簽署一份授權其妻的委託書。這份文件授權他的妻子在他派外期間代領薪俸、以他倆的名義進行金融交易，並在她認為適當時處分他倆的財產[3]。

本姓馬儒的梅杉夫人，是個受過教育、有能力的女人，對她丈夫的天文研究也有所協助。他倆結縭已有十五年，和三個小孩同住在巴黎天文台院內的一幢小房子裡，生活安適。這家人得到在屋後空地種菜的許可，從前窗向外看，可以看到佛布格聖雅克街。住在這幢整潔的小房子裡，是一位領王室薪俸的幸運科學才士所享有的特權之一，可稍稍彌補他微薄的收入[4]。

馬儒一家也是以服侍王室為業，梅杉夫人的父親曾在凡爾賽宮擔任國王之兄的僕從，她的哥哥當過德吉榮公爵夫人的廚師長，領一份豐厚的年金。梅杉夫人出嫁時帶著不少嫁妝，還有一副冷靜的生意頭腦。然而，大革命使她娘家財富盡失。她的雙親在一七八九年壽終正寢，而她哥哥的貴族老闆們也在此時流亡國外。凡爾賽成了廢墟，馬儒一家如今全靠她丈夫微薄的收入。公制探查任務無薪可領，身為科學院的一員，人們期望梅杉是基於榮譽感而為這趟經線任務效力，而他也沒本錢放棄他在巴黎的職務。因此，梅杉夫人同意在她丈夫派外期間繼續他的天文測量工作，包括一項月蝕研究。由於她將承擔丈夫在天文台的正職，因此，她得到他授權代理也就沒什麼好奇怪，哪一天授權還不都一樣[5]。

但究竟是哪一天，確實事關重大。對天文學家來說，時間是不容褻瀆的。一次天體事件的精確時刻，是所有天體知識賴以建立的基礎。那麼，爲何德朗柏要在這麼一件瑣碎、而且可以查對的事情上撒謊？畢竟，不太可能沒人注意到梅杉有沒有出現在天文台。法國夠分量的天文學家多半也都住在天文台的院落內。說也奇怪，在德朗柏同一份正式報告書所出現的另一個錯誤裡，竟會找到這個謎團的答案。他在該處暗示，他自己出任務的第一天是六月二十六日[6]，就在大家以爲的梅杉啓程之日後一天。但他編纂《公制》一書時所參考的私人筆記顯示，他早在六月二十四日就已經開始勘查觀測點了。

謊話相加並不能負負得正，卻可以解開一個謎團。藉由這兩段捏造文字，德朗柏確立梅杉在這項計畫中的資深地位。一日之先，看似微不足道，卻抬高了梅杉的身價，成爲探查任務中的先行者。梅杉四十七歲，德朗柏四十二歲，但梅杉在科學院多待了十年，而且早德朗柏兩年被任命擔當經線測量任務。在王朝時期的法國，科學生涯便是透過這麼一點點殷勤在操作。即便到了今天，科學事業依然憑藉作者排名前後，而同行之間閱讀這些名單之細膩，足以與聖經注疏之學媲美[7]。

但在時間問題上撒謊時，可得自己擔風險。奉派以無比精準度測量自然的探查任務，不該在掩飾隱瞞的疑雲下展開，尤其這項任務的宗旨是爲所有人、所有時代界定時間與距離之屬性。梅杉懷著七個月就回來的期盼離開巴黎，但他要再踏進首都，將是七年後的事了[8]。

當然，這些完全不能解釋**爲何**梅杉遲遲不動身。他會不會是對這項任務是否明智有所質疑？或是懷疑自己有沒有能力在這樣一個動盪的時代執行這項任務？早在一七八九年，身處令其巴黎街坊驚恐的動亂中，在「突來的恐慌、無休無止的擔憂與危險」中，梅杉也無法保持平靜了[9]。巴士底獄陷落後兩天，三百名武裝暴民闖進天文台，搜刮火藥、武器和糧食。他們強行進入梅杉的家，恐嚇他的妻子，並脅迫卡西尼帶他們進入迷宮般的地窖，他們在那兒找到最致命的東西是一具廚房烤肉爐。但這些「吉訶德先生」（卡西尼如此稱呼他們）把鉛製屋頂也拆了，拿去做槍彈[10]。過沒多久，梅杉被徵召入民兵隊，維持他那一塊城區的秩序。「您可以想像得到，」他寫信給一位同事，「在這樣的環境下，要保持心靈自由清醒以進行科學研究，並不容易。」但他在接下去幾頁寫得艱澀的信裡，便做到了這一點，他在其中分析了土星環的精確大小[11]。

正是這種一心一意的專注，使得梅杉成爲經線探查任務的理想人選。正確是他的信仰。他生於一七四四年八月十六日，是來自拉昂的小鎭粉刷工之子，這座中古城市盤踞於月彎形山脊，俯瞰皮卡底密實的土壤，幾處要塞城鎭顯眼地散落在皮卡底這片暗棕色土地上。他受教於耶穌會士，因展現出數學才能而獲得橋樑公路學校的入學許可，這是法國頂尖的土木工程學校。但他的父親供不起兒子上學，梅杉不得不輟學而擔任家庭教師。這份工作讓他省下足夠的錢，縱容自己對天文學的年輕熱情，買了一些望遠鏡設備。但災厄隨之襲來。他的父親官司敗訴，損失慘重，做兒子的義不容辭同意賣掉自己的儀器，償還家裡的債務。事後看來，這次打擊是他第一次交好運。他的儀器被拉蘭德買去，這位法國最傑出的天文學家，在法國社會每一個階層都有交情[12]。

拉蘭德提供這個年輕人一份兼職工作，是在凡爾賽的海軍製圖局。在這份職位上，梅杉參與了諾曼第沿岸的繪圖探查任務，並運用他人累積的觀測資料，繪製出他從未見過的海岸線，製作了詳細的地中海軍事地圖。二十年來，他的白天在陰暗的辦公室裡度過，努力算著一頁又一頁的數字，他的夜晚則掃視著明亮的北方天空。拉蘭德在工作督導上也很寬厚，他派這個年輕人負責製作天體表。

梅杉對自己的要求，比任何一位督導都更嚴苛，他是那種偏好以冗長數學程序，求得確定解的天文學家，快速漂亮的解法在他看來，像是未經證明的旁門左道。這些特質終於使他成爲法國首屈一指的天文學家之一、十一顆彗星的發現者、科學院的一員及《天文知識》主編。《天文知識》是法國最重要的天文期刊，其主要優點在其精準度。在梅杉手裡，《天文知識》與英國格林威治天文台鎮台之作《航海曆書》旗鼓相當[13]。

爲表彰這些成就，他被任命爲天文台的監察主任。他的贊助人向台長卡西尼保證，他會向這位台長表現出應有的尊敬。他們也指出，梅杉「不光是年輕、貧窮、已婚而已，他也非常能幹、非常誠實」。一七八三年，他們一家搬進天文台院子裡舒適的住處，有廚房、餐廳、臥房、辦公室和小小的前庭後院，之前住這裡的一位植物學家在庭院裡種了些異國樹木。一七八六年，梅杉最小的兒子在這裡出生[14]。

梅杉個子不高、一頭黑髮，面貌白皙清秀，五官原本還算端正，如果不是被外表下的情緒反向拉扯的話：濃眉高挑意帶懇求，水汪汪的雙眼博取同情，線條柔和的嘴角缺乏自信地下垂。他從來都不期望揚名立萬，很幸運（這是他第二次交好運），自從他娶了太太，就很少需要爲自己的前途煩惱。不過，他還是在自己的專業上一步步往上爬，一直到舊王朝的最後一年，他被指派參加法英聯合探查任務，測量巴黎天文台與格林威治天文台之間的經度差[15]。

正是在這次的探查任務中，波爾達複讀儀宣稱的功能與梅杉的大地測量才能首度展現。世界兩大強權的自然哲學家認爲，藉由一趟跨海測量，讓航海人員輕輕鬆鬆便能完成英國海圖與法國海圖的轉換。他們也希望，來一點科學競爭，可刺激兩國政府更大方地支持科學。爲了與英王喬治三世出資打造、龐然大物的新型測量儀器——藍斯登的大型經緯儀互別苗頭，法國隊將使用他們的複讀儀，這是法王路易十六贊助、波爾達設計、絕佳的大地測量儀器。波爾達儀比藍斯登的大塊頭容易打造、運送（二十磅重，而不是兩百磅重）；既可測量地面角度，經過調整後也能測量天體角度；而且宣稱可以把誤差降低至近乎零。追求精準度要靠合作，但這種追求本身也是一種競爭[16]。

英國人不肯認輸。他們的領隊這麼說：「先生，我認爲，你們的小小儀器在可以取多次測量平均值的情況下，對角度的測量十分精確。至於我們的儀器，考量其組裝與拆卸，我認爲是完全不會有誤差[17]。」

從一七八七到一七八八年，英國與法國隊伍分別對各自的海岸進行三角測量，再越過海峽核對彼此的測量結果。到最後，他們所達到的精準度如此之高，令他們無法就探查結果取得一致結論。儘管法國人承認英國儀器所產生的誤差不到兩秒弧度，但他們又誇耀自己的三角測量誤差在一．五秒的弧度以內，這比十多年前的測量結果還要好十倍。卡西尼認爲這證明了：波爾達儀將科學推向近乎褻瀆神聖的完美境界。

通常，在藝術與科學之中，愈趨近完美，難題就會增加、累積得愈多；因此，若非某些出人意料的成功激勵我們的信心、並且向我們證明：我們有時難免會認為存在著一道極限，連天才與行家都無法超越，但對於追根究柢、堅持不懈的人來說，沒有什麼是不可能的[18]。

但在兩國測量結果重複之處，像是布朗內，他們的角度值和他們吹噓的精準度差了六倍之多，也就是令人喪氣的十二·七秒。這是誰的錯？不是法國人的錯，法國人這麼說。他們還指出這些測量結果經過梅杉確認，藉以強調他們對自己的測量結果具有無上的信心[19]。

對梅杉如此信任是有道理的，在這次計畫中，梅杉從頭到尾一直替卡西尼做牛做馬，在敦克爾克、瓦坦和法國沿岸其他觀測點，都是由他測量。卡西尼仗著自己比較資深，打一開始就霸占了波爾達儀，而把次要任務丟給梅杉，叫他用象限儀這種比較舊的儀器去核對波爾達儀的精準度。不過，梅杉倒是得到熟練這種儀器的機會，計畫尙未結束，他已經是操作象限儀的專家。這次經驗，加上他名聞遐邇的嚴謹作風，使他成爲經線測量的當然人選，這是他第三次（也是最後一次）交好運，正當其妻微薄的收入因大革命而蕩然無存之時[20]。

然而，梅杉就是這麼悲觀，連這樣的機會都要從最壞的角度來解讀。他看不出這次探查對於改善他的未來或提高他的聲望有多大助益。「喏，你看，」他一聽說他被選上，就寫信給一位年長的前輩，「我到現在還是這麼無足輕重，依舊難以期待未來會變得更有出息[21]。」

梅杉的嚴謹並非冷酷，他是個情感濃烈的人：焦慮、憂鬱，對別人的情緒很敏感，特別是當別人的苦惱反映出他自己的憂慮。儘管梅杉出身中下階層，卻認同舊王朝體制，畢竟，這套體制對他相當優遇。當他的一些同事有感於新的民主氣息，主張以更符合平等精神的方式爲科學院增添新血，他站在傳統派那一邊。他是個小心謹慎、安全可靠的人，一心想把事情做對。他被推上公尺探查任務的資深地位，也接受了這樣的責任，他的榮譽感要求他必須這麼做。

一七九二年六月二十八日之後的某一天，梅杉終於離開首都，隨行的還有幾名助手，帶著他等了好久才拿到的複讀儀。他的第一助手是一位軍事製圖工程師，叫做特杭蕭。加泰隆尼亞的多山地形不曾有人測繪過，梅杉需要一名技巧熟練、吃苦耐勞的助手。特杭蕭三十七歲，在法國東北地方土生土長，但生平已有一半時光耗在地中海科西嘉島做三角測量，這是法國最新取得的領土，和歐洲其他地形一樣崎嶇貧瘠。爲了定出科西嘉在地圖上相對於地中海岸的位置，這兩個人早就共事過，梅杉還針對天文觀測與計算細微難解之處，親自指導過特杭蕭。梅杉另一位助手是勒諾瓦作坊訓練出來的儀器工匠葉斯特芬尼，此外還有一個叫做勒布倫的男僕隨行[22]。

這支隊伍在他們南行途中只遇到一次麻煩：駕車出巴黎的第一天，在埃松附近一處路障受阻，就是德朗柏每次遇到的那種路障。當地民兵誤把他們的天文儀器當成尖端技術武器，一邊拘留他們，一邊與當地官員商議。不過，在王朝覆滅前的那段時間，他們的王室敕令幫他們打通了許多難關。過了這道關卡，他們一路順暢穿過寧靜的鄉間。

一星期後，當梅杉抵達法國最南端的大城佩皮尼昂，一切都還平靜無事。這座紫色城牆的摩爾人城市，坐落於到處是炎陽炙烤的葡萄園和鹹水潟湖的海岸平原上，這片平原夾在從西班牙伸向義大利的地中海那長而彎曲的手臂中。城後是一大片崛起自乾枯低地的藍色山脈，彷彿是黑色而強壯的肩膀，當中聳立著卡尼古高地。這些山脈就是庇里牛斯山，梅杉將在此開始他的測量作業。沿群山之巔而畫出的，便是與西班牙之分界。

梅杉和他的組員出席過佩皮尼昂的自治會議之後，便取「大道」前往巴塞隆納，這條當時兩國之間的公路要道，馬車要走上一天，今天依然有現代六線道馬路經過。道路偏離海岸，先穿越肥沃的農田，再爬上一年四季周而復始的日曬、雨淋、霜凍而破碎的山嶺，來到一處低矮的山凹，通過法國雄偉的巨衛堡槍砲下方，然後進入西班牙。過了那裡，法國國王的雄偉大道變成「自然天成、令人苦惱的小路」，穿過一片鬆軟沙土的地形向下延伸，斜坡上方長著軟木槲，下方稀疏種著橄欖樹。一旦再往海岸靠近，人工產業的跡象又增多。空氣中有開花灌木與香草的芬芳氣味，路旁有蘆薈、濱棗（刺馬甲子）與野生石榴的樹籬，鏈泵灌溉玉米田和橘子果園，城鎮愈來愈多。不久，他們通過了巴塞隆納入口，這是一個著迷於變化的大都會[23]。

十八世紀的巴塞隆納在舊時西班牙中北部一個王國——卡斯提爾的大領主們注目下繁榮興盛。這個加泰隆尼亞城鎮引以自豪的有絲織品、一座義大利歌劇院，和一條可同時停泊一百艘船的半英里長碼頭。黃金從美洲源源流入，紡織品與工業製品則出口殖民地。隨著商業繁榮，巴塞隆納也成爲知識重鎮，部分原因在其較北方鄰居相對開放。

法國觀念的引入不見得都受到歡迎。這座城鎮的人口隨著地方繁榮，增加爲三倍的十二萬人。新來人口之中有許多是法國人，十八世紀末的巴塞隆納居民近八分之一是由這些人組成，這些移民惹惱了該城居民及其卡斯提爾統治者。工匠視新來的人爲競爭者，卡斯提爾人則對激進觀念有所疑慮，法國大革命更加證實他們的疑慮，麵包漲價和工資不斷下降，也都怪到法國人頭上。幾十年來，啓蒙作家如伏爾泰與盧梭的作品，連同政論小冊、反宗教傳單和色情書刊，都是非法走私進入西班牙，有時甚至這類東西全都合而爲一本文采洋溢、才華閃現的書。馬德里官方試圖要阻止這種煽動性作品流入，甚至在一七九一年查禁了科學性的《物理期刊》，理由是據傳該刊主張無神論。如今除卻這些令人不安的小冊子，爲了逃避不信神的大革命，貴族與教士也來了，但這些流亡者發現自己並未受到熱烈的歡迎。巴塞隆納總督害怕革命份子會僞裝成教士，煽動騷亂。七月，他下令軍隊把難民擋在邊界上。難民必須發誓會留在西班牙，並遵奉天主教[24]。

但西班牙國王也想從大地測量學最近的創新中得利，過去幾年來，兩國已經展開一項合作計畫，以確定雙方的共同邊界。西班牙人尤其急於瞧瞧，這套簡直是爲這項任務貼身打造的波爾達複讀儀[25]。

七月十日，梅杉一抵達巴塞隆納，就會見了西班牙官員，以及與法國進行科學合作的小組成員。小組領導人是海軍上尉龔薩雷斯，他是護航艦「雄獐號」指揮官，也是一位天文導航專家，梅杉對此人的著作並不陌生。他的副手是阿伐雷茲，還有艦上副官普拉內茲。西班牙人和當時大多數的科學人一樣，都會說法語。他們同意用那個月剩餘時間爲這趟遠行做整備，他們總共需要六十個人數月之用的補給品[26]。

在這段停留期間，梅杉與加泰隆尼亞的啓蒙運動菁英見了面，這些都是與法國觀念和思想家有密切接觸的科學才士。梅杉這個人在與人結交方面別具天賦，雖然有時憂鬱，甚至任性，但他也能贏得人們的欽仰與愛慕：他是個有榮譽心的人，從事一項正直的任務。他那自我貶抑的態度自有其魅力。他與世界各地的人信件往返，討論天文學問題，從比薩到倫敦，從哥本哈根到馬德里，與這些人交換天文資料和發現。因此，他與博學多聞的法蘭戈將軍這類加泰隆尼亞知識份子交好，並與推動醫學革新的醫生康皮歐建立友誼，是再自然不過的事。法蘭戈是天文學家、數學家，也是化學家，最先算出空氣中正確的氣體混合比例，修正了拉瓦榭的推估值。

梅杉請巴塞隆納工匠建造錐形遮篷，可以遮蔽複讀儀，同時標示出觀測點的精確位置，以便能從遠處加以定位。這些遮篷也可以兼做探查隊在夜間的棲身之所。梅杉按照圓形帳篷的形狀設計這些遮篷：把一根馬車輪軸般大小的厚重木棍做成的直立脊柱打入地下數英尺，由三到四根堅固的木條支撐，然後再裹上帆布。在木棍高出遮篷的部分，加上一個好像大型童玩陀螺的對疊錐形，漆成白色，充當瞄準標的。喜歡說長道短的巴塞隆納人，本來就因西班牙波旁家族與法國革命政府之間緊張關係的新聞而喧嚷不已，這種怪異的設計更引發許多傳言。這些小道消息照例說對了一半。一位大公聽到傳言說，這些遮篷號誌將被安置在巴塞隆納到邊境之間的山頂和堡壘上，用以在夜間傳送對法備戰的消息[27]。

等到八月初，這些遮篷一準備就緒，合作小組便動身北上入山。在沿經線北上的第一道山口，梅杉的目標是勘定一連串可用的觀測點，穿過巴塞隆納與高山邊界之間未經探查的區域，這樣他就能向南循原路而回，並用他那具複讀儀精確測量這些觀測點。以直線距離來說並不遠，八十英里出頭，然而地形蜿蜒曲折，道路老舊。梅杉在佩皮尼昂便已扔下他那輛特別訂製的馬車，這些羊腸小徑連馬匹也不易通行，馬車就更不用說了。更麻煩的是，在西班牙找了兩星期的檔案，還是找不出一張精確的加泰隆尼亞地圖。合作小組雇了騾子載運他們的補給品，還請了當地嚮導帶他們通過上游牧草地和松林搖曳的山巔。

在那段時期，跨越法、西國境的山區是片渾沌、危險的地帶。庇里牛斯山區未經測繪，邊界管制漏洞百出，畫界不明。庇里牛斯山從大西洋跨向地中海，峰峰相連交錯，其間有肥沃的谷地，還有一向自由來去於溫帶農莊、內地牧場與相鄰村落之間的人民。山脈兩側一向由西班牙統治，直到法國人征服了滬西隆（加泰隆尼亞一部分，位於庇里牛斯山北坡），一六五九年條約正式指定兩國之間的邊界沿「山嶺之巔」而設。但法國人只把這些山當作一條自然邊界，只要這條邊界合乎他們的利益。在一七一〇年代，「太陽王」的軍隊曾南向挺進巴塞隆納，企圖把整個加泰隆尼亞納入凡爾賽宮治下。這場戰爭的結果是波旁家族成員坐上西班牙王座，並再次宣告以庇里牛斯山巔爲界，卻不指明是哪幾座山巔。十八世紀末，山嶺兩坡的居民同樣都還是講加泰隆尼亞語，並以狂熱的方式宣稱不受如今在波旁家徽之下緊密結盟的巴黎與馬德里統治。私販與土匪——當地稱之爲「密克雷」（原意爲西班牙式的火槍槍機）——進行煙草、武器與違禁書籍的危險交易，騷擾旅人、商販和巡邊哨

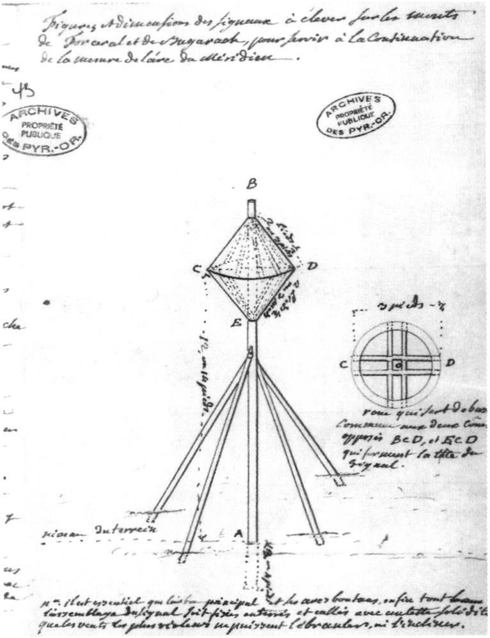

梅杉在加泰隆尼亞的信號裝置　這幅梅杉手繪的草圖，繪出爲了在加泰隆尼亞進行三角測量而設計的信號裝置。下面的錐形部分可以裹上帆布，做成圓形帳篷。上面的雙錐漆成白色，充當標的物，供遠處瞄準之用，高度約二十英尺。

兵。這是法、西政府在通過巴塞隆納的經線測量計畫上熱切合作的另一個原因：三角測量法將有助於測量人員以科學方法定出兩國邊界，以便能防護、管制兩國之間的貿易，並加以抽稅[28]。

爲了趕快找到可用的觀測點，梅杉把人員分成兩組：梅杉與龔薩雷斯帶走半數人員，特杭蕭與普拉內茲帶剩下的人。兩組平行前進，安放另一組可能看得見的信號裝置。他們從瓦維德雷拉山脊之巔開始，現代的巴塞隆納市區西緣就是以這座山脊爲界。從那裡開始，他們緩慢北行，穿過乾枯的松林，來到與世隔絕的蒙瑟拉修道院[29]。

這處中世紀朝聖地塞在一排巨大的石柱狀山岩的山腰窄縫裡，這片石山看起來就像是管風琴的管子，修道院也因此得名——「鋸齒山」。或如一位加泰隆尼亞詩人所書：「以一把黃金之鋸，天使們劈曲折之丘，爲你造一隅之地。」梅杉和他的組員花了三小時，騎著騾子爬上三千年歷史的曲折小徑，但即便爬上修道院，視野還是不夠好。最後，梅杉把他的信號裝置設在聖母禮拜堂的門廊上，這座禮拜堂孤伶伶地坐落於最高的那一根石頭風琴管頂端，比修道院又高出一千兩百英尺，比谷底高出四千英尺。從這處令人暈眩的山巔，三百六十度的全景盡入其視野：從北方陰涼的庇里牛斯山山壁，到南方波光粼粼的馬約卡島。在正下方的階梯谷地之中，他可以分辨出一堆亂糟糟的不完整外觀：蜿蜒排列的石頭分隔著胡桃樹與橄欖林，紅色屋頂的村落沿河岸而聚居，暗色山脊遁入貧瘠不毛的群山，當然，還有禮拜堂正下方的修道院。「群峰緊靠修道院而環抱，彷彿就要轟然崩落而毀之。」他這麼寫著[30]。

在蒙瑟拉，梅杉和他的組員被安排住進一間雅房，並款待以美酒佳餚。那一帶的旅店全都惡劣不堪，三張板子擱在幾個架子上，就算是一張床，而且窗戶是不裝玻璃的。接下去的一個月，這組人穿越加泰隆尼亞北部荒涼不毛的山區，採之字形路線，更往內陸而行，朝高聳的庇里牛斯山巔前進。這裡的田地或是休耕，不然就是種起了大麻。山區是一片蠻荒之地，山裡的熊經常攻擊牛羊，這些熊撲到牛羊的背上，然後擊碎牠們的頭。到了冬天，狼群則攻擊熊。牧羊人帶著火槍，每個都幹走私的勾當[31]。

在他們九月到達邊界之前，季節變化已領先他們好幾步。梅杉原本希望在邊境的科斯塔波那山（標高七千五百英尺）和馬薩內山（標高六千英尺）設置觀測點，但這些山峰早就因白雪而遙不可及。更糟的是，邊界沿線的政治緊張正逐漸升高。法國王室被推翻的消息在法國南部各地引發激烈對抗，其影響越過國境而及於西班牙。法國人怕西班牙入侵，西班牙人怕法國大革命會玷污他們高尚的王國。在科斯塔波那山附近的邊境上，狂熱的革命份子種了一棵自由樹。「密克雷」的行動不受制裁，法、西雙方都無法信賴他們的忠誠。在這樣的環境下，如果梅杉的法西官方聯合小組開始以望遠鏡在邊境沿線進行瞄測，很有可能被視爲是一種開戰的挑釁，也可能因此喪命[32]。

的確，正當德朗柏在聖丹尼做大地測量學即席講課的同一天，梅杉在庇里牛斯山後山坡的西班牙山城坎普頓蹲坐著。加泰隆尼亞總督剛剛下令探查隊裡的西班牙官員離開邊界，而由於梅杉的通行證規定他必須與其東道國西班牙的人員同行，他也只得撤退。這是項合情合理的預防措施，就在那個星期，他和他的手下在千鈞一髮之際逃過一場狙擊。十二名來自邊境小鎮普拉的法國狂熱份子一直埋伏著，等待他們在法國領土上出個小錯，因爲有一條連結兩個觀測點的道路正好穿過此處的法國領土。幸好探查隊走了另一條路，而代價是繞一大圈，走了三天「地獄之路」。他們的命很可能因此而得救[33]。

梅杉非常洩氣，難道這些人不明白，他是在進行一項和平的科學探查任務嗎？他寫信給佩皮尼昂的行政官員，要求在所有山村張貼他的派令副本。他的任務是一項科學研究，由兩國共同贊助，目的是爲了人類對於普遍知識與和平商業活動最崇高的企盼。梅杉明白，他的官方派令，也就是德朗柏此時此刻正對聖丹尼志願軍大聲朗讀的同一份派令，是由一位不復統治的國王所簽署，但他可以憑藉的，也只有這份派令了[34]。

同時，梅杉別無選擇，只能掉頭離開邊境，南向進行測量，一個觀測點又一個觀測點，回頭朝巴塞隆納而去。這次，他將使用複讀儀，做角度值的最後測定。爲此，他帶來兩具複讀儀：一具採傳統式三百六十刻度，另一具採新式十進位四百刻度，這也是新的合理性精神之展現。複讀儀是騎士勳爵波爾達的發明，他是梅杉資深的科學院同事之一。波爾達是法國首屈一指的實驗物理學家，也是經驗豐富的海軍指揮官，曾經協助法國艦隊解放美國殖民地行動的調度，這是法國第一次，也是最後一次在海上勝過英國。波爾達本人也指揮六十四門砲的「隱者號」，在一次兵力懸殊的行動中被捕。他在一七八〇年代中期回到法國，把他的一具航海儀器改裝成一種新的大地測量裝置。這位作風嚴厲的貴族軍官如今已近老年，但還是如往常般一絲不苟，他和法國最優秀的科學儀器工匠、個子矮小的勒諾瓦合作設計一種儀器，其精準度「超乎歷來構想過的任何一種儀器」[35]。

複讀儀背後精巧的原理，讓大地測量人員不用重新設定儀器，便能多次讀取同一角度的讀數。這種重複讀取等於保證：任何因觀測者不確定的感官知覺或角刻度環製造過程的缺陷而產生的誤差，都將徹底鏟除。波爾達複讀儀由兩具瞄準鏡構成，一上一下各裝在一個銅圈上，這兩個銅圈就著一個十分精密的刻度環各自轉動。要測量地球表面兩點間角距時，大地測量人員把刻度環的盤面調到這兩點構成的平面上。接著，把上層瞄準鏡歸零：瞄準右手邊的觀測點，將固定該銅圈的螺絲旋緊。然後換到下層瞄準鏡，用它來瞄準左手邊的觀測點，同樣夾緊該銅圈。此時，大地測量人員可以在刻度環上直接讀取兩觀測點夾角，就算大功告成。但他並沒有這樣做，反而做了一件我們想不到的事。他隨即回頭反轉下層瞄準鏡，這次是順時針方向，兩個銅圈和兩具瞄準鏡一起轉，直到他瞄準右手邊的觀測點。這麼一來，上層瞄準鏡當然也一起順時針轉了同樣的角度。現在，他鬆開上層瞄準鏡的銅圈，單獨反時針方向轉動，直到瞄準左手邊的觀測點。這意味著，上層瞄準鏡全部轉過的角度爲所要測量角度的兩倍。說得直接一點，再重複一次這個步驟，他就可以再加一次兩倍角度值，依此類推。如果觀測點容易觀測的話，進行十次這種加倍讀取，可能只花十五分鐘；如果觀測點不容易辨識的話，也可能要花上一整天。最後，他記下刻度尺上的最終位置，除以加倍讀取的次數。複讀儀的主要優點爲：藉由增加讀取次數，把誤差值削減到從未有過的小。觀測瞄準或儀器製造時產生的十秒誤差範圍因多次讀取而分散，如果讀取次數夠多，這些誤差就會縮小，甚至套句發明人自己說的話：「耐性夠的觀測者應能將所有誤差消除殆盡[36]。」

梅杉的測量從山中聖母隱修院開始，他也在卡姆山、瑪塔蓋爾和洛卡寇拉山等處峰頂測量過，阿伐雷茲還在洛卡寇拉峰頂搭帳篷睡覺，直到四周所有觀測點都測量過此處的觀測點。梅杉在羅多斯山測量時，和龔薩雷茲寄宿在一處牛棚中，四小時的登山路線爬了十幾次，就爲了等到一次可進行觀測的晴朗天氣。他在馬塔斯山、在蒙瑟拉上方的禮拜堂都測量過，然後在十月下旬越過瓦維德雷拉山脊，下山來到大城巴塞隆納所在的盆地。一七九二年十一月二十八日晚上，城裡居民報案，在城南邊緣高地要塞將軍宮上方的如意山上，還有在該城四周其他高處，有亮光出現。那是梅杉和他的同事正在用拋物面鏡發出反光，以便在夜間從盆地對面取得精確讀數[37]。

取得了這些角度值，梅杉有充分理由認爲，一七九三年的這一季算是成功。他不到三個月就做完了七個觀測點，邁向最後會合地點羅德茲的全部路程，這也是最難走的一段，他也疾如流星般走完將近一半。如果有什麼美中不足的話，就是覺得工作時有點倉促。他抱怨西班牙人不喜歡在比較「艱難」的觀測點逗留，如果他是自己一個人工作的話，儘管條件比較不利，但所能進行的觀測一定比現在多得多。梅杉所追求的精準度，曾令其他研究者全都知難而退，這種精準度將是公尺得以放諸四海而皆準的最佳保證。他不打算讓此一爲所有人民、所有時代而設之度量標準，因刺骨寒風與陡峭山坡而減損其精確性。然而，合作研究所付出的代價，就是妥協讓步[38]。

沒錯，他到此時尚未能測量庇里牛斯山稜線上的高山觀測點，但不管怎樣，稍後總還可以從法國那邊靠近這些邊境觀測點。再者，一旦他回到法國，就有卡西尼的地圖及先例可資依循，而且可以觀測到他滿意爲止。這使得他在西班牙只剩下一個任務：緯度測量，用來定出那段經線弧的南端落在巴塞隆納何處。爲此，梅杉決定在如意山進行他的測量。

如意山的岩層露頭，還有高踞臨海崖邊的城堡要塞，從巴塞隆納市中心任何一個地方都看得見。自地中海攀升六百英尺的陡坡難以攻克。即使靠近市區那一邊，坡度依然陡峭。今日，如果你願意的話，可以搭乘亮紅色的纜車上山，一九九二年奧林匹克運動會觀眾就是以此爲運輸工具。你也可以開車走之字形道路上山，沿途經過階地風景區，這裡是一九二九年世界博覽會遺址，至今仍是西班牙最有名的自行車比賽與一級方程式賽車大賽的比賽路線之一。但在比較平靜的日子裡，當人們不再駕車作樂，流浪貓在凌亂的棕櫚叢與松林間入睡，你就不難想像出這處山坡在兩百年前的模樣：十八世紀的觀光客獵取石灰岩中的化石，或是挖掘沉重的希伯來墓碑碎片，這些碎片是紀元前六世紀猶太人被流放到巴比倫之前猶太墓園的殘跡，此地的加泰隆尼亞語地名，猶太山即「猶太人之山」，也因此得名，這座山在法文裡叫做「如意山」，令人有「遊戲玩樂之山」的聯想（法文的Jouy與jouer〔遊戲、玩耍〕、jouet〔玩具〕、jouir〔享樂〕等字音近形似）；拉丁文則是「朱比特山」，這座山是小一號的奧林帕斯山，曾有一座朱比特神廟坐落於此。總而言之，這裡是各種歷史層層堆疊之地[39]。

幾個世紀以來，如意山這個地方一直盤踞著一座燈塔。到了十七世紀，由於法國與西班牙爲了爭奪加泰隆尼亞控制權而交戰，巴塞隆納城也每隔一段時間便叛離法、西兩國，如意山上因而興築起防禦工事。一七一四年，西班牙國王開始在現代公路所經之處築起一座要塞，這座要塞被英

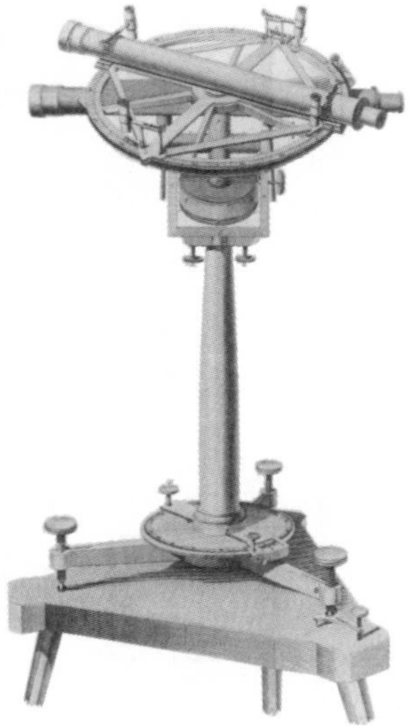

波爾達複讀儀　此處所示波爾達複讀儀之平放式構造，乃用於大地三角測量。

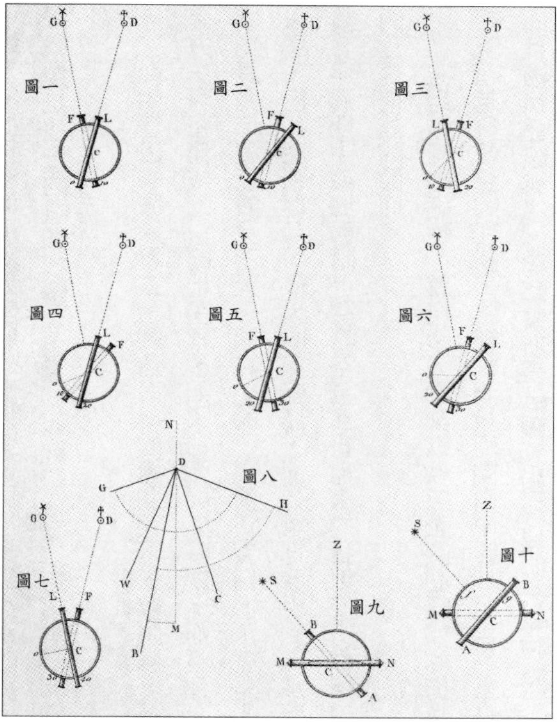

波爾達儀操作法 此圖顯示重複讀取複讀儀的方法，就是這種方法使之成爲精密儀器。本範例從圖一的上視圖開始，瞄準目標G（gauche，法文的「左邊」）和D（droit，法文的「右邊」）間隔十度，如瞄準鏡F與L的定位方式所示。一開始，兩具瞄準鏡都固定在刻度環上。圖二的下層瞄準鏡F已順時針轉動，瞄準目標D，上層瞄準鏡L也隨之順時針等距移動。圖三的上層瞄準鏡L已從刻度環脫鉤，單獨轉動對準G，如此可以確定，相對其起點，L掃過兩倍的十度。接著，圖四的瞄準鏡L再次固定在刻度環上，因此，當L再次對準D時，也同樣移動了下層瞄準鏡F。這意味著，當圖五的瞄準鏡F再次單獨對準G時，角規又增加了十度，同時令觀測者回到一開始的狀況，不過現在測量到的不只是十度夾角，而是原本的讀數再加上兩倍的初始夾角。接下來，觀測者想重複此一過程幾次，就可以重複幾次（見圖六與圖七），而無須重新設定角規。然後，最後累計的角度除以重複次數，得出該夾角的精確讀數。這個方法的優點是，縮減任何單一角度觀測必然會產生的誤差範圍，並將製造標定角規時的參差所產生的影響減到最小。圖九與圖十所示的側視圖顯示，如何運用同樣的重複步驟，以瞄準鏡AB相對於水平瞄準鏡MN所定之水平線，測量S星的垂直高度。這種重複流程是先把整個複讀儀繞著中軸（也就是圖九與圖十中的Z軸）水平旋轉一百八十度，然後再以瞄準鏡AB瞄準該星（最後這個步驟並未畫出）。

國遊客認爲是「要塞之中完美之作」，使得巴塞隆納「不易被敵軍占領」。厚重的城牆排列成五邊形，守軍因而得以最大火力瞄準攻方。這座要塞可以同時容納三千人和一百二十門砲，城內有一座大型閱兵場，還有一排排設備完善的軍營給官兵住。南邊有如意山城堡，北邊有新建的奇歐塔德拉大型要塞，保護夾在中間的巴塞隆納城免受攻擊，也令叛軍知難而退。在固若金湯的如意山峰上，梅杉和他那組人暫居此地過冬，城裡日益高漲的反法呼聲就像是遠方的喧鬧吵嚷。這是一座懸於城市與天空之間的要塞[40]。

從如意山的城垛看去，劍魚海岸的遼闊視野盡收眼底。遠眺南方，海藍淡成蒼白的地平線，如果白天天氣晴朗，而且你有適當的設備，就能看見海天一線之中的一道淡黃裂口。那就是馬約卡島，巴利亞利群島中最大的一座島，而如果你看得到，那麼，靠著穿過地中海海面附近潮濕空氣曲折而來的折射光，你所看到的正是地球的曲面。

光是這樣的遠眺，就已令人蠢蠢欲動。企圖心旺盛的梅杉夢想著超越科學院的任務，將經線測量範圍向南遠伸至馬約卡島，而且辦法已經有了。龔薩雷斯表示願意指揮他的「雄獐號」，航

從巴塞隆納港眺望如意山

渡一百英里寬的海峽，在島上幾處山頂點亮火光。梅杉寫信回法國，向他的同事們取得延伸嘗試的許可。十二月，他將此計畫付諸實行。當龔薩雷斯與艦上官兵啓航出發，在馬約卡島上五千英尺高的托瑞亞斯山的山頂樹立特製反射鏡，特杭蕭與普拉內茲沿著本土這邊的海岸尋找火光位置，梅杉則在如意山城垛上就定位。十二月十六日傍晚，他透過望遠鏡，發現一道在地平線上搖晃的模糊光芒。可惜，就如他向那些回到巴黎的同事們所做的報告，測量的解析度不足，除非他的複讀儀重新裝配倍率更大的瞄準鏡，並配備更大的拋物面反射鏡，否則這個歷來試過最大的測量三角是不可用的。同時，他也向他們保證，他會把完成交付給他的任務列爲第一優先[41]。

接下來一直到十二月底，都在俯瞰海面的如意山要塞塔樓旁架設天文觀測台。這座觀測台是間十五英尺長乘十二英尺寬的小木屋，有

從如意山峰俯瞰巴塞隆納

片可以用滑輪升高的活動屋頂，窗戶打開，視野遼闊，一覽無遺，南面向海，北擁群山。在這間小屋裡，梅杉選定方位安放他的複讀儀，以測得跨越天球子午線的星辰移動。這是夜間的勞動，少數幾位專家的工作，一起上山的小組也就解散了。當龔薩雷斯看著擺鐘讀秒，特杭蕭提著燈籠確認儀器水平，梅杉則量測星辰[42]。

據以定出勘測終點的緯度測量，是整個任務中最棘手的步驟，失之毫釐則差之千里。一般來說，緯度測定對十八世紀的天文學家來說，並不構成太大的難題。與困擾全世界航海家達數世紀之久的經度問題不同，水手們早就知道如何藉由測量太陽、北極星或其他天體的高度，計算出他們是在赤道北方或南方多遠的距離。緯度測量早已司空見慣，但科學之所以興旺，靠的就是把老生常談變成新的難題。梅杉希望以天文學史上迄今無人能及的精確度，測定如意山的緯度。他的目標是精確定出如意山在地球儀上的位置，誤差在一秒以內，大約是一百英尺的距離，準確性不輸給今天的商用全球定位系統。這種精準度使常例性的測量變成一項令人卻步的挑戰[43]。

在這項對於天文精準度的追求中，梅杉的裝備只有波爾達複讀儀。但梅杉覺得自己應付得了這項難題，「誠如波爾達先生所言，要確保誤差最終能完全消除，就看觀測者有沒有這個耐心」[44]。迄今為止，梅杉比所有人的預期還要堅忍自制、不屈不撓。他親自寫信給複讀儀的發明人，說明他剛剛就其測量結果完成一些初步計算，而他測量所採用之三角形內角和與一百八十度之差皆未超過三．五秒，差距百分之〇．〇〇〇五，小得令人目瞪口呆。現在，他準備就緒，要讓這部儀器接受天文學的考驗。

對梅杉來說，精準度的追求是一種科學的探究，同樣也是一種道德的修爲。其終底於成，證明研究者具備耐心、技巧與正確的方法，來證明自然界可以預測、有其定律可循。但就像所有的道德修爲一樣，精準度的追求也潛藏著風險。貼近觀察自然界的細部結構，會產生意想不到的爆炸性結果。如果這些結果不相吻合，那麼是誰出了差錯？是自然界，還是研究者？

就天球觀測而言，複讀儀的盤面被轉成垂直，因而直立如同一支「停車再開」的交通號誌，對齊經線的方向。其中一具瞄準鏡裝有校定好的氣泡式水平儀指向地平線，它的位置必須仔細監看；另一具瞄準鏡則取斜角，對準經線上空的恆星預估行經的高度。當恆星接近經線時，科學才士緊盯恆星移動穿過鏡片上的格線，同時留心聽著擺鐘的滴答聲，以標定精確時間。這種眼耳並用的絕技，是最基本、最費力的天文學技巧之一，但複讀儀還需要更多的技巧。雖然，當觀測者從刻度環上讀取兩具瞄準鏡之間的夾角，就能得出恆星高度的初估值，但就像之前描述的，複讀儀的精確結果還是得靠多次讀取而來。爲達此一目的，科學家把整個儀器繞著垂直軸旋轉一百八十度，讓形似「停車再開」號誌的儀器盤面朝著相反方向，但還是對齊經線。接著，他鬆開螺絲，把正在操作的那具瞄準鏡繞著刻度環往回轉，直到再次在格線中看見那顆星。他這麼做，使得留跡於刻度環上的角度值增加一倍。再重複一次這個動作，又得出四倍的恆星高度，依此類推。這一連串靈巧的動作，加上天文學家一下把儀器盤面轉向這邊，一下又把瞄準鏡轉向另一邊，就好比是數學大師正在破解一個魔術方塊，希望透過一連串次序正確的高速動作，解開天體的密碼。

由於梅杉拒絕讓他的西班牙東道主自己來試解這道謎題，這些西班牙人會生氣是可以理解的。普拉內茲抱怨梅杉派他「袖手旁觀」，並暗示西班牙國王不會樂意讓他的官員受到如此專橫跋扈的對待。梅杉拒絕交出接目鏡。他堅持，測量工作是他一個人的工作，只有他有必要的技術與經驗，要爲這些結果向科學院負責的只有他一個人，這是科學才士的責任，也是他的特權。這正是卡西尼在一七八八年從巴黎到格林威治的探查任務中對待他的方式。到最後，梅杉打發普拉內茲回去，換了一個比較好安撫的助手：軍事工程師布耶諾上尉[45]。

在接下來三個月期間，梅杉對六顆不同的恆星做了一千零五十次瞄測，每一次都包括十次重複觀測。這是一項艱鉅的工作。夜裡酷寒，好幾桶水都結了冰。整個耶誕假期，一直到新年，梅杉、特杭蕭和龔薩雷斯都在地中海深黑夜色下，俯瞰巴塞隆納城的高處努力工作，精確標出要塞所在的緯度[46]。

偶爾，他也會進行其他的觀測。一七九三年一月十日傍晚六時十五分，他報告發現一顆新彗星。他的同事們全都知道，搜尋彗星是梅杉最喜歡的活動，也是他建立科學名聲之基礎。所以，爲免他的同事們認爲他心有旁騖、怠忽正務，他在報告中也說，這顆彗星在開陽星西邊一點點的位置，這是他正用以測量緯度的恆星之一。「這不是我的錯，」他寫道，「我並沒有在找它[47]。」巴塞隆納的日報《日誌報》報導了這次無辜的發現，報社編輯們不得不加了一段話，說彗星是自然天體，其出現並不如一般人所以爲，預兆將有「戰爭、瘟疫或君王駕崩」。就在那個星期，國民公會在巴黎開會討論路易十六的命運，十天之後，也就是一七九三年一月二十一日，這位法國國王將被處死，再過不久，戰爭隨之降臨[48]。

二月二十日傍晚，在可以清楚看見如意山卻在砲火射程之外的地方，一艘法國武裝民船洗劫了一艘西班牙船，船上載著美洲金銀財寶，正要前往巴塞隆納港。大批群眾聚集在海堤上，看著

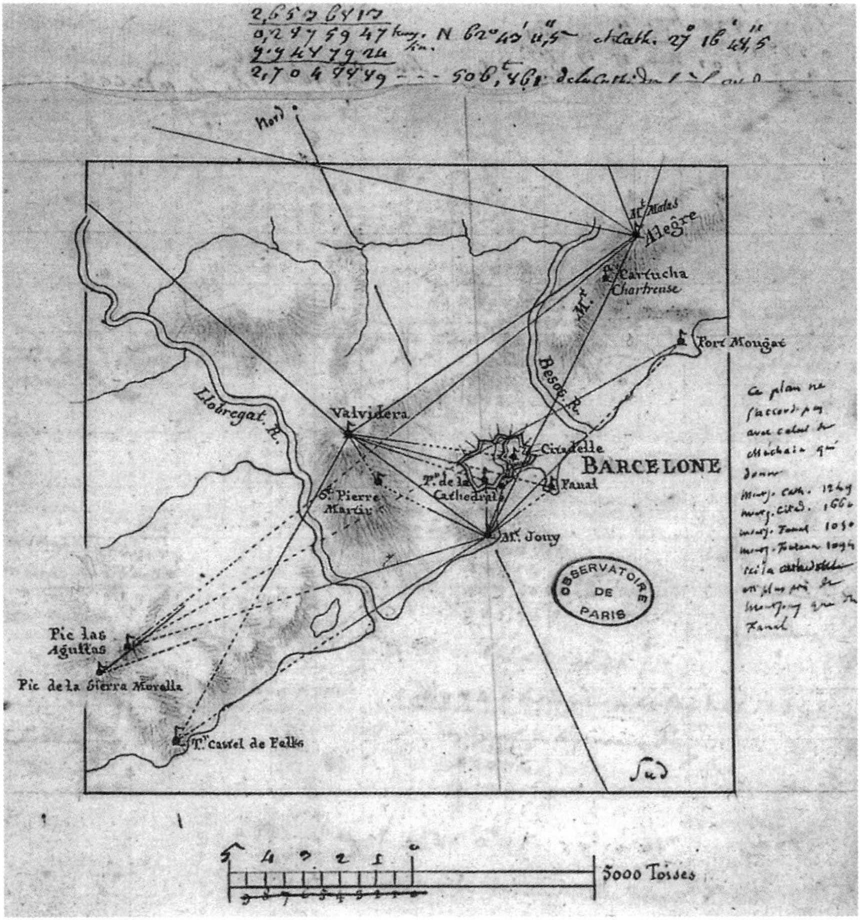

梅杉在巴塞隆納城一帶的三角測量圖，一七九二～一七九四年　如德朗柏在右邊的眉批所言，梅杉這幅巴塞隆納盆地觀測點地圖，並未按比例來畫。梅杉把巴塞隆納市區的主要觀測點設在如意山（Mt. Jouy），但他也從大教堂北側塔樓、法納爾（Fanal）燈塔和西塔戴爾（Citadelle）進行輔助性瞄測。位於大教堂（Cathedral）正東方那個沒有標示地名的點，即金泉旅店。

法國海盜帶著原本屬於城裡商人的八萬銀元揚長而去，卻一點辦法也沒有。暴民叫嚷著要復仇，並拿石頭打死一名被他們誤認爲法國人的熱那亞公民。法國領事怕民眾會搶奪法國貨物作爲報復。「加泰隆尼亞人哪，」他寫道，「莽撞、大膽、有仇必報，而且錢就像他們的神一樣[49]。」梅杉也懊惱地獲知，護航艦「雄獐號」在他的好友，也是科學合作夥伴龔薩雷斯指揮下，已奉命去追捕這些海盜。三天後，龔薩雷斯空手而回，巴塞隆納市民群情激憤。事實上，有些歷史學家認爲這次事件是造成舊日盟友兵戎相向的導火線之一。

該把加泰隆尼亞任務了結了。龔薩雷斯回來那一天，梅杉第一次寫信給他在北邊的合作夥伴，他給德朗柏說了一些鼓勵與同情的話。「閣下，我親愛的同事，」他寫道，「我聽說你的不幸，也很同情；我也獲悉你的成績，這令我十分開心。」他提議兩邊交換筆記，互相提供建議。比方說，德朗柏如何設置他的信號裝置？他如何定位複讀儀？梅杉這一邊，則描述了自己的步驟，並以特意營造的謙遜口氣向他的合作夥伴保證，他自己在南邊的三角測量絕對比不上德朗柏在北邊的精準度。但他緊接著又說，這不能完全怪他笨拙。山區測量會出現各式各樣平地測量遇不到的難題：在那上頭，厚厚的雲層遮蔽了觀測點，山徑險阻，嚴寒不利儀器的使用。但他還是有得力助手協助，一等緯度資料完備，他打算在「下個月某一天」返回法國[50]。

德朗柏從巴黎回信，說他最希望能有梅杉的「健康、勇氣與耐性」。在一份更實際的短簡中，他還附上換新的護照，但上面沒有前朝國王的印信[51]。

但在梅杉獲准離開巴塞隆納之前，西班牙當局堅持，他必須就其大地三角測量與如意山緯度向他們報告。作爲探查計畫的對等夥伴，西班牙人當然有權獲得此一資訊。這些資料將使他們得以畫出第一幅精確的加泰隆尼亞地圖，並十分準確地勘定其各處要塞的位置。如何哄騙梅杉交出資料，對龔薩雷斯的耐性是一大考驗，但在他的堅持下，梅杉花了整整三個月，準備一份總結報告給他的西班牙合作夥伴，也寄了一份他的成果提要給人在巴黎的波爾達[52]。

梅杉和巴塞隆納的居民都不知道，一個新的時代已經展開。法國和西班牙早就開戰，而這個城市迄今只看到一些緊張情勢升高的跡象。三月初，西班牙當局下令法國公民離境，梅杉必須提出申請，才能待到報告完成之時。接著，三月下旬，梅杉的西班牙軍官合作夥伴奉命向所屬軍團報到，龔薩雷斯則指揮「雄獐號」出海，護送補給艦前往要塞港羅塞斯。如此一來，把經線測量延伸到馬約卡的希望徹底破滅。在梅杉懇求下，總算把布耶諾上尉留在他身邊，沒有護衛隊，他不可能獲准前往連結西班牙與法國的兩處邊境觀測點[53]。

整個十八世紀，這兩個王國一直是親密的盟友，各由波旁家族的一支統治，以英國和日耳曼諸邦爲共同敵人，大革命的騷動並未改變此一基本關係，至少一開始沒有。剛即位的西班牙國王卡洛斯四世承諾，只要他的表兄路易平安無事，他就不加入反共和聯盟。法國的共和主義者卻把這項承諾看成是最後通牒，處決路易十四之後不久，法國就先發制人，向西班牙宣戰。兩星期後，西班牙也還以顏色，然後又過了兩星期，才用教堂鐘聲召集巴塞隆納市民，來聽王室宣告要鏟除法國大革命。同一天，四月四日，西班牙軍事指揮部下令梅杉離開如意山城堡，並拆除他的觀測台。軍方無法容忍在西班牙地中海沿岸最重要的要塞裡有敵國公民出現。被迫住在市內的梅杉，在一間叫做「金泉」的旅店裡租了房間，旅店就在艾斯庫德耶街道整修過的蘭布拉徒步區旁邊，這條街道在十八世紀以精緻旅店和製陶工人聞名，今天則以娼妓和陶藝店而名聞遐邇[54]。

一開始，法南邊界上的戰爭並沒有得到太多巴黎方面的注意，這是可以理解的，因爲他們最關心的是距離首都兩天路程的普魯士與奧地利軍隊。儘管如此，南方邊界上的戰鬥還是很激烈，數萬士兵參戰，數千人死亡；西班牙這邊是正規軍，法國則是未經訓練的新兵和民兵混編而成。接下來的兩年多，庇里牛斯山兩側將來回進行著拉鋸戰。一七九三年夏天，西班牙似乎就快要奪回以前的領土胡西翁，連同其首府佩皮尼昂。一七九四年，法國看來就快要征服加泰隆尼亞全境，甚至包括巴塞隆納。兩年之間，軍隊、民兵和「密克雷」從高山隘口出擊、包圍山谷裡的城鎮、爭奪海岸要塞，這當中有些效忠法國，有些效忠西班牙，有些則兩邊都不效忠。這些戰鬥點醒雙方，國境並非天然而成，而是鮮血畫就，執戈捍衛，迄今還無法憑科學加以標定。

不過，在一七九三年四月，儘管有國際事件的災難性發展，梅杉還是有理由感到滿意。他在西班牙的工作已經完成，而且是按他自己的嚴苛標準。情勢既然如此，在他看來，不妨和好友康皮歐醫生一起來趟延期已久的旅行。康皮歐是巴塞隆納的啓蒙科學才士之一：他是一個醫生，曾鼓吹接種天花疫苗和食用健康水果；也是個發明家，設計過鐵路雛形和潛艇；他還是個物理學家，與歐洲頂尖物理學家時有信件往來。他一直催促梅杉去參觀巴塞隆納市郊的新式抽水站，其巧妙的機械設計受到英國訪客讚賞。

然而，當他們到了抽水站，卻發現抽水站因爲五朔節（即五旬節）慶典關閉了，沒有馬可以上軛拉傳動桿。梅杉表示看看停擺的機器就夠了，但康皮歐堅持要讓抽水幫浦動起來。他在男僕的協助下，開始動手推動八英尺長的傳動桿，梅杉則負責量測蓄水池裡的水位。突然傳來幾聲尖叫，把專心測量水位的梅杉嚇了一跳。由於水壓升高，迫使傳動桿逆轉，拖著醫生和他的男僕在地板上往後退。梅杉馬上出手援救，他們卻正好把傳動桿鬆開。梅杉胸部受到重擊，人被甩到牆上，倒在地板上，看起來似乎沒氣了[55]。

驚駭萬分的康皮歐和他的男僕把失去意識的梅杉抬到附近一間屋子，這位巴塞隆納的頂尖醫生讓他恢復了心跳，但還是昏迷不醒。他們擔心情況還會更糟，於是把他抬上馬車，駕車回城。他們在午夜抵達，馬上請來山朋斯醫生，他是城裡最好的外科醫生。由於梅杉右耳大量出血，看來他未必能撐過這個晚上。但他們還給他放更多的血，以避免腦部積水，並用羊毛被把他包起來，暫時不處理他的傷口，直到天亮。第二天早上，梅杉還活著，雖然是昏迷不醒，於是他們開始進行檢查。他整個右胸塌陷，肋骨粉碎，鎖骨多處斷裂。他們用繃帶把他包紮起來，並加以密切監看。三天後，他的燒退了，也恢復了意識。後來，他既懊悔又感激地回憶：「要不是康皮歐醫生，我絕不會發生這次不幸；但要不是他在場，我這條命也就保不住了[56]。」

梅杉動彈不得，即便他能下床，也無處可去。儘管他在一個月前被迫申請留在西班牙，現在卻被告知不得離境，直到這場戰爭有個結果。受命指揮對法戰爭的新任總督擔心，梅杉的大地測量資料可能有利與他敵對的革命派。除此之外，西班牙財政部已經扣押法國資產，直到戰爭結束，而巴塞隆納的銀行家也拒絕提供梅杉更多資金[57]。

難怪在他寫給法國同事的信中，即使對自己的傷勢輕描淡寫，還是不知不覺出現了自怨自艾的語調。「我無法親手寫這封信，而且可能前言不對後語，因爲我在兩星期前受了重傷……不過，我當然希望再過兩星期就能回去工作[58]。」他不提自己是在一趟無關其任務的旅程中受的傷。他也不肯坦言自己的傷勢，因爲他怕巴黎的同事會取而代之。他不只怕失去他光耀門楣的機會，替代人選也無法保證會以同樣的用心來繼續這項任務。

梅杉出意外的消息經過一個月才傳到巴黎，引起許多關注。梅杉夫人擔心得快要發狂。她原本預計丈夫在夏天結束前會回來，現在卻打算立刻前往巴塞隆納與他相伴，是拉瓦榭和其他科學院院士勸阻了她。別的不說，要越過戰火熾烈的邊界，就是一個大難題，而且她一句西班牙話也不會說。此外，消息從巴塞隆納傳來，已經過了一個月，或許她的丈夫早就康復，正上路要回法國呢。不管怎麼樣，留在三個年幼孩子身邊，才是她該做的事[59]。

拉瓦榭自己則寫信給梅杉，向他保證新的資金正要送去。早在一七九三年，他就已存了三萬四千法郎在巴塞隆納的幾家銀行。身爲科學院的司庫，他會堅決要求西班牙銀行承兌匯票，以資助一項「與各國商業有關」的計畫[60]。而且，他會以個人名義擔保總金額一毛不少，每個人都知道，拉瓦榭是法國最有錢的人之一。同時，梅杉不應爲了省錢而苛待自己。事實上，拉瓦榭爲了他這位總是捨不得享受的同事而略有微詞。這樣的節儉與其任務無上的重要性並不相稱[61]。

事實上，我們是該罵罵你，因為你在開銷方面太過節儉，有人甚至會說這是吝嗇。你不該忘記，你執行的是人類有史以來承擔過最重要的任務，你是為全世界所有國家工作，也是科學院及普世所有科學家的代表[62]。

梅杉尤其應該保重身體，把自己當成「對科學、對法國、對同事和朋友非常貴重的人物」[63]。拉瓦榭是在六月中寫下這些安慰、規勸和金援的漂亮話，但要把這些話傳到巴塞隆納，卻是個大難題。任何信用狀都過不了邊界，因為封緘會被打開，以免有人傳送軍事訊息。經日內瓦與熱那亞等中立區的迂迴郵遞路線並不可靠，拉瓦榭能做的，頂多是要求把信從指揮庇里牛斯山部隊的法軍將領，直接送到與之對陣的西班牙將領手中。交戰雙方總是會留一條溝通管道，而雙方陣營當然希望幫助一位受傷的科學才士，因為他所參與的任務是由雙方政府批准，其宗旨在於追求有利於公益的知識。畢竟，正如拉瓦榭為梅杉辯護時所指出：「科學並未交戰[64]。」

第三章　革命的尺度

「全球計畫！俺就知道！」狄克森開始尖叫，「俺是怎麼跟你說的？」

「稍微克制一下，老兄，」梅森咕噥著，『我們是科學人』又是怎麼回事？」

「還有科學人，」狄克森大喊，「搞不好只是頭腦簡單、被別人利用的工具，對於自己在做的事，並不比槌子對房子的了解多[1]。」

——品崇，《梅森與狄克森》

（梅森，十八世紀英國天文學家，曾受託與英國土地測量員狄克森，測定北美馬里蘭州與賓夕法尼亞州分界。）

我擔心那些還沒來找世界麻煩的數學家，終於要來找麻煩了；也該他們上場了[2]。

——梅西耶，《新巴黎》，一八〇〇年

法國大革命並非單一事件，而是眾多事件，雖然其主要爭論在於這場革命究竟所爲何來。巴黎是此一爭論最狂暴的競技場，但全國各地，從鄉村居民、城市居民到農民，也都在放言高論大革命對他們的意義爲何。對某些人而言，大革命是品行正直的人民與寄生貴族之間一場神聖的鬥爭；對另外一些人來說，大革命則是不信神的篡奪者與忠心的信徒之間的內戰。有些人聲言大革命是一場捍衛國家之戰，另外一些人則稱之爲國際解放運動；還有一些人則宣稱，這是一場對外征伐的戰爭。有些人說，大革命是巴黎控制鄉村的一種企圖；另外一些人則說，大革命是外省確立其自主性的一次嘗試。有些人視大革命爲解除商業桎梏的運動，另外一些人則視之爲保證麵包價格公平的一場社會鬥爭。而不管怎樣，無論何處，大革命提供機會，讓人做大事、發大財、參加遊行、投身冒險，或是哀嘆舊日美好秩序的逝去。人人平等的許諾撼動人心，爆發叛變的預警引發驚恐，這些都如潮水般從巴黎傳遍國內各地，而傳回來的卻是扭曲、放大且變形的浪濤。這個國家好比一泓湖水，石塊不斷投入，翻攪出陣陣漣漪。偶爾，這些水波看似相互抵消，但平靜湖面下卻蓄聚著另一次波濤洶湧的壓力。

聖丹尼官員一撕掉馬車封條，並發給德朗柏新通行證，他就衝向帖爾特的聖馬丁，趕在達瑪坦教堂被拆成碎片之前去看上一眼。由於國民公會宣布經線探查爲國家的重要任務，他可以在共和國境內自由來去。而法軍兩星期後在瓦爾米擋住普魯士的入侵狂潮，也有所助益，鄉村地區則因收割而平靜下來。

人事才剛阻斷他的去路，大自然馬上共謀找他麻煩。北方灰濛濛的秋天降臨大地，在那個陰鬱的九月，德朗柏天天爬上帖爾特的聖馬丁教堂尖塔凝望遠方，視線越過灰濛不清的農田；但即便他的角度計算精確地告訴他該往哪裡看，他還是無法穿透霧氣辨認出達瑪坦教堂，也看不見巴黎傷兵院的穹頂。

教堂尖塔裡的條件遠不如實驗室裡的理想狀況，風雨如冰，寒氣刺骨，複讀儀也因而運轉不靈，每次鳴鐘，似乎都要把狹窄的鐘樓震成碎片，連德朗柏稍微移動一下身軀，都會令地板搖搖晃晃、儀器嘎嘎作響。到後來，他把觀測工作交給他的年輕助手勒弗朗謝和貝勒，他們在侷促的高塔中各據定點，如此便能輪流使用瞄準鏡而無須移動位置。勒弗朗謝的個頭比德朗柏小，在這狹窄的空間較易容身。而且，德朗柏視力不佳，迫使他每次交換瞄準鏡都得調整焦距，這也會擾動儀器[3]。

德朗柏和他的組員等了三個星期，才能從帖爾特的聖馬丁狹窄的教堂塔樓清楚看見巴黎，但在一場暴雨終於洗淨大氣之後，他們卻發現，有一座低矮山丘一直擋住他們眺望傷兵院的視線。這使得先賢祠成為巴黎唯一可用的觀測點，意思就是說，他們必須把六月開始探查以來所進行過的所有測量重做一遍。經歷四個月的辛勞與危險，他們還要再從巴黎走四十多英里的路，而且和一開始相比，並無多大進展。這種速度，堪與唐吉訶德媲美。

隨著白晝愈來愈短，北方天空日益昏暗，德朗柏加緊趕工，把他之前的夏季路線反過來，順時針繞行首都，一處一處地測量。趕在所有權移交給拆除人員之前，他完成了達瑪坦教堂的測量。他回到美地堡重新進行測量，這是他先前那一齣逮捕劇的場景，不過這一次沒有節外生枝（到了十九世紀，這些測量完成多年之後，城堡落入羅特希爾德男爵之手，之後在十九世紀末被拆毀，除了一座古老的風車，這座風車今天依然屹立，俯瞰著巴黎迪士尼的谷地）。十一月初，德朗柏從布里耶教堂進行觀測。而到了月底，他回到蒙雷利；半年前，他在這裡開始他的旅程，回首當時已恍如隔世。這次，他把信號燈桿裝飾成自由樹，以平息當地人的疑慮。冬季已逼近，小組成員在這座古代塔樓底部升起一盆火，好在工作時保持暖和[4]。

德朗柏原本希望在此時停工，回到首都過冬，但之前大方答應他加高煙囪作爲信號裝置的馬瓦辛農場主人，擔心這個裝置會在下一次冬季風暴中垮掉，因此要求他拆掉。這意味著，他必須優先完成馬瓦辛屋頂及其鄰近所有地點的觀測。在這些觀測點之中，德朗柏選了一處他內心最愛的地點，也因爲天文學的關係，這裡讓他感到親切：高盔堡，他的女贊助人達西夫人的鄉間住所，就坐落在石楠堡鎮外。大革命之前，每到夏天，他經常會把天文設備放在堡內自己房間外的陽台上，或是打開窗戶進行觀測。從馬瓦辛農場的屋頂看過去，達西夫人的園門在他的瞄準鏡裡，就像白色背景上的一點污漬[5]。

這是那一季他所進行的最後幾次觀測，正當他南下往楓丹白露王室林地外緣的路線勘查時，森林開始降雪。這種情況下，大地測量變得窒礙難行。德朗柏千辛萬苦，好不容易離開了巴黎，卻又得馬上返回首都。他將在先賢祠的穹頂之上，也就是巴黎城大地測量的中央觀測點，度過二月份和三月份，對該城周遭所有地點進行三角測量。

在革命爆發之時，被路易十五敕封聖熱內維也夫教會的先賢祠已近完工。從那時起，先賢祠就被改裝成臨時倉庫，收容外省城鎮送來數以千計的舊制度量衡標準，等著與共和國的新制標準做比較。現在，國家領導人想把這間倉庫變成最偉大的國家英雄陵墓。這座建築巨大的灰色穹頂獨踞首都最高的丘陵之上，而且革命黨人覺得其純粹的新古典形式，對位於聖丹尼的王室墓園哥德式的蒙昧主義來說，是最貼切的譴責[6]。

但首先，先賢祠必須剝除其教會色彩。第一個要去掉的是穹頂上的十字架，代之以一顆發光球。德朗柏繞城而行時，就是用這顆球作爲其瞄準標的。不過，建築師們還有更宏偉的計畫，而就在十一月，正當德朗柏不聲不響離開首都時，他們把這個發光小球換成大上許多的半球形基座，打算在這個略微扁平的基座上安放一尊巨大的女性雕像，獻給聲譽女神。已經有一位雕塑家爲這尊三十英尺高的裸胸雕像，準備了實物大小的模型，雕像的雙翼展開有五十英尺，嘴邊有一支號角，號角聲（雖然只是象徵性的）將「傳送到法蘭西，浩瀚海洋中央也能聽聞」[7]。

這眞是度量世界的理想地點，德朗柏獲准在高高的穹頂內搭建一座四個窗戶的臨時觀測台，他在穹頂內工作，可以免受冰冷寒風的吹襲。建築師甚至打算在聲譽女神腳下挖空的半球內，建造永久性的天文觀測台，藉此「結合藝術之美與科學之用」。此一目標呼應了這座建築更大的奉獻理想：眞理對虛假的勝利。在陵墓銘文「獻給偉人們——一個感恩的國家」上方的山牆上，一條帶狀雕飾描繪了某類資格相符的英雄。建築師解釋，藉由「戰勝謬誤」，化身爲精壯青年的模樣，才能堅定抓住永恆緬懷的桂冠[8]。

在當時，被認爲當得起此一榮耀的人有：米拉波，法國最偉大的政治家；伏爾泰，法國最偉大的文學名士；盧梭，法國最偉大的政治思想家；還有笛卡兒，法國最偉大的科學才士。米拉波第一個眞正葬在此地。不久之後，伏爾泰的遺骸在十萬名旁觀者目送下，由一支莊嚴的隊伍抬進先賢祠。而且，準備工作現正進行著，要賦予盧梭同樣的尊榮。但某人心目中的英雄卻是另一個人眼裡的無賴，正當德朗柏返回首都之際，一位名叫羅伯斯比的年輕激進政治人物，要求掘開米拉波的墳，因爲他不夠格作爲共和國的典範。至於笛卡兒，則拖延未決。在此同時，先賢祠內依然堆滿了各省送來的蒲式耳、品脫量器及磅砣，要與新的公制度量標準做比較。

一七九三年一月到二月，建築師爲德朗柏在高出地面二二七英尺處搭建他那小巧的瞭望觀測台，就在這一個月，法王受審、判決、處刑，法國對英國宣戰，糧食暴動蹂躪巴黎。接著，二月到三月，當德朗柏每天爬上穹頂對首都周邊所有觀測點進行三角測量時，法國對西班牙宣戰，法國西部起而反革命，國民公會開始籌設公共安全委員會以整頓國防。德朗柏歇腳之地是騷亂城市上方一隅絕佳的棲處，能看見位於蒙馬特的新式信號機電報站，可以在三十分鐘內從北方前線傳回戰事消息。他可以看見自己在天堂路一號的私人天文台，也看見帖爾特的聖馬丁、達瑪坦、美

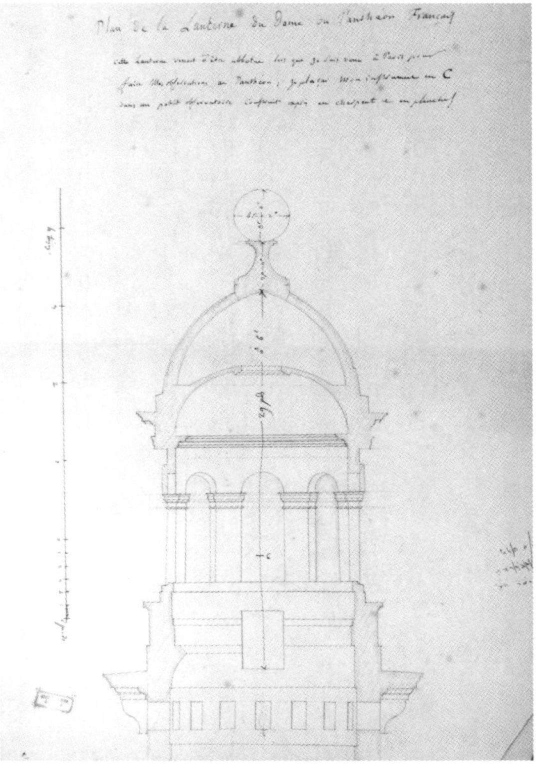

德朗柏在巴黎先賢祠的瞭望觀測台　這張先賢祠穹頂草圖上，有德朗柏的注解，圖中顯示出建築師爲他臨時搭建的專用觀測台位置，就在圖中標示C；此外還有發光球的位置，這是他在一七九二至九三年，三角測量時所採用之瞄準標的。發光球是暫時代替一度冠居穹頂的十字架，並在一七九三年二月，就在德朗柏返回首都前夕，這回它被換掉，換成聲譽女神雕像的半球形基座。請注意，德朗柏在畫各種尺寸時，所用的是舊制的巴黎度量單位。

地堡和蒙雷利的觀測點。當他在一七九三年三月九日最後一次從先賢祠走下來時，總算把穿過巴黎周邊地區的這段經線量測完畢。這還不及他分派到那一段的十分之一，而梅杉在這段時間已經完成他那一段的將近一半，並正要給他在如意山的緯度測量做個收尾。

德朗柏馬上寫信給梅杉，告訴他北邊進展到了哪裡。不管他們怎麼努力，依照過去這一年的經驗，他沒什麼理由期待他們能在今年把兩邊的測量三角銜接起來。「有太多障礙會擋住我們的去路，」他如此預言。巴黎新任的激進派行政官員早就對他申請通行證的事不理不睬，雖然國民公會的公告批准了他們的任務（他對於公告中把他的名字擺在前面一事表示歉

聲譽女神矗立頂端的巴黎先賢祠　在這幅一七九四年的畫中，畫家想像，若在先賢祠頂端安上聲譽女神雕像會是什麼樣子。雖然做了實物大小模型，但這座雕像始終沒有安上它的基座。

意，但「我人不在場，無法告訴他們你進科學院的時間比我早……」）。「再見了，我親愛的同事，願你健康、堅忍、保持耐心，我對你的誠摯情誼永遠不變[9]。」當這封信寄達之時，梅杉的進展也已停了下來：他困在病榻之上，動彈不得，資金用盡，還被西班牙依法扣留。

法國政府快要失去耐性了，打從科學院頭一次承諾經線勘查會在一年內完成，已經過了好幾年。如今，探查任務眞正著手進行也已一年，但德朗柏和梅杉離他們的會合點還遠得很，便已拋錨停頓。從革命之初，就流傳著各種改革度量標準的提案，激進的議會更迫不及要把法國帶入公制時代。官員們開始在問：經線探查任務果眞值得如此等待嗎？有些人打從一開始就一直在問這樣的問題。

詭異的是，這些人當中就包括了拉蘭德，這位科學才士曾協助德朗柏與梅杉入門天文學。拉蘭德是第一個利用法國大革命的時機，向全國人民代表提案改革這個國家的度量衡標準。一七八九年四月，在巴士底獄陷落之前，甚至在國王召集的人民代表們任命自己爲國民公會之前，拉蘭德就已痛斥「五花八門的度量標準過度且層出不窮的濫用」，並督促代表們直接宣告巴黎度量單位爲國家標準，以建立一套標準統一的度量制度。在這場演講中，他也要求禁止買賣奴隸、以免費的公立教育取代舊制的宗教學校，並「解放」所有的教士與修女[10]。

拉蘭德一直是個領先時代的人，但在他的偏執方面卻又和舊王朝一樣老派。他不只是法國最好的天文學家，也是普及科學最力的人——在那個時代，科學普及是對抗不容異己、迷信與不義最重要的武器。拉蘭德也與耶穌會士有來往，差一點就要擔任神職，不料卻成爲法國最著名的無神論者。他的父親是勃艮第的一位郵政局長兼煙草商，送他到巴黎研讀法律，但他夜夜溜出克呂尼旅館的學生寢室，去找旅館頂樓天文台的天文學家們。一七五一年，拉蘭德十九歲，他的指導老師派給他一項天文學任務：到柏林協助以視差定出地球到月球的距離。在柏林，拉蘭德與腓特烈大帝（歐洲最寬厚的專制君主）共進晚餐，借住在尤拉（歐洲最偉大的數學家）家中，與伏爾泰（歐洲最偉大的智者）談天。當他在一七五三年返回巴黎時，法國科學院全體一致通過推舉他爲院士。當時，他二十一歲。

他隨即捲入爭論，拉蘭德對於如何校正他有關地球形狀的結論，與他的指導老師意見不同。科學院證明拉蘭德是對的，他的指導老師從此再也不願同他說話。此後五十年間，爭議與論辯一直如影隨形、糾纏不休[11]。

一七七三年，巴黎各地流傳一則謠言：拉蘭德算出有一顆彗星可能在一七八九年繞行接近地球，近到足以把海水逼離海床，蹂躪全球。巴黎大主教呼籲進行四十個小時的禱告，法國警察總長則要求科學院駁斥拉蘭德的發現。科學院的答覆是，科學院無法駁斥天文學定律。接著，拉蘭德終於出版論文，關於災難發生的可能性，他給的預估值如此之低（大約是六萬四千分之一），因此有許多讀者認爲政府隱瞞了眞相。在鄉下，末日將臨的傳言引發懺悔風潮，據說也造成許多死產（後來有一位說笑藝人評道，要是拉蘭德預言的是王朝末日，而非世界末日，那他就是十八世紀最偉大的預言家了）。照孔多塞的看法，恐慌多少也帶來一些好事。宮中仕女和市井婦人懺悔其罪過，麵包店經歷一場無酵母麵包的搶購潮，促進了地方經濟[12]。這種事情，以往升斗小民唯巫師之言是聽，如今他們留心於科學預言家。「預言的世紀已經過去，受人愚弄的時代永不終止[13]。」

拉蘭德對名聲有一種無法滿足的渴望。他與當代的偉大心靈培養友誼，並不斷地發表文章。他寫過紙張與鉑、運河與曆書、音樂與道德（作者舉這三組題材的涵義要從英文來看：紙張與鉑的英文同爲p開頭，運河與曆書同爲c開頭，音樂與道德同爲m開頭，作者的意思是拉蘭德什麼題材都寫）；他爲逝者撰弔文，爲生者寫頌詞（包括他自己那位關係疏遠的指導老師），並預測未來的天文事件；他也是個非凡的遊記作者。在義大利，他給古物編目分類，與教宗會面，並遊說教宗把哥白尼和伽利略的著作從禁書《目錄》中除名。在英國，他造訪格林威治天文台，與英王喬治三世聊天打趣，並幫忙把著名的英國鐘錶製造家哈里森航海天文鐘要點夾帶出境，航海天文鐘是爲了在海上定出經度而設計。他對熱氣球飛行一事嗤之以鼻，認爲這事根本不可能，然後當蒙哥費耶兄弟證明他錯了，他又宣稱他已經預言熱氣球會成功，並要求下一趟飛行得帶上他。後來，他搭熱氣球預定旅行三百英里，出席德國的一場科學會議，遠達布隆森林，並以一首打油詩宣告成功。他甚至撰寫「國際共濟會」這個祕密會社的第一部會史，並共同創立其惡名昭彰的「九姊妹分會」，這個分會稱孔多塞、丹敦、狄德羅、達朗貝爾、伏爾泰和富蘭克林這些名人爲兄弟[14]。

這種無止境的熱情總是會招致反對者，至少在法國是如此，有人打趣地爲拉蘭德診斷，說他罹患了「名聲水腫症」[15]。拉蘭德承認有此毛病，但他爲自己辯解是因爲他「天生眞誠且愛好美德」[16]。到後來，他的好名狂本身成了對其所作所爲的評論主題之一，名氣因而更大。伏爾泰稱讚他「找到令眞理如同小說般有趣的祕密」，這位詩人甚至以天文學家的榮譽爲題即興對句[17]：

宇內盡知爾榮光，
不到末日名不銷[18]。

至於他好食蟲蟻的惡名，他曾說，蜘蛛和好吃的榛果一樣美味，而毛蟲嘗起來比較像是桃子。每星期六在科學院開完會之後，他都會到一位朋友家中吃毛蟲，這位朋友是這麼說：「因爲我家大門一開就是漂亮的花園，拉蘭德很容易在那兒找到足夠的毛蟲，先解他腹飢之苦；但因爲內人做事喜歡有條不紊，她會在下午蒐集一大堆毛蟲，他一來就能上菜。由於我總是把我那份毛蟲雜燴留給他，除了道聽途說之外，沒法告訴你這些東西味道如何[19]。」

他人長得極醜，而且以此爲傲。他那茄子狀的頭顱，以及披散在腦後有如彗星尾巴的蓬頭亂髮，使他成爲肖像畫家與漫畫家的最愛。他自稱有五英尺高，但他計算星辰高度雖然精確，對於自己在地球上的高度卻似乎誇大了。他愛女人，特別是有才華的女人，而且既用文詞，也用行動來抬舉她們。他多年的情婦琵耶莉，是巴黎第一位教授天文學的女子。他歌頌女性天文學家，像是卡洛琳．赫歇爾（著名的英國天文學家威廉．赫歇爾之妹）和勒波特夫人（十八世紀法國天文學家，預測出一七五九年哈雷彗星的再次出現）。當他在

拉蘭德　拉蘭德的這幅粉彩肖像，是由狄克勒在一八〇二年所畫，這位天文學家當時七十歲。他在這幅畫裡穿著革命後科學院的制服。

革命期間被任命爲法蘭西學院院長時，他發布的第一道正式命令是開班收女學生。他把自己的著作《女士們的天文學》獻給他的情婦，而這本以活躍的女性研究人員爲範例、題材嚴肅的入門書，一直到六十年後還在印行[20]。

但他愛女人的方式，她們不見得都欣然接受。他沒結過婚，但他吹噓拒絕過條件很好的求婚者。當他四十四歲時終於提了親，卻被十四歲大的女孩給回絕了。拉蘭德性好漁色，他在日記裡寫道：「V先生非常愛他的妻子，因此邀請一些最討人喜歡的年輕男人到他家裡，讓他們在他面前與她性交；艾維修（十八世紀法國哲學家及辯論家）也是其中之一[21]。」他想勾引才華洋溢的年輕女性數學家日耳曼，卻碰了釘子，第二天早上寫了一封卑躬屈膝的道歉信，包括爲輕視她的科學知識而道歉。就像他喜歡對漂亮女人說的：「你擁有令我快樂的力量，卻沒有令我不快樂的力量[22]。」他說，他愛女人，但還沒有愛到使他忘了他的至愛：星辰。

簡言之，他是一個不知羞恥、自我吹捧的人，這種人格特質使他特別適於從事他評價最高的行業：教書。拉蘭德是天生的教師、科學的鼓吹者。他的《天文學》成爲這個領域的標準教本，他在法蘭西學院的講座吸引了兩百名學生，許多人從歐洲各地來旁聽，這些人後來都加入他的全球通信網。到了一七八〇年代，在他手下訓練出法蘭西新一代的天文學家，其中包括德朗柏和梅杉，他把這些天文學家全都送到他的科學工作室裡工作，這是拉蘭德家族企業[23]。

對拉蘭德來說，天文學是家族事業。他把年輕的表弟勒弗朗謝從鄉下帶來，認他爲外甥，施以天文學訓練，並讓他娶自己十五歲的私生女阿爾蕾，而這個女兒已接受過他的數學訓練，好替他計算天體數據。他非常喜愛他們，稱其爲「外甥」、「外甥女」，和他們有關的事每每讓他易感落淚。他在一七九三年出版厚厚一疊的航海表，由阿爾蕾負責龐大的計算工作，「這些計算很累人，但是它們能夠幫助航海者將宇宙遙遠部分相連，因而具有高貴特質」[24]。他對工作要求嚴格。他曾對他的情婦抱怨：「我人一不在，工作室就停擺了[25]。」「如果我的外甥不工作，用水潑醒他的腦袋[26]。」革命之初，他給他的天文學家族頒布了一項新目標：一份有三萬顆星星的龐大星表，這將超越舊有的天體調查。他也期望他的學生們爲此大業貢獻心力[27]。

一七八一年問世的拉蘭德《天文學》二版中，梅杉已經完成了大半。那一年，科學院的有獎競賽題目是：追蹤描繪那顆拉蘭德預言可能在一七八九年蹂躪地球的彗星軌跡。梅杉寫了篇文章，證明他的指導老師錯把兩顆不同彗星的出現混爲一談。當科學院把一七八一年的獎項頒給梅杉時，他表現出樂見其成的良好風度。一七八二年，他推舉梅杉爲院士，然後又到處尋找新人替補[28]。

一七八三年，德朗柏開始提供數據給拉蘭德，以供其《天文學》三版之用，過不了多久，拉蘭德就對德朗柏的能力讚不絕口：「德朗柏先生……是當今世界各國最能幹的天文學家……我們必須鼓勵這麼一位可貴的新進人員，並把他留在一門讓他展現絕技卻不許以任何職位或好處的科學之中[29]。」德朗柏在天文學上初試啼聲，同樣是拿他的指導老師來祭旗。他是全巴黎記錄到一七八六年水星凌日最後一幕的兩位天文學家之一，不僅在觀測上一鳴驚人，也在理論上高奏凱歌。拉蘭德按照慣例，預先發布水星凌日的時間，但當晚整夜雲層密布，過了預定時刻還不消散，法國頂尖天文學家全都放棄觀測。當早上八點雲開日明時，仍守在望遠鏡旁的德朗柏看見水星脫離太陽，比拉蘭德預測此事發生時間晚了四十分鐘。另一位捕捉到凌日現象的觀測者，原本是在尋找太陽黑子。而德朗柏之所以堅守崗位，是因爲他對拉蘭德的計算有所懷疑[30]。

拉蘭德雖然無比自大，倒未因學生反駁他而生氣。「遭人辱罵時，我是片滴水不進的防水布；受人讚美時，我是塊吸水力強的海綿，」他如此說道[31]。或許是還忘不了自己被逐出師門的痛苦吧。不管怎麼樣，天空中多得是該做的工作，人人有分。科學須集眾人之力方能成功，即便參賽者渴求的是一己私譽。在下一次科學院會議上，拉蘭德提出德朗柏的水星觀測成果，然後隨即運用這些資料更新自己的航海表，當時德朗柏也在現場[32]。

日後支持德朗柏追尋經線達七年者，正是水星事件所展現的科學品德：他有耐心，能堅持到底，他做事嚴謹且不輕信，他能將觀測與理論緊密結合，他充滿自信，不介意彰顯他的前輩。而梅杉雖然準備充分，卻沒有觀測到水星凌日。他曾懊悔地提到，這是因爲他相信拉蘭德的預測[33]。

德朗柏也知道如何利用以往的成功，創造更大的機會。就在前述那一次科學院會議中，拉普拉斯提出其《世界體系》的又一分冊，這是他綜合處理牛頓宇宙學的畢生之作。拉普拉斯和德朗柏同年，但他已經是他那個時代的頂尖物理學家，這位理論大師宣稱，若世界所有粒子的位置及運動狀態已知，則宇宙的整個未來便能由一具有無限智能之存有加以預測。這篇別有見地的論文改進了一項技巧，用以追蹤一顆行星對另一行星的軌道造成的攝動，這種將軌道精算至此的能力，令德朗柏驚奇不已。幾年前，梅杉曾提供一些天王星的初步資料給拉普拉斯，當時這顆行星才剛被發現。如今，德朗柏提議用天王星來證實拉普拉斯的理論。這是件繁重的工作：將近有兩年，德朗柏晚上連續觀測八小時，接著白天花同樣的時間在計算。他的努力沒有白費，在拉普拉斯與拉蘭德敦促下，科學院宣布，一七八九年的有獎競賽將以天王星軌道的精確計算爲重點。德朗柏曾對一位朋友說，他可以確定他的論文會是首選，因爲那是唯一提交的一篇。選拔委員包括卡西尼、拉蘭德與梅杉，德朗柏私下也承認，很難再找出比他們更「偏袒」他的評審了[34]。在頒獎給他這位學生的報告中，拉蘭德讚美德朗柏是「兼具智慧與堅毅的天文學家，能夠檢視一百三十年的天文觀測紀錄，評斷其不妥之處，並擷取其中精要」[35]。

梅杉對這一顆崛起的明星有何感想？他是否對德朗柏在水星觀測中展露鋒芒、在天王星資料上高人一等有所忿恨？他是否嫉妒老師的新寵？對德朗柏來說，梅杉的感受關係重大，梅杉不只擔任競賽選拔委員之職，身爲科學院院士，他可以阻止對手被選爲院士。這兩位天文學家有時也會一起觀星，因爲拉蘭德要他們合寫下一版的《天文學》，梅杉也讓德朗柏在他的天文學期刊上發表研究成果。但這兩人的交情依舊泛泛，德朗柏覺得，最好還是請朋友幫他在梅杉面前美言幾句[36]。至於梅杉這廂，一向都十分客氣地稱呼這位積極進取的天文學家爲「德．蘭柏神父」[37]。

德朗柏日後坦承：「人們可以在德朗柏與梅杉的早年生涯中，找到某些相似之處[38]。」兩個人都出身卑微，都是皮卡底省的小孩，一開始都受教於耶穌會士，都被王朝時期的高等教育體制拒於門外，後來也都受聘爲家庭教師。此後，兩人的生命更加緊密地交集：同一種科學領域、同一位指導老師、同一趟探查任務。然而，事業生涯的軌跡並不能決定一個人的命運。

拉蘭德提議全國採用巴黎度量標準，但未獲得重視，直到一七八九年八月的司法革命，貴族階級聲明放棄所有的法定特權，包括對度量衡標準的管轄權。從那時開始，從各地學術社團成員、學非所用的公家工程師和形形色色的公民，各種提案排山倒海而來。這些小冊子作家對於國家的新度量制應採何種形式，各有其獨鍾之想法。

但最後脫穎而出的公制，基本上是巴黎科學院一群核心科學家的發想。傳統上，歷代法王都把度量標準問題交給科學院。在革命爆發的前夕，拉瓦榭及其他院士受邀擔任皇家委員，權衡統一度量標準之得失。如今，孔多塞、拉瓦榭、拉普拉斯、波爾達和勒讓德等科學才士隨即組成度量衡委員會，經多次討論以訂出公制改革的具體方案。這些人有的本身就是立法會議成員，如孔多塞，而其他立法會議成員如一位年輕工程師，名叫普里鄂，人稱金丘普里鄂（金丘是法國勃艮第地區的地名），也協助在公務員階層中推動公制改革。接下來的四年，這些人把民眾的訴求從單純的統一度量衡制度，轉變成高度理性化的制度，其中所包含的組成要點，正是科學才士們長久以來所追求的。這些組成要點各有提案人，而且這些要點後來都引發爭議[39]。

而所有科學才士、立法議員和小冊子作家攜手追求的那一項目標，就是期望新的度量衡標準能統一應用於全國各地。沒錯，在一七八八年的《陳情書》中，有些訴願者認爲，只要依據各省市集城鎮的標準，來制定區域性度量單位就夠了，但對法國新政府的領導人而言，光是區域性度量單位，似乎很快就不敷所需。而最先在一七九〇年二月送達國民公會的公制改革提案，重複了拉蘭德的意見：懇請立法議員通過在全國各地採用巴黎標準。這項提案連接了一個國家新生的一統意識，這也是法國千年中央集權的必然結果。如果是其他任何一個國家或時代，此一提案無疑將成爲全國通行之法，若是如此，公制幾乎可以確定絕不會與其現存形式，有絲毫相似之處。

但這偏偏不是隨便一個國家，也不是任何等閒一個時代，這個國家意識到，自己正引領著歷史潮流，而在這個時代，歷史呼籲要求具有普世意義的行動，即使是提議採用巴黎標準的那些人，也察覺到空氣中竊竊私語之聲。他們知道，其他同志的抱負更遠大，而他們擔心，這些抱負會毀了比較小規模的成功機會。他們如此懇求：「不要把我們帶到超乎所欲所盼之地步[40]。」然而，這些科學才士不放過這個機會，決心要設計出眞正合乎理性的度量衡制。

一個月後，一七九〇年三月，塔雷朗向立法會議提出一份更爲宏大的計畫，他認爲，採用巴黎標準或許很便利，卻不符「此事之重要性，與文明啓蒙、講求精確者之抱負」[41]。取而代之的，這位前任大主教、日後的革命派、很長一段時間的法國對外政策制定者，他提出的是科學才士們支持的方案，特別是孔多塞。不再採用沿襲舊制或遵國王敕令而來的度量標準，他要求立法會議從人類的共同遺產——自然界，去導出度量基準。他宣稱，只有從自然界導出的度量標準才得以恆存，因爲只有此種標準在其人造具象實物經受時間的磨損之後，仍能加以重造。舉例來說，巴黎用的丈，相當於欽定王尺（法國舊制長度單位，相當於三二．五公分，略近於一英尺〔三〇．五公分〕）的六倍長，其實就是嵌在宏偉的夏特雷法院樓梯腳牆壁上的一根鐵棒。但所有人都曉得，由於這幢建築下陷，原來那根棒子已經嚴重彎曲，並在一六六六年被換掉了。到了一七五八年，連那根新棒子（相當於羅浮宮入口寬度的一半）也開始看得出歲月的痕跡。這麼短命的標準，當然無法令一個奠基於人權之上的新政府滿意。唯有取自大自然的度量標準，才能稱其爲超越任何單一國家的利益，從而博得全世界的贊同，讓世界上所有人和平從事商業活動、資訊交流不受阻礙的那一天才會早日到來[42]。

塔雷朗在孔多塞的鼓舞下，又增提一項新度量衡制應有的特點：新制的各種單位（長度、面積、容量、重量等等）應由一互通的**系統**精密連結。這個想法是說，一旦從自然界導出長度單位，其他所有單位皆可透過與長度單位的關係加以定義。這將使得各種計算與對比容易進行，特別是那些要把大自然轉變成有用事物的專業人員，如工程師、醫生、科學才士、工匠。這項條款在之後的所有提案中一再出現，不過，科學才士們自己對於如何定義這些關係，意見並不一致，特別是關於重量單位。拉瓦榭和研究晶體學的阿羽伊在一七九三年著手給「格拉夫」（當時對公斤的稱呼）下定義：在冰的熔點（攝氏零度）下，一立方公分雨水在眞空中的重量；但沒有公尺的明確定義，他們的研究結果就只能是暫時性的。最後，在一七九九年，化學家勒弗吉諾把公克定義爲：一立方公分雨水在密度最大時的溫度（攝氏四度）下之眞空重量[43]。

塔雷朗的提案票決通過立法後不久，立法會議批准增列科學才士們想望已久的第三項特點。立法會議公告，所有公制單位應依**十進位法**標示刻度。十進位度量標準的想法可溯其源至史蒂梵的提議，這位法蘭德斯工程師在文藝復興時期就已經發明了十進位分數；到了十七世紀，十進位度量標準的優點，得到英國哲學家洛克和法國軍事工程師沃邦的響應；更晚近一點，拉瓦榭在他的新化學教本中敦促全世界科學才士採用十進位度量標準。這些科學才士們指出，有鑑於全世界的算術幾乎都是十進位制，再搭配一套度量衡制相輔相成，可讓計算變得更簡單，不光是學者如此，對每一個從事貿易、商業或建築的人也是如此。甚至可以把十進位制當成是一種自然進位制，因爲人類有十根手指頭。爲了圓滿完成此一改革，國民公會也在考慮新的國幣要採十進位制，如同美利堅合眾國數年前所爲[44]。

但連這項提議後來也引發爭議，有些小冊子作家主張，公制應該以十二進位制爲基礎來設計；因爲十二有好幾個因數，以十二爲基數的系統可以讓買賣雙方較易於把貨品一分再分，讓肉販能把香腸切成一半、三等分或四等分。要解決十二進位制的公認缺點，也就是與通用的算術進位法不一致，可以把我們的算術轉換成十二進位制，並增加兩個數字——十和十一。大革命恰好是個轉機，重新思考以往所有的預設前提。緊接著，又有其他小冊子作家偏好以八爲基數導出的進位制，因爲這讓商品可以一次又一次對分，例如切派餅。但另一位小冊子作者則提議採用以二爲基數的除法。一位偉大的數學家甚至不是挺認眞地考慮要以質數構成進位制，像是以十一爲基數，因爲從數學家的觀點，基本單位本身應該是不可除的[45]。

科學才士們增列的第四項是字首術語的提案，這最後一項特點也最令他們的同胞一頭霧水，就連科學院，也是到後來才同意新的度量標準需要有新的名稱。一七九〇年五月，一位名叫勒布隆的公民最先提出「公尺」這個長度基本單位的新詞，「這個名稱如此貼切，我認爲它幾乎是法文哩」[46]。此後數年間，改革家們一直都認定，公尺的倍數與細分會採用他們所取的單詞，像是以perche表示十公尺，以stade表示一百公尺，以palme表示〇．一公尺，或是以doigt表示〇．〇一公尺（perche爲法國舊制長度單位，司塔stade爲古希臘長度單位，palme爲古羅馬長度單位，doigt原意爲「手指」，也用來表示「一指寬度」）。採用希臘文與拉丁文字首的想法，也就是kilo意指一〇〇〇、milli意指〇．〇〇一，是在一七九三年五月的度量衡委員會報告中第一次出現。儘管有一份反對提案主張，如果字首改採下布列塔尼語，會更像眞正的法文，但這套古典字首系統，仍是我們今日所認識的公制系統最後增列之要素。

這些特點項項都有爭議，都在大革命初期一一增列，也都一一引發論辯。但沒有任何一項特點，比將長度基本單位奠基於地球測量，引起更多的驚愕、挫敗與事後的批評。「眞的需要遠赴天邊，才能發現近在眼前之物嗎？」一位批評者如此質疑[47]。

單位，是一個源遠流長的想法，可追溯至十七世紀初，伽利略首次證明，只要鐘擺的擺幅不會太大，鐘擺的節拍周期完全取決於鐘擺的長度。一六二〇年代，荷蘭科學才士畢克曼和巴黎的梅爾森神父便討論過，根據每隔一秒滴答一響的鐘擺長度，作爲長度標定的自然標準。一七七五年，心懷改革的首相提爾哥要求正嶄露頭角的科學院新秀——孔多塞擬定一份計畫，根據秒擺制定合乎科學的度量衡制[48]。

現在，塔雷朗根據孔多塞的意見，提議法國政府邀請世界各國科學才士，每個國家兩位，參與一項聯合實驗，測定每秒滴答一響的鐘擺長度。塔雷朗更宣布，他正與米勒爵士接觸，這位大不列顚國會議員也在下議院提出類似的立法。塔雷朗把這當成是一個有希望的信號，他想知道「可否在兩國聯手一同探問自然的過程中，領會出藉科學之手而成政治聯盟的方法」[49]。如果成功的話，這種度量衡制就可以推廣到歐洲以外而及於全球。在大西洋對岸、剛建國不久的姊妹共和國，有一位科學才士捎信來表示，他對此一計畫也有興趣。湯瑪斯・傑佛遜，當時是美國第一任國務卿，曾應華盛頓總統的要求，就美國度量衡制的改革提出報告，而他與華盛頓都認爲應與法國協調其改革提案。孔多塞私下預測，法國、英國與美國，「世界上三個最開明、最有活力的國家」，很快就都要開始採用相同的度量標準[50]。

只剩下一個難題：伽利略以降的兩個世紀來，科學才士們已經學到，秒擺的擺長也與進行測量的所在緯度有密切關係，因爲重力隨緯度不同而有些微差異。因此，塔雷朗提醒立法議員，這項單擺實驗必須在某些特殊地點進行。赤道似乎是最理所當然的地點，其位置與南北兩極等距。因此，塔雷朗主張（根據孔多塞的建議），次佳地點是極地與赤道之間的中繼點（在北緯四十五度線上），這裡的鐘擺具有平均的擺長。而因爲這項實驗應於海平面上進行，而且要遠離任何造成擾亂的山脈，地球上看來最合適的地點就在法國西南部的波爾多市郊區。

不用說，塔雷朗提案的這一部分並未獲得各國認可。英國的米勒堅決主張要在倫敦進行測量；維吉尼亞州的傑佛遜主張在三十八度緯線進行測量，這條緯線一方面位居美國中央，同時也靠近傑佛遜位於蒙地切羅的莊園山腳下；而有些巴黎人竟然建議，在巴黎進行這項實驗最爲容易。看來，要滿足普世原則，細膩複雜的外交折衝在所難免。不過，塔雷朗就是個外交能手。他設法讓國民公會在一七九〇年五月八日通過的法律案，只委婉建議：單擺測量應於四十五度線進行，「或任何其他被推薦之緯線」，他也邀請科學院組成度量衡委員會來執行此一計畫[51]。英國方面，米勒在下議院裡讚揚此一讓步，而傑佛遜對美國眾議院報告的定稿則重新改寫，宣揚合作進行四十五度線測量的好處，「期望藉此一線而與世界各國接軌」[52]。

但等到這些繁複的折衝協調全都敲定，經過一年，一七九一年三月十九日，度量衡委員會卻在提出的總結報告中倡言應全盤捨棄單擺標準，取而代之的是以北極至赤道距離之千萬分之一爲據的公尺，藉由對敦克爾克到巴塞隆納這段經線進行測量而加以制定。

提出科學依據爲此一改變辯護的，是委員會主席波爾達。他提到，單擺的問題在於令一個基本單位（公尺的長度）取決於另一個單位（一秒的時間）。要是時間單位本身都要改變了，又會如何呢？就在他說這些話的時候，科學院也正在考慮，一天分成二十四小時、一小時分成六十分鐘、一分鐘分成六十秒這種沒有根據的分法（沿襲自巴比倫人），是不是也應該改換成十進位制，這麼一來，可以更合理地把一天分成十小時，一小時分成一百分鐘，一分鐘分成一百秒。相較之下，沒有比把長度基本單位（公尺）奠基於另一個長度單位（地球大小），更簡單、更自然的了。

此外，依據對世界本身的度量，而得出全世界人民的度量標準，眞是再合適不過了，這與大革命的普世抱負相符合。如拉普拉斯後來指出，由於公尺的依據是地球的大小，因此連最謙卑的地主也可以說：「養活我子女的土地是地球一個已知的部分，因此我也就隨之成爲這世界的共同擁有者了[53]。」

顯而易見的，以整個地球的周長作爲長度單位，在日常用途上非常不便。但若將四分之一周經線弧分成一千萬等分作爲長度標準，其結果非常接近巴黎尺（古尺，約合一．一八公尺）的長度，約三英尺長，以人類尺度而言還算實用，對許多法國公民來說也不陌生，要以必要的精準度定出此一長度，議會只須指派一次探查任務進行經線測量，至少是某條經線的一部分。

波爾達說明法國科學院院士如何依據理性判準，選出這樣一條經線，「一切無根無據者，皆摒除於外」。第一，選出來的經線弧必須跨越至少十個緯度，以便能有效地外推出整個地球弧度；第二，選出來的經線弧必須跨越四十五度緯線，因其爲極地至赤道之中段，可將任何因地球形狀之偏心率所導致的不確定性降至最低；第三，經線弧之兩端點必須位於海平面上，也就是地球形狀的天然水準面；還有第四，這段經線必須跨越已經測繪好的區域，這樣才能加快測量進度。全世界只有一段經線滿足全部條件：從敦克爾克經巴黎到巴塞隆納的那段經線。他向立法議員們保證，「這項提案不會讓任何國家有絲毫指責的藉口」，他也保證，這項任務一年內便可完成[54]。

如波爾達所言，根據地球周長定出自然的度量單位，這個想法是科學才士們懷抱已久的夢想。早在哥倫布由西班牙揚帆西行的數個世紀前，飽學之士已經知道地球是圓的。古希臘天文學家埃拉托色尼曾在西元前第三世紀，任職傳奇的亞歷山卓圖書館館長，也是大地測量學之父，曾經測量地球周長，誤差不到百分之十。埃拉托色尼知道，夏至時的中午，在亞歷山卓正南方五千司塔的埃及城鎮賽尼，太陽就在頭頂正上方，因為那時的陽光照進了一口深井的底部。就在大約西元前二四〇年的這麼一個夏至中午同時，他在亞歷山卓利用一根直立棍子所投下的影子，測量太陽高度，並發現太陽偏離垂直有七．二度，差不多是三百六十度全圓的五十分之一。他由此推斷，地球周長超過兩城距離五千司塔的五十倍，也就是二十五萬司塔。根據我們所知的**司塔**長度，這項估算還算準確。

經過兩千年，才有人提出更好的估算。十六世紀，法王亨利二世的醫生菲涅耳採取了一種相當簡陋的做法，測量巴黎到亞眠的距離。他計算馬車輪子沿路轉動圈數（車內一具機械記錄器幫他記錄輪子的轉動）。由於他知道亞眠位於首都正北一緯度，而且兩地間道路筆直，他直接把轉動圈數乘上輪子周長，然後再乘以地球完整的三百六十度，他的方法也算差強人意。不過，運用三角測量法測量地面距離的現代技術，是一六一七年由「荷蘭的埃拉托色尼」司涅耳在萊登城外冰凍的田野中提出，此後三百六十年間一直沿用他的方法。

科學院最早的正式行動之一，是以三角測量法重測菲涅耳的巴黎到亞眠路線，這項測量中的地球規律啓發了里昂的牧師兼天文學家穆彤，他提議地球可充當人類所有度量標準的基礎。一六七〇年，他建議將地弧一度之長定爲長度基本單位，名之曰里，並按十進位分法定出所有次級單位，則「佛古拉」（約與王尺或英尺等長）等於萬分之一里。大自然令人稱奇的規律，意味著人類活動也應依循相同的衡量標準。

但這些博學之士，從希臘天文學家到歐洲學者，全都假定地球是個完美球體，直到從未乘船離開劍橋的牛頓聲稱，我們的圓形星球在兩極處略微扁平。他關於扁圓形地球的假說，一開始是理論上的預測。牛頓計算轉動對一個所有組成粒子皆相互吸引的均質液態球體（我們的地球）所產生的影響，估算出向心力會對地球造成兩百三十分之一的離心率；換言之，他認爲極地的地球半徑比赤道的地球半徑短兩百三十分之一。牛頓接著又拿幾件愼重挑選的證據，來支持這項預測，他重新分析法國科學院的經線測繪資料，證明當三角測量往北方進行時，地球變得略微扁平。他提到另一位法國科學才士在一六七二年帶到加勒比海的一具擺鐘，當擺鐘接近赤道，鐘擺滴答聲較慢，顯示隨著地球凸起，重力略微變弱，因爲測試地點離地心較遠。最後他指出，天文學家已經注意到，木星在兩極處較爲扁平，而地球的情形一如天空。牛頓最後甚至還做出一項驚人的推論：他推測，地球腰部的凸起解釋了困惑天文學家兩千年的一個現象。太陽和月亮對地球凸出腰部的引力，造成了春分點移動的歲差現象，也就是地球自轉軸緩慢但穩定地旋轉，每兩萬六千年旋轉一周。牛頓將地球乃完美球體的假設，連同各行星圓形運行軌道之概念，一起都取消了。我們的住處不是一顆正圓形的柳橙，而是一顆扁圓的番茄。大自然的完美並不在於孩子氣的幾何，而是在深藏不露的自然力量中，並由牛頓揭露。

隨之而來長達一世紀的辯論，造就了大地測量學的黃金時代，也就是說，一個激烈爭辯、驚天動地的時代。卡西尼一世在一七〇〇年進行的法國經線測繪，似乎證實了牛頓的假說，直到其子卡西尼二世重新檢視這些數據，並大膽提出相反的假說：其實牛頓弄錯了，地球反倒是在極地被拉長，是長球形而非扁圓形，是細長的檸檬，而非扁平的番茄。這不只是個理論問題，其影響及於各種地圖與海圖測繪計畫。問題在於：百分之一的緯度測定誤差，就足以把地球從扁圓形翻轉成長球形，從番茄變成檸檬——或是相反情況。

為了解決這個問題，科學院展開一項祕魯探查計畫，以確定地球赤道是否凸起。科學院也派遣見解相左的科學才士前往拉普蘭（歐洲最北部），測量極地附近的地球曲率。這些激動人心的旅程為科學染上英雄色彩，使牛頓物理學得到大眾關注，而院士們的怒罵爭執則成為巴黎沙龍的笑談話題。一七四〇年，法國王室也贊助卡西尼三世進行敦克爾克到佩皮尼昂的經線測繪，以協助消弭爭執，並重繪法國地圖。卡西尼三世一回到巴黎，便公開放棄其父長球形之說，承認我們是住在牛頓的扁圓地球上——只不過，對於到底有多扁，科學才士們人言言殊[55]。

十八世紀科學界的一位領袖承認，根據完美無瑕的自然現象制定普世度量標準的「醉人迷夢」，似乎就在這場爭執中夢碎[56]。但物理學家們並未這麼輕易就對自然之完美感到絕望。有幾位科學才士，特別是拉普拉斯，依然堅信，地球儘管是扁圓的，仍然可以之為基礎，制定完美的公尺標準。孔多塞也對國民公會解釋，這些論證已經說服了他，使他從擁護單擺標準，轉而支持進行大地測量任務。他還懇求國民公會同樣採納這項修正計畫。他表示，經線計畫所依據的是最可靠的科學，其原理放諸四海而皆準，日後甚至沒有人說得出當初是由哪個國家完成這項工作。他接著又說了一些有點矛盾的話，敦促議員們不要等到「他國加入」來訂定標準。站在代議諸公的立場，作爲一個放眼所有人民與所有時代的偉大開明國家，法國人義不容辭，必須捨坦途而「取完善」。一七九一年三月二十六日，儘管有些人對可能產生的成本與延誤有些抱怨，國民公會還是通過了此一經線標準[57]。

這個決定影響深遠，短期而言，因此喪失了任何國際合作的機會。在法國以外的科學才士們看來，經線計畫帶著點自私的意味。那些支持單擺標準的科學才士拒絕承認單擺標準不如經線標準，他們指出，大地測量人員也要靠其他如時間與角度單位，才能測量地球，這麼一來，沒有任何單位會是眞正的基本單位。倫敦皇家學會的領導人物指控他們的法國同行試圖要「使歐洲公眾不去注意其提案的眞正意圖，其實就是要採用他們對**法國**境內九到十度經線的測量結果，作爲**普世**的標準」[58]。當傑佛遜獲知法方要測量自己國內的經線時，也撤回了他對公制的支持。他指出：「如果其他國家採用此一單位，就必須相信法國數學家關於該單位長度之言……事情到此爲止[59]。」

然而，在法國的科學才士們看來，探查計畫帶來了可觀的效益。由於經線計畫缺乏節制，創立公制所需的預算上修至三十萬里佛，差不多是王朝時期整個科學院年度開銷的三倍。政府資金也流進了勒諾瓦這些儀器工匠的金庫，這些人原本因革命爆發、奢侈品交易中止而損失慘重。科學院裡研究物理科學的科學才士們，幾乎每一位都在公制計畫裡找到工作機會。其實是除了拉蘭德以外全部的科學才士，他不想參與一項他認爲沒有意義的計畫，不過，他還是祝福昔日弟子一切順利[60]。

即使是法國國內，也聽到一些批評。文學評論家梅西耶認爲，經線探查計畫裡嗅得出招搖撞騙的味道。他說，這些科學才士「以測量經線弧爲名目……保住自己的年金與薪俸」[61]。其他評論者就更尖酸刻薄了。法國政治家馬拉，這個脾氣暴躁的科學院之敵（他批評科學院是「那群膽小的專制君主走狗」）認爲，這筆三十萬里佛的預算「會被他們的同黨當成一塊小蛋糕給分吃了」[62]。甚至有些科學才士，（私底下）把計畫變更歸因於別有用心的動機。德朗柏自己後來也猜測，波爾達推動經線計畫，是爲了抬高複讀儀的名氣。還有人很想知道，拉普拉斯與其他物理學家促成這項計畫，原意是不是要用以確認地球的精確形狀，而非弄清楚公尺有多長[63]？

當然，誠如爾後諸多論者指出，以四分之一圈地球經線的千萬分之一爲公尺之基礎，這項決定本身就是無根無據。首先，這甚至不是一個眞實距離，而是沿著一部分假想海平面上的大地水準面所計算出來的距離，必須從這段經線弧中的一小段外推出整段經線弧。一些好事者還提了許多別的方法來分割地球；有些人主張依據赤道周長制定公尺，不僅因爲赤道只有一條，而且顯而易見，赤道是正圓且不會變動。相對之下，經線是任意指定的橢圓截段，而且可能會隨時間而變動；還有一些人贊成選用經線，但他們納悶的是，爲何這些科學才士不以整圈經線的億分之一（而非四分之一圈經線的千萬分之一）作爲他們選定的標準長度，好讓最後得出的公尺更接近英尺的長度，在日常用途上，這樣的大小也比較好用。有時候，由於經線計畫遭到一次又一次的延宕，連政治人物與平民百姓都開始質疑，是否眞有必要取標準於自然。有人說，大自然可變且不規律；其他人則抱怨：「自然界樣樣都不均等。」拉普拉斯自己也承認，連地球的形狀都可能隨時間而改變——當然，經線測量不會花那麼久的時間才完成[64]。

拉蘭德，這位上了年紀的反偶像崇拜者，始終堅持他對實體標準器的偏好，像是科學院保管的巴黎銅尺。這種標準器的制定要容易得多，也精確得多，而任何向大自然尋求標準的企圖，結果都無法長久，因爲對自然現象的研究受到太多因素的影響。比方說，除了單擺測量所在地的緯度外，從擺盪弧線和周遭溫度到空氣阻力，還有許多因素可能影響單擺擺長。他還提到，科學才士們甚至無法確定單擺在同一緯線上的每一地點都有相同周期，因爲鄰近山嶺或其他地形起伏的引力也可能對其擺盪產生影響，而同樣的因素也會影響任何以大地測量爲依據的測量。有鑑於這些不確定性，拉蘭德預言，再過二十年，由於科學的進步（這是他最熱切的信念），將會有更精確的結果產生。那時會是什麼情形？取法自然的標準必須斟酌改進後的結果定期修訂嗎？如果是這樣，現在又何必拚命追求精準度[65]？

儘管德朗柏急於在春天氣候許可時重新開始他的工作，進度落後可能會讓官僚們有藉口取消任務，而且運費也一直上揚，但他還是需要有官方許可才能上路。從前一年所遭遇的阻礙，他認識到具有法律效力的通行證之重要性。三月，他向巴黎市政委員會申請在共和國境內自由往來的許可。如今的市政委員會由那批激進的「無套褲」黨（法國大革命時，貴族對於中下階層共和派人士的蔑稱）控制，對科學院懷有敵意，視之爲菁英機構，因此全體一致否決他的申請。「會不會，」他回了一封信，「就在巴黎，就在啓蒙與藝術的中心，普受歐洲各地讚揚的一項法律的執行者，卻發現自己還在原地踏步[66]？」他重新提出申請，但這次有知名官員會簽。市政委員會投票結果，全體一致通過發給他通行證。爲防萬一，他另外又寫信給沿途所有城鎮，向他們保證他的任務並無惡意[67]。

共和政府已經宣示法國是「一套法律、一種度量衡」的國家，承諾要終結王朝時期司法與稅制不平等的可恥現象，也承諾要讓才幹之士得以施展抱負，並解除商業活動的桎梏。但大革命也粉碎了法國居中樞而治的王權。主權交於人民之手，讓每一個城鎮都得以自主。市場一片混亂，糧價上揚，城鎮猜疑鄉村，農民不信任城鎮。德朗柏到每一個地方都得出示文件，當他路過故鄉亞眠，他的老友還是必須爲他備妥公文卷宗，每一份都簽了名、蓋了印，還加上花俏的封緘[68]。

至少，德朗柏在這一季想出了一套策略。他和兩位同事勒弗朗謝與貝勒，這一回不在巴黎白費力氣地繞圈圈，而是要從起點開始。他們將從最北邊的觀測點敦克爾克出發，一路往南。這個策略合乎邏輯，但外在環境也有自己的邏輯。大地測量的最佳季節，正好也是軍事爭逐的最佳季節。那一年的整個春季，德朗柏一直在巴黎等通行證，普奧聯軍也一直在邊境集結，準備發動另一波攻勢，恢復法國王室。當他抵達北國，法蘭德斯平原已成戰場，入侵者再度向巴黎推進。

一七九三年五月中旬，德朗柏在法國守軍崩潰前趕到敦克爾克。他在那裡的鐘塔上得到加西亞先生協助，加西亞家族三百年來一直是鐘塔主人。這段漫長時間之中的某一年，一條道路把一百六十二英尺高的塔樓與教堂主建築分隔開來，這條道路如今還是穿過市中心的主要幹道。從這座紅磚鐘樓頂——要爬上兩百六十四階，「我們算過」——這組人看到了好幾個國家：法國、低地國，還有海峽對岸的英國。卡西尼與梅杉在他們的一七八八年測量時，利用這座鐘樓連結巴黎與格林威治。再靠近一點，德朗柏可以看到海灘上的沙丘，因對英戰爭而閒置不用的港口，還有長長的低窪海岸，延伸沒入灰濛濛的薄霧之中；向內陸看去，他可以看到法軍沿著邊界部署[69]。

從敦克爾克出發，德朗柏經過他的家鄉皮卡底，一步一步向南推進。這是三角測量的理想地形，而夏季是大地測量的理想季節。高低起伏的鄉間點綴著低矮的山脈，每一個城鎮都以擁有一座精緻的教堂尖塔自豪。絕佳的觀測點多不勝數，不過，每一個地點各有其難處。在離海岸十幾英里的雅河邊一個小鎮瓦唐，教堂塔樓還沒有高到可以從遠處望見，因此，他用白色木板給塔樓加了一頂帽子。在緊鄰東邊的卡榭爾，教堂尖塔裡夏天的熱氣悶得人喘不過氣來。他在梅斯尼等了當地木匠四天，直到小酒館裡的村落慶典結束，才能把他的信號裝置架起來。在費耶夫，他得等候許可，才能在教堂尖塔上打洞，以便四面八方都有清楚的視野。他在巴榮維爾不得不砍倒幾棵樹，清出一條視線。到了七月中旬，他已經做完十個測量三角，一個月內完成的進度比之前一整年還多。據他自己的記載，這是他在經線任務中最快樂的一段，也是最受禮遇的一段。在他身後，戰事開始轉而不利於法國：英國人已經包圍敦克爾克，漢諾威王朝的支持者正要對里爾合圍。但此時的德朗柏正朝亞眠而去[70]。

但勒弗朗謝始終沒有抵達亞眠。七月中旬，他必須趕回巴黎，他的妻子（拉蘭德之女）預產期就要到了。七月二十七日，她生下一個女孩，玉涵妮，但洗禮要往後延，等德朗柏出席擔任她的教父。德朗柏寫信祝賀這位年輕的媽媽：「我對你這麼快就重新投入天文學工作感到敬佩；你給我們帶來玉涵妮，已經是夠大的成就，你自己應當多休息幾天。」他還得再完成六個觀測點，才能回巴黎參加「我們這位新繆斯」的洗禮[71]。至於勒弗朗謝，拉蘭德寫信提到，等他自己被選入科學院就會馬上回去執行任務，大概是在八月七日舉行的會議中[72]。

勒弗朗謝再也沒有回去執行任務。八月八日，科學院被廢，拉蘭德把他的外甥叫回去製作他那至關重要的天文表。

當德朗柏獲知科學院被廢時，他正在亞眠的大教堂尖頂安設信號裝置。「我不知道我是否還有權利稱你爲同事，」拉瓦榭寫了一封信來，「但我是以信仰科學進步的同道身分寄給你這封信。」好消息是，科學才士們設法保住公制改革，連同經線測量一起保留下來。「無論如何，對科學院的鎮壓不應打斷你的工作，也不應損及你勤奮不倦的活力[73]。」壞消息是，沒錢付酬勞給勒弗朗謝，而爲了讓測量繼續進行，其交換條件是一項危險的讓步：訂出一種「暫行公尺」。

對德朗柏來說，科學院遭到鎮壓並不全然是個意外。多年來，科學院院士一直被批評是一群自尊自貴的菁英，瞧不起民間的研究者與思想家。過去這幾個月來，激進政治人物一直要求解散所有皇家機構，有些立法議員基於科學眞理的超越性及其對國家的貢獻，尤其是度量衡改革，曾經設法要豁免科學院，但終歸徒勞。到最後，甚至有院士支持科學院是不民主的說法，並對關閉科學院一事鼓掌叫好。當卡西尼四世試圖提出程序動議，拖延關閉科學院的最後期限，這些院士說的話，與拉格尼醉酒民兵對德朗柏的叫囂一模一樣：「再也沒有**科學院**了[74]！」

這一回，他們對了。如今，樣樣事情都反過來了：原本是要科學院贊助經線探查，以確定公制；現在公制的創立，反倒成爲政府對科學挹注資金的主要理由。一七九三年八月一日，就在科學院解散的一個星期前，一項新法令把公制編訂成我們今天所知道的樣子，並給法國人民一年的時間，爲強制施行公制做好準備。當然，每個人都知道，經線探查任務到那時候還無法完成。因此，這項法令訂出一種「暫行」公尺，可供國家官員與商家在等待經線探查隊的「確定」結果時採用。在威嚇利誘下，科學院交出了此一暫行公尺的數值[75]。

甚至在德朗柏與梅杉出發之前，波爾達已經私下估算過，按巴黎的舊制單位，公尺大約會相當於四四三·五法分（一法分等於十二分之一法寸，一法尺相當於一四四法分〔一法分約合〇·二二五公分，一法寸約合二·七〇七公分，一法尺約合三二·五公分。所以，四四三·五法分約合九九·七八七五公分〕）。這是一種不須複雜計算的快速算法，所依據的是每個人都已經知道的地球大小與形狀。但在公開場合，波爾達隻字不提；公布此一估算，可能會打擊到合情合理去測量經線的努力[76]。

但有些政府機關迫不及待想知道這個估算值，新的全國地圖可以讓政府對法國境內每一片地產精確課稅，但這項製圖計畫陷入停頓，因爲土地測量員一直等著要採用新的長度標準；財政部也無法完成十進位幣制，因爲他們對新銀幣的重量一無所知。一七九三年一月，財政委員會請求度量衡委員會對公尺的可能長度認眞地做個估算。爲了幫他們這個忙，歷來最傑出的數學物理學家其中三位，波爾達、拉格朗日和拉普拉斯，以三個簡單步驟完成這件事。他們假定在北緯四十五度處，一度經線弧長恰好爲整個四分之一圈經線的平均值；他們根據卡西尼三世的一七四〇年測量，得到此一距離值；然後他們把這個數乘以九十（因爲四分之一圈經線有九十度），再除以一千萬。他們最後的猜估值爲四四三·四四法分。沒有比這更簡單的了[77]。

但一直要到那一年稍後，科學院面臨解散的威脅時，委員會才勉強供出這個估算值。當時，法國的立法議會是由雅各賓黨掌控，他們把行政權交給了公共安全委員會。這個委員會不只包括政治激進份子如羅伯斯比和聖日斯特，也包括軍事工程師如卡諾和金丘普里鄂，這些工程師的任務是指導戰爭作爲、組織戰爭物資生產。一七九三年八月一日法令的用意是要以這個暫行公尺爲標準，儘早實施公制。不久之後，拉蘭德寫信告訴德朗柏，現在沒什麼道理要趕任務進度。「現正採用的新度量標準是供商業之用，與地球的新度量標準無關；所以，你沒什麼必要爲了現在就得出結果，而把自己逼得太緊[78]。」

那個星期，德朗柏待在亞眠，從法國最高的教堂尖塔第二層進行他的觀測。尖塔內部塞滿了笨重木器和大鐘，尖塔也略向西傾，使得他的觀測微微偏斜。下方的紅瓦城鎮看似平靜，而且人人都有麵包可吃，雖然城裡上個月才因糧食暴動而引發騷亂，現在麵包店的庫存又快耗盡。九月九日，德朗柏離城不久，官員們逮捕了六十四名拒絕宣誓效忠國家的教士[79]。

雖然德朗柏難得返鄉，也很少評論政治，但他還是在一七九一年加入亞眠的一個政治社團，他的舅子是這個社團的共同發起人。「憲法之友社」鼓吹中庸之道，雖然他們的座右銘是：不自由，毋寧死。在一片激情之中，他大膽地在家鄉的報紙上提議，民主人士與貴族都應該與各自

波爾達摺疊式暫行公尺　這支鋼製公尺棒乃依照一七九三年暫行公尺規則而製。上面寫著：「公尺棒相當於四分之一圈地球經線的千萬分之一，波爾達，一七九三年。」

的極端派畫清界線，找個晚上舉行講習，討論彼此的差異。「人要理性，」他強烈主張，「就必須摒除激情[80]。」這項中庸提議遭到當地另一位市民巴貝夫的嚴厲批評，這位激進派政治人物日後被稱為全世界第一位共產主義者。他譏笑德朗柏根本不懂，「一個沒有激情的人無法勝任高尚的事業；豐功偉業非他所能揣想；他缺乏活力，從而卑微不堪」[81]。德朗柏的回應是強調其提議為中庸之道，並期望反對他的人藉由言詞激烈的長篇大論，發洩其暴戾之氣，至少能改善其健康狀況。這已經是三十年間任職於六種政體的德朗柏最接近政治評論的意見了，這六種政體包括：革命前的王朝、君主立憲、共和、督政府、拿破崙的帝國，最後還有復辟王朝。在數十年公職生涯中，他在政治觀點上一直謹慎地保持模稜兩可。

他的責任取決於這趟任務，沒有勒弗朗謝，他還應付得過去，只要貝勒留在他身邊，這位年輕的儀器工匠已經證明自己是傑出的觀測人員，也是討人歡心的旅伴，他在任務過程中一直陪著德朗柏，而且到做完最後一個三角測量也都如此。德朗柏從省下來的勒弗朗謝薪資之中，拿出五百里佛給貝勒當獎金。既然科學院被廢除，他就可以自己領度量衡委員的日薪，這份薪水相當豐厚，多達一天十法郎，差不多是一名工藝能手的薪水[82]。

十月初，德朗柏終於讓新一季的測量三角接上了前一年在巴黎的測量三角。這意味著，他現在已經做出一組相連的三角格，從敦克爾克到大巴黎地區，大約是到會合地點羅德茲的三分之一路程。十月下旬，他到了首都南端，重新開始前一年冬天中斷的工作。

德朗柏在緊靠羅亞爾河北岸的奧爾良森林進行測量時，捲入了他迴避近一年的政治緊張局勢。在一七四〇年充當卡西尼三世信號裝置的「主庭教堂」塔樓，完全被樹木包圍，而且在古老御林中這片綿延起伏的高大橡木區找不到可用的替代地點，這兒是波旁諸王最鍾愛的獵場。德朗柏只有一個辦法，就是在一處名爲夏蒂雍的矮丘上蓋一座觀測塔。在這裡，大自然不予登高望遠之便，尖塔又不可得，大地測量人員只好平地起高樓。

建造這座六十四英尺高的木塔，耗時逾月，並引起不必要的注目。周邊村落的民眾對昔日御林中的怪事很感好奇。「他們回報看見三、四百名土匪在蓋高台，並在教堂塔樓上打洞……無疑是預備起事反革命[83]。」這本來會是件可笑之事，要不是當地公民召來六百名士兵攻擊工地的話。幸好，到了要攻擊的時候，他們在別處發洩了怒氣。十二月二十七日，正當塔樓接近完工，當地人民集會投票一致通過，改去摧毀附近一座方尖石碑，這座碑是爲了紀念卡西尼的一七四〇年測量而立，「以名爲經線紀念碑的石造方尖塔爲其僞裝，並由昔日領主爲表現自己的偉大而建，是已遭消滅之君主專制的可憎標誌」。這座方尖碑被拆下來當作鋪路石，而在此同時，方尖碑所在地的地主、傑出的法學家馬爾澤布，因在法王最終且徒勞無益的審判中，擔任法王首席律師而遭處決[84]。

除夕那一天，德朗柏與貝勒第一次爬上他們在夏蒂雍的高塔平台，開始用繩索和滑輪吊起他們貴重的複讀儀，放到適當位置。觀測平台做成包廂，用以遮風擋雪，不幸的是，這層保護也讓風有更大的表面積可以施壓。複讀儀才剛安全上到平台，一陣猛烈狂風撼動了塔樓，迫使觀測人員慌慌張張回到地面，經歷十五分鐘的煎熬，因爲必須小心地把複讀儀垂吊下來。次日，風勢較爲平靜，他們又再次登塔。但寒氣難捱，白晝短暫，而且他們的觀測品質不佳[85]。

但兩天後的毀滅性一擊，並非出自當地人民，也不是天氣，而是國家權力高層。一七九四年一月四日，德朗柏收到度量衡委員會來信通知，奉公共安全委員會之命，他，連同幾位同事，已經被剔除在經線測量計畫之外。信中告知，他應當交出所有田野筆記、計算和儀器，以利繼任者接手，「如果經線測量還要繼續的話」[86]。

且不論這對該任務的未來有何影響，如果就此撒手的話，等於把幾個月來建造夏蒂雍塔樓的辛勞一筆勾銷，要是一場冬季暴風雨吹塌了塔樓，附近的三角測量全都得重做。起碼，這項測量應該是在幾個定點終止，像是羅亞爾河沿岸的新堡與奧爾良教堂塔樓，這樣的話，接替他的人就可以從一個穩當的基礎開始工作，如果有派人來接替的話。而且，德朗柏估計，他至少需要三個月來整理筆記並完成計算。他寫信給度量衡委員會，請求准許採行此一計畫，同時非常帶勁地著手進行，好趕在委員會拒絕之前加以完成[87]。

幾天後，委員會的密封回函由工程師普弘尼親自帶來，他是德朗柏昔日的科學院同事，而且後來知道，他也取代德朗柏在委員會的位子。但普弘尼一直找藉口不把委員會的答覆交給德朗柏，反而協助德朗柏在夏蒂雍進行觀測，甚至陪著他到奧爾良，完成羅亞爾河岸一帶的三角測量[88]。曾經樹立於奧爾良主教座堂尖塔頂上的十字架，原本可以作為理想的信號裝置，有如望遠鏡瞄準器上的十字記號，但不久前被換成奇形怪狀、鑄鐵製的自由帽。就在那個星期，如今以公理殿之名著稱的主教座堂，見證了更加嚴重的褻瀆之舉。在蘇弗雷街上拉客的年輕貌美妓女羅薩莉被裝扮得像個女神，一手執矛，頭上戴著紅色軟帽，這樣便能坐在一輛裝飾著三色旗的大型馬車上，由六名身著寬鬆長袍的年輕人領著十二匹白馬來拉。全鎮公民著羅馬服飾，隨行其後。行經某處時，遊行花車必須擠過一處矮門，有人聽到女神大叫：「喂，你們這些雜種！嘿，賤胚！

停下來，你們這些老嫖蟲，我快掉下來啦！」接著便往下跳進人群之中，從另一邊再爬回去[89]。

經過一年半的辛勞，德朗柏被指派的敦克爾克到羅德茲路線，已經走了將近半程，測量過北海岸到羅亞爾河岸兩百英里長的經線弧。而他爲了進行測量，在法國難走的路面上曲曲折折走過的里程，是這段距離的十二倍，也就是約兩萬四千英里[90]。一七九四年一月二十二日，他在探查工作日誌上記下最後一筆：「開始下雨了，沒有時間再測一次角度[91]。」那一天稍晚，普弘尼把委員會的答覆交給他，已經晚了三個星期。信封上寫著：

公民：

度量衡委員會已派出一位委員，將公共安全委員會對於您的請求所做之裁定送達，並委請您在確保無須再用到您所設之臨時信號裝置的情況下，結束您的作業。該裁定更責令如您所提議，將您的計算與觀測結果謄寫完畢。

度量衡委員會主席　拉格朗日[92]

他在委員會裡的朋友以模稜兩可的言詞，批准德朗柏的請求，允許他暫時保留探查工作日誌。隨函附上的裁定文是由金丘普里鄂執筆，寫在公共安全委員會氣派十足的信箋上。上面注明的日期是一七九三年十二月二十三日，距收信已整整過了一個月：

公共安全委員會考慮到，政府官員要付予權力及職能之人士，應確知其共和品德及對國

> 王之厭惡可資信賴，此對民心士氣之提升至為重要……故頒令自即日起，波爾達、拉瓦榭、拉普拉斯、庫侖、布里松與德朗柏免除度量衡委員會委員之職，且立即將其儀器、計算結果、筆記，連同前述各項之完整清單，全數交給其餘委員。其次，委員會其餘委員……應發揚革命熱情，提出新的度量衡標準為全體公民所用。
>
> 普里鄂、巴雷爾、卡諾、蘭岱、比勞瓦倫[93]

次日，德朗柏打包儀器，返回巴黎。「雖然我怎麼樣也想不通爲何被召回，但日後再返回那些憾恨遭奪的工作時，我也不會有怨言[94]。」途中，他有一件私事要處理，革命政府的警察正在搜捕他的贊助人達西。德朗柏得在達西位於石楠堡的鄉間住宅逗留幾天，達西正在此地隱居[95]。

大革命已經進入所謂的「恐怖統治」時期：雅各賓政權發布緊急徵兵令、強制管控工資與物價，並以監禁和死刑來施行其政令。全世界第一場大規模動員的戰爭正打得如火如荼。法國邊境上，普、奧、英、西同盟與共和國對陣；國內，不奉號令的貴族、反動農民、囤積糧食的商人和頑強抗拒的教士，都在挖共和國的牆腳。拉瓦榭在這個月稍早已遭逮捕，一同被捕的還有「包稅組織」的其他財務人員；有一段時期，這個組織以國王代表的身分收了許多可恨且不正當的稅款。而就在德朗柏來到達西住處時，他的贊助人也被抓進盧森堡的監獄了。

那年冬天，一陣狂風吹垮了夏蒂雍的塔樓。

第四章　如意山城堡

萬事的是非標準，幾乎都會隨地區變動而有所更易，偏移三個緯度，就足以推翻所有的法律體系。一個人的經線位置決定真理，或者說，地歸誰屬的改變，會決定真理。根本大法會變，是非也因時而易。正義竟受大河高山所限，何其怪哉！庇里牛斯山這一邊的真理，在另一邊卻是謬誤[1]。

——巴斯卡，《沉思錄》

被戰爭阻絕在庇里牛斯山那一邊的梅杉，對這些發展幾無所知。九個月來，他沒有任何來自法國的消息。最近一封信的日期是一七九三年三月，那是在他抽水站意外之前。那次受傷之後的兩個月，他都在床上養傷，一直到夏日陽光引誘他走出暗室，來到金泉旅店的陽台上。夏至快到了，梅杉堅持要人把他抬到外面，他尋求的不是太陽的療效，而是太陽的知識。他被抬到外面燦爛耀眼的地中海夏季裡，用枕頭把身體撐起來，上方擺著複讀儀。帶著鹹味的微風拂過鋪路石，正午的炙熱下，城裡一片寂靜，只有視線之外的海浪在拍打著碼頭。蘭布拉大道上時髦的人們躲進屋子裡，在巴塞隆納夏季正午的太陽下，只有瘋狗、英國人和太陽天文學家跑到屋外。

特杭蕭已經幫他把儀器準備好。四千年來，觀星者一直試圖要訂出天文學最基本的常數之一：黃赤交角，也就是地球相對其繞日軌道面的傾斜角度。有波爾達儀在手，又適逢夏至，梅杉有大好機會針對此一常數做出決定性測量。

即使在絕佳條件下，這也是份苦差事，但梅杉堅持自己來記錄讀數。特杭蕭托著用煙燻黑的瞄準鏡，湊近天文學家的眼睛，梅杉則追蹤太陽，直至太陽到達最頂點。接著，特杭蕭幫他轉動波爾達儀，梅杉則對瞄準鏡位置再做微調。他們協力合作，在波爾達儀的銅質部分因太陽熱力而開始變形之前，努力取得一些初步的讀數。梅杉現在是用左手微調瞄準鏡，有點吃力。對一個胸腔粉碎傷後復原的人來說，對一個目前右臂吊著不能動的右撇子來說，這些工作太吃重了。他們被迫停工，接著是舊傷復發。二十年來，他一直在陰暗的海圖局裡，繪製他未曾看過的地中海岸地圖。如今，就算他閉上雙眼，地中海陽光仍盈滿其心靈。

薩瓦不放心，提議到卡爾達斯溫泉進行藥物治療。飽受煎熬的梅杉接受了他的忠告，熱水泡澡和淋浴是很舒服，但意外發生後六個月，他的右手仍然軟趴趴地掛在一旁。醫生告訴他，他的手可能永遠不能復原。「時間勝於技術」，他在數年後給這段經歷做了這樣的結語，這時他的手臂已恢復舊觀[2]。

等他從溫泉區回來，身體狀況已經好多了，但還未完全康復，西班牙在軍事上已經勝利在望，這將使西班牙同時稱霸庇里牛斯山南北，也使得加泰隆尼亞一百五十年來第一次統一。或許法國先宣戰，但先進攻的是西班牙。五月，西班牙最高統帥李加度將軍下令其四萬名主力部隊，穿過兩千年前漢尼拔攻擊過的巨衛堡西方山凹，李加度三千五百人的三支縱隊，則蜂擁穿過梅杉與特杭蕭前一年夏天測量過的內陸高山隘口。他們制服拉加堡的法國守軍後，沿著泰施河谷前進，會合主力部隊去占領滬西隆平原。要是當時他們善用優勢，西班牙很可能就攻克了佩皮尼昂，但他們不做此想，反而停下來在高處修築防禦工事、包圍巨衛堡，並圍困佩皮尼昂城。整個四、五、六月，驚慌失措的佩皮尼昂市民眼睜睜看著他們從附近的卡美亞斯山砲轟巨衛堡，把這座雄偉的要塞搗成瓦礫。英勇的守軍最後終於投降，一千名戰俘被押送巴塞隆納，囚禁在如意山城堡，梅杉去年就是在此進行天文觀測。這些囚虜被安置在一處地窖，看管他們的大砲裡裝填了榴霰彈，「以防杜此等邪惡之民族有無禮之舉」[3]。

十八世紀的戰爭充滿了自我矛盾，禮數與暴行共存，連天主教專制政權的捍衛者與革命解放的使徒之間也是如此。西班牙將軍們准許被俘的法國軍官在佩皮尼昂過夜後，才押送監牢。革命黨人想說服加泰隆尼亞人也懷抱他們的理想。如同十八世紀在科學上的競爭，敵對雙方的軍官之間，比起這些軍官和派他們來打仗的領導人之間，有更多的共通之處。然而，隨著這種新型態的大規模戰爭出現，連科學都開始因民族主義的角力而分裂。

事情發生後兩個月，拉瓦榭終於寫信給梅杉，通知他科學院已經被廢，但由於他是度量衡委員會成員，仍有十法郎日薪可領，可由他的妻子代領。至少，他的家人現在還能拿到他辛苦工作的酬勞。但梅杉從未收到這封信。幾個月後，當德朗柏被踢出經線計畫，而他昔日同事遭到監禁，並面臨死刑威脅，梅杉還一直寫信給巴黎，說他會遵奉科學院的期望。不過，他倒是有聽到科學院被廢的傳言，而且基於某種理由，他相信巴黎的行政官員正打算要把他換掉。他的確是在這波大整肅中獲得赦免，這僅僅是因為公共安全委員會擔心，這類威脅將使他帶著那些珍貴的複讀儀，以及手上詳細的大地測量資料向西班牙尋求永久庇護[4]。

所以，當西班牙王室提供一個頗具分量的科學性職位，梅杉會受到誘惑是可以理解的。數萬名法國男男女女逃離他們的國家，數千人拿起武器反抗自己的祖國，已故法王的弟弟們則領導軍隊對抗自己的人民。與此相較，爲西班牙做幾個大地三角測量，又有何害？科學研究怎麼會扯上叛國呢？拉瓦榭說得好：「科學並未交戰。」再者，梅杉已身無分文。巴塞隆納的銀行家凍結了他的帳戶，他的法國紙幣一文不值，而法國法律禁止他的同事寄硬幣給他[5]。

最主要的原因在於，梅杉鄙視他的國家自一七九二年以來的激進轉變，連一七八九年相對溫和的動亂都令他痛心不已，近來的事件更使他驚駭莫名。但就算大革命磨損了他的愛國心，他對同事、對其任務的責任感並未因此鬆懈。梅杉的長處是精確，或許這是一項平淡乏味的長處，而且是一項與天才沒什麼關連的長處，但隨之而來的是一種強烈的決心，把已經起了頭的事做完爲止。他曾經想從法國那一邊前往邊界上的觀測點，如今這些觀測點都深陷於西班牙占領區內。德朗柏曾主動提議，如果有必要的話，他會從法國北部趕來幫忙測量。話又說回來了，如果梅杉想自己測量的話，這或許是他唯一的機會[6]。

幸好，他的手臂逐漸復原，而且有能幹的特杭蕭協助他。因此，一七九三年初秋，他得到李加度將軍的許可，沿庇里牛斯稜線完成他的三角測量。將軍現在會准許他這位敵國特使在戰區進行敏感的大地測量，因爲法國人早已算出加泰隆尼亞各大要塞的精確位置。梅杉則鄭重保證，他的組員未經正式批准，不會離開西班牙，而且在戰爭結束前，不會把他們的資料交給法方。

那年九月，這兩個法國人由布耶諾上尉陪同，冒險重入庇里牛斯山，試圖完成高山觀測點的測量。到了雄偉的費格雷斯要塞，這座要塞被梅杉納入他的測量三角中，西班牙大砲就是從這處山頂把巨衛堡轟成一堆瓦礫。他們分成兩組，每一組各拿一具複讀儀，梅杉與布耶諾對準卡美亞斯山，特杭蕭則獨自往內陸高山前進。

特杭蕭的目標是星星山，這是坐落於一處古老鐵礦上的五千八百英尺高山，山頂就在卡尼古高地附近。卡尼古高地這座長年冰封的藍色龐然大物，聳立於庇里牛斯山東部，這些都曾是法國領土。事實上，就在特杭蕭到達星星山之時，得到增援而聲勢大振的法軍突破了佩皮尼昂包圍圈。他們從佩皮尼昂正北方的薩爾西斯堡向內陸出擊，開始朝上游的泰施河谷逼近，迫使西班牙人在布盧重新集結，「大道」就是在這處戰略重鎮跨越泰施河。九千對兩萬九千，雖然法軍人數較少，但有數千名「密克雷」支援，這些「密克雷」在部隊側翼移動，襲擊西班牙人並威脅農民，農民則組成自衛隊相抗衡。鄉村地區一片混亂。

沉靜的松樹林上空的高山乾燥空氣，提供了絕佳的視野，可以觀測鄰近的大地測量點，也看得到兩軍在山下河谷爭奪陣地，雙方都設法要把他們的大砲部署在居高臨下的山丘上。經過二十四天對陣，法軍以十一次小規模戰鬥和三次總攻擊偵查西班牙的陣地位置，光是九月二十二日一天，他們就損失了三千人。十月一日，法軍增援部隊在西班牙砲火下抵達，並攻取一座小山丘上的前哨陣地。十月五日，法軍發射一陣砲火，以掩護一波騎兵衝鋒。十月六日，他們在高地上建立一處新的砲陣地，次日便對西班牙大營開火。特杭蕭站在光禿禿的山頂上，用他的雙瞄準鏡儀器在瞄準，旁邊就是他那奇形怪狀的錐形信號裝置，成了一個顯眼的目標。

由於天氣多變，強風幾乎要吹倒他的複讀儀，他斷斷續續測量了一個星期，就在十月七日早上，正當法軍位於邦紐爾的砲兵連對山下西班牙陣地開火之時，一群來自鄰近小村落瓦馬涅的六個村民，以革命之名偷襲他。特杭蕭表示抗議，說自己也忠於法國，是熱忱的革命黨人，而且執行的是國民公會的任務。他向他們出示文件、通行證和派令副本，連同德朗柏送來剛簽署的公文書，但村民們不會讓一個沒人認得的工程師在邊界沿線「進行監視」[7]，而且星星山正下方就是法軍正要推進的河谷。他們把特杭蕭綁起來，用東西塞住他的嘴巴，拿一條繩子勒住他的脖子，用絞刑環把他牽回鎮上，當地首長則建議他們把他帶去省城。他從那裡又被押送到佩皮尼昂。

這件新近發生的災難，後來反倒成了好事。佩皮尼昂行政首長呂西耶對經線任務並不陌生，他不僅馬上釋放特杭蕭，還做了其他保證。幾星期前，梅杉請求呂西耶，在法軍陣線後方有一段距離的布嘎哈山和佛瑟黑爾山山頂安放信號裝置，好讓他能從邊界上觀測這些信號裝置，而由於特杭蕭突然到了法國這一邊，呂西耶便授權由他執行這項任務。特杭蕭被捕兩星期後，信號裝置已安放完畢，他重新攀上星星山，繼續他中斷的工作，而就在此時，「血腥砲擊」之役眼看就要橫掃他的山中巢穴。六千名法軍一連幾天攻擊新里山，西班牙因而無法掌控俯瞰布盧的制高點，前七波攻擊都被擊退，接著三波攻擊讓法軍暫時拿下這處陣地。到了第十一波攻擊，法軍因西班牙人彈藥耗盡而獲勝，直到第二天早上，西班牙反攻，屠殺了大批法軍。在這一片混亂之上，特杭蕭冷靜地完成艱鉅的工作[8]。

這是梅杉唯一一次准許特杭蕭獨力使用複讀儀完成觀測，一定有人好奇何以如此，而這絕非缺乏經驗之故。特杭蕭在科西嘉島埋頭進行了二十年的三角測量，那裡和加泰隆尼亞一樣崎嶇不平。特杭蕭出生於洛林一處小村落——小柯爾，那裡的法國人與日耳曼人混雜而居，在一次難產中活下來的他，長大後成爲一個強健的男人。他或許沒受過正式教育，也沒有學院頭銜，卻是法國最能幹的製圖人員之一，是位通過考驗的正直之士。在科西嘉計畫快結束時，指控這是一場科學騙局的謠言四處流傳，但特杭蕭最後的測量結果化解了這場爭議。梅杉自己也在這份科學院報告上簽字，這份報告特別指出特杭蕭的貢獻對「提升地理學之精確性彌足珍貴」[9]。在梅杉筆下，不會有比這更高的讚譽了。況且，在這次測量之前，特杭蕭對於複讀儀已經運用自如，梅杉自己也承認：「我可以信賴他，如同信賴自己一般[10]。」但他拿給特杭蕭看的都是繕寫完畢的數據表，而且從不讓他自己進行計算或翻閱探查筆記。相較之下，德朗柏會讓只是儀器工匠的貝勒進行觀測、記錄數據和核對計算結果。

實在想不出梅杉的顧慮有何技術上的理由來支持。一七九〇年時，這兩個人曾經合作繪製地中海沿岸海圖，梅杉知道特杭蕭是個技巧完美的大地測量人員。但對梅杉來說，合作從來就不是件容易的事。儘管他在拉蘭德的天文學工作室待過，也接受過妻子的協助，並在編天文期刊時聘過助手，梅杉還是一位最適合獨力工作的天文學家。他的長處在其認識地球、行星與恆星的能力，而對其同僚的認識便不及此了。

又或許他太了解他的同僚了，或許他得知特杭蕭脫隊越界期間到底搞了些什麼名堂——特杭蕭在突入法國期間，與他的軍方上司見了面，並且把測量小組在加泰隆尼亞測量到的所有要塞地理位置交給他們：費格雷斯、吉洪納、羅塞斯、巴塞隆納和如意山，換言之，西班牙東北部所有重要軍事設施。特杭蕭身爲軍用製圖部門的上尉，不得不把這項資訊交給他的長官。不這麼做就等於是叛國，而在這個時代，叛國意味著當場處決。再者，特杭蕭是位愛國志士，也參與革命，更何況這些計畫將有助於共和事業[11]。

但對梅杉來說，這是背叛。科學知識的積累是爲了全世界人民的利益，絕不應用於傷害性的目的。梅杉把效忠科學看得比效忠國家還重要，可是特杭蕭突入法國，違背了梅杉對西班牙將軍的承諾，而榮譽感要求梅杉要遵守諾言。科學才士的聲譽就是他對科學眞誠的外在表徵，背叛自己的榮譽比叛國還糟。

這或許是梅杉不信任特杭蕭的眞正原因：特杭蕭既已背叛了使命，你有什麼辦法能阻止他背叛梅杉、篡奪他的南段探查領隊地位？任務至今所達成的成果，有許多都應歸功於特杭蕭，而要是梅杉被宣告因傷成殘，他也是最有可能取代梅杉的人。就是這層思慮縈繞心頭，驅策著梅杉，縱使右臂受傷，他還是要重入庇里牛斯山。

梅杉和布耶諾指揮官從卡美亞斯山頂親眼目睹泰施河之役，從那兒，他們可以越過戰線，看到被圍的佩皮尼昂城內，法軍將領正在指揮進行突圍。他們可以往南看到西班牙的加泰隆尼亞，以及費格雷斯外圍地區，那裡有一座被海水沖毀碎裂的城樓——惡鄰之塔，矗立在一片布耶諾上尉自己所擁有的土地高處。他們可以朝北望向布嘎哈山和佛瑟黑爾山，深入法國領土，那裡是特杭蕭安放信號裝置之處。而在陽光燦爛、晴朗的十月二十五日早上，當他們轉動瞄準鏡，朝向泰施河谷對岸，可以看到星星山頂上有一個身影，站在雙錐形信號裝置旁，襯著藍天的黑影俯身在發亮的黃銅刻度環上，那是特杭蕭正把他的複讀儀瞄準鏡調來調去，而戰鬥在他們之間的河谷裡轟隆作響[12]。

十天後，當梅杉完成他的測量，特杭蕭還在瞄三角形。又過了一星期，又一星期，特杭蕭還是沒回來，梅杉愈來愈焦慮。他關心的倒不是特杭蕭的安危，而是他的助手留在法國的可能性。這幾處的角度測量完畢，他們在加泰隆尼亞的任務也結束了，像拉蘭德就希望特杭蕭留在法國，甚至還催促梅杉溜過邊界，與特杭蕭會合[13]。

這太低估梅杉的謹慎多慮了。他請人捎信給特杭蕭，要求他馬上回西班牙。「基於我的責任與榮譽，命令你未經我的許可，不得經由任何路線、採取任何方法前往法國。正是爲了這個理由，而不是爲了要繼續我們的任務，我才會這麼強烈堅持。如果你採取其他任何行爲，將會讓我們蒙羞，而且無可辯駁」[14]。要緊的是比一項「任何人所承擔過最重大的」科學計畫成功更重大的事，還有梅杉說話算話的名聲。

西班牙軍隊恰在此時發動反攻，他們利用人數的優勢，一度沿著泰施河谷逼退法軍，攻下臨海城鎮寇力烏耳和巴尼歐爾，重新包圍佩皮尼昂。在此期間，西班牙軍隊堵住了特杭蕭的退路。他說，他被「軍事力量」困在法國[15]。佩皮尼昂現在成了溫和派與激進派全面性政治鬥爭的舞台，又一名敗戰的法軍將領被送上斷頭台。某些有從事反革命活動嫌疑的人，特別是那些與貴族、教會或失勢黨派有關係的，當場遭到處決。其中包括了呂西耶，這位加泰隆尼亞裔的法國革命黨人曾經宣稱：「振奮眾生的時候到了[16]。」他救了特杭蕭，卻救不了自己。那個月，光是在佩皮尼昂，就有五十顆人頭落地。這一次只靠天氣來阻擋西班牙人向前推進，十一月的雨終止了軍事行動，也終止了大地測量行動。泰施河谷的士兵睡在泥巴裡，梅杉則返回巴塞隆納，而特杭蕭在那個冬季的某一天溜過邊界，回來與他會合。

這次雖然證明了法國人的誠實正直，但並未說服李加度將軍，儘管多次陳情與私人請託，他還是堅持梅杉與特杭蕭必須留在巴塞隆納，直到雙方簽訂和約。梅杉也不得再寄送任何有數字資料的公報回國，這些公報將會被當成密碼信，在邊界就被沒收。任何軍事將領都不可能明知有這種資訊，還讓它落入敵人之手，不過，李加度卻在護城河決口後拉起活動吊橋[17]。

那年春天，戰爭運氣又一次輪轉。三月，勝利將軍李加度在訪問馬德里時過世。接替他的拉于尼翁將軍是西班牙軍隊裡最年輕的將領，是一位具有高度道德情操的虔誠天主教徒，厭惡法國大革命的民粹無神論。不久後，新任法國將軍迪戈米耶接掌了該區的革命軍，這位將軍剛在土倫打了一場勝仗，而年輕的拿破崙在這場戰事中也是他麾下的一員。迪戈米耶很快就啓動共和國解放，或者該說是征服加泰隆尼亞的計畫，宣告加泰隆尼亞的革命時機已經成熟。這個省份礦產豐富、工業發達，人民愛好自由、痛恨他們的卡斯提爾統治者。如果他們擁抱平等，成爲一個自治共和國，或許可以作爲法國通往伊比利半島其他地區的大道[18]。

等到季節氣候許可，迪戈米耶馬上發動攻擊。六月中，法軍重新奪下高山隘口，開始沿著庇里牛斯山南坡，一步步向山下推進。西班牙人退回他們位於「大道」上雄偉的費格雷斯要塞，並在惡鄰之塔，也就是梅杉的製圖夥伴、好好先生布耶諾上尉的土地上，配置九千名士兵、三十二門大砲以鞏固右翼。要是費格雷斯陷落，而這看來很有可能，則通往傑羅納的路大開，越此即爲巴塞隆納。

過去這九個月來，梅杉沒有從他在法國的同事那邊聽到任何消息，只有流言。不過他寫了一封長信給他們，他沒拿到離開巴塞隆納的船票，遭到西班牙人「不公正的拘禁」。據報紙報導，科學院被廢，經線任務無疑也被取消，公尺將以單擺訂之，一如原先的計畫。如果他的任務眞的被取消，他請求立刻通知他；如果沒被取消，他有可能在今年年底之前完成經線測繪。他已經把方案都想好了，西班牙將軍一放他走，他馬上就回法國，朝北進行三角測量，一路向德朗柏而去。由於法國地形早已被卡西尼測量過並畫成地圖，他打算直接回到舊的觀測點，用複讀儀把那些角度值重測一遍。如果從下個月開始，七月就能測量到埃佛。埃佛是這段經線弧的中途站，從他預定要與德朗柏會合的羅德茲往北，還要走上一大段路，幸運的話，甚至有可能測量到布赫日，這意味著他要測量全段經線弧的三分之二，而不是指派給他的三分之一。那麼，兩位天文學家將在八月一同測量兩條基線，一條在德朗柏負責的北段，一條在他自己負責的南段，並在夏天結束前完成任務。

只有一個問題：西班牙將軍不肯放他走。「但是啊，我身在何處？在牢籠之中！但說起話來，卻還像個自由之人，懷抱著完成此一非凡任務的熾烈熱情。沒關係，至少我已努力讓我的奴役發揮用處，即使不是有益於任務本身，至少有益於天文學[19]。」

梅杉是個隨時都要找事做的天文學家，不能一直閒著。他們禁止他上如意山，但並不禁止他在巴塞隆納的旅店進行天文研究。因此，十二月時，他在金泉旅店的陽台上重新布置起他的天文台。這一次，他要利用冬至來測量地球自轉軸與繞日軌道夾角；爲此，他也必須精確定出旅店陽台的緯度，而去年冬天在如意山取得的數據不敷所需。儘管如意山從城南很容易就能看見，卻也超過一英里之遙。梅杉配備有全世界最精準的天文學儀器，打算做出比過去四千年來任何一位研究者都更精準的測量，他這次觀測還可以對如意山的緯度測量結果進行覆核，這是附帶的好處。

梅杉進行這些觀測的動機似乎並不單純，其實動機本來就很少是單純的，而他的後半生都將受到這些觀測結果的糾纏煎熬。他當然是想證明給他的巴黎同事與西班牙東道主看：他一如往昔，依然是個一絲不苟的天文學家，而且去年四月的意外並未減損他的能力。這麼一來，便可以讓那些議論著要把他從經線任務換下來的人全都閉嘴。而且，在那個拒絕為公眾利益服務便有身首異處之虞的時代，這麼做也可以證明自己的勤奮[20]。

梅杉先前的測量結果之中，也有些問題困擾著他。為了計算如意山的緯度，他測量了六顆星星的高度：北極星、右樞星、帝星、開陽星、五車五和北河三。多測幾顆總是比較好，細心總不會白費。他在最終分析報告中採用了前四顆星的測量結果，這四顆所測量到的數據最多。前三顆星測量結果有驚人的一致性，所得平均緯度值為：四十一度二十一分四十四．九一秒（北極星）、四十一度二十一分四十五．一九秒（右樞星）和四十一度二十一分四十五．一九秒（帝星）。這幾個值的差幅總共也不過是極其微小的○．三秒，這意味著梅杉已經定出如意山城堡在地表的位置，誤差不超過三十六英尺。這是一次天文學絕技的精采表演，就是這種精確的測量結果，為他贏得南段探查任務的領隊地位。

然而，根據第四顆的開陽星算出來的結果與此模式不盡相同，顯示緯度為四十一度二十一分四十一．○○秒，與其他緯度值相差四秒，約合四百英尺。此一異常令梅杉煩躁不安。為何這一顆星的讀數與其他讀數相差有十倍之多？這是物理學家很自然會問的一個問題。其實那時候他不應該去理會這些數據，不過區區十年前，僅僅四秒的差距可是一項了不得的成就，相當於敦克爾克到如意山這段六百英里經線弧的百分之○．○一多一些。此外，他也已經將這些天文學測量結果做了摘要，交給東道國西班牙，並寄了一份摘要給人在巴黎的波爾達。

另一方面，梅杉有一個假說，或許可以解釋此一差距。啊，那另一隻手（此爲英文雙關語，所借用的是本句開頭的「另一方面」〔on the other hand〕）！爲什麼科學家總是用那「另一隻手」開啓潘朵拉的盒子？他們打開這個盒子並非要讓自己的生活更難過。他們往往只是想要解開自己心裡的疑惑，對他們自以爲早已知道的事再做更精確的確認。但不管這件事是好是壞，他們自以爲知道，其實未必如此，甚至有時他們犯了錯，還算是走了好運呢！接著，就如物理學家費米曾經說過的，他們可能就有了發現。

梅杉假設，開陽星數據的問題在於折射。倫敦和巴黎的天文學家已經算出光折射的修正值，但這些修正值或許並不適用於像巴塞隆納這種南方城市，拱極星在這裡與經線的交線比較貼近地平線，而且他們的觀測視線在穿過大氣層時，也因此地較高的溫度而歪曲。而在他測量過的所有星星之中，開陽星與經線的交線最貼近地平線。不用說，這些修正值本來就很小，任何的調整勢必會更小。但經線探查任務所採取的是前所未聞的精準度，複讀儀也號稱，觀測者的耐性爲其精準度之唯一極限。而梅杉不相信錯誤出自於這些星星。

於是，他躺在巴塞隆納的旅店陽台上進行夜間觀測，度過了一七九三年底到九四年初的冬季。特杭蕭一邊提著燈，一邊核對酒精水平儀，梅杉則如以往蹲坐著，先旋轉刻度環，接著轉動瞄準鏡，聽著時鐘滴答聲，標定恆星跨越經線的時刻。接著再旋轉刻度環，然後是瞄準鏡，不斷重複其眼耳並用測量法。在耶誕夜、在耶誕節當晚、在除夕、在新年第一個夜晚，還有十二月、一月、二月和三月的每一個晴朗夜晚，他都在進行觀測。他得到了九百一十組恆星讀數，每一個讀數都要重複觀測十次以上，觀測總次數極爲龐大，多達一萬次左右。到了白天，他在旅店內把身旁的這一大堆資料、折射表和對數表，從頭到尾不斷地算了又算。到了三月初，他已經定出這間旅店是北緯四十一度二十二分四十七・四三秒（根據北極星）、四十一度二十二分四十八・三八秒（根據帝星）和四十一度二十二分四十四・一○秒（根據開陽星）。根據他最有把握的前兩顆星所得到的結果，其吻合程度再一次令人肅然起敬，相差不到一秒（也就是一百英尺），使得金泉旅店成爲當時地表上定位最精確的旅店。但開陽星的數據也再一次得出不一致的結果，與其他兩個結果都有約四百英尺的差距。

最後一道步驟將會釐清此一謎團。現在，梅杉必須拿他在金泉旅店所得新的緯度測量結果與之前的如意山測量結果，扣除兩地之間的距離後加以比較。當然，計算此一距離，正是其探查隊受命所要執行的那種任務。他畫出一個測量三角，包括他所住的旅店、如意山和巴塞隆納的大教堂，爲了加倍保險起見，他又畫出第二個測量三角，包括他的旅店、如意山，以及港口的燈塔。只有一個問題：如果他要精確進行此一三角測量，就必須在每一處觀測點做角度測量，但身爲一個法國人，如意山城堡是他的禁地，近在眼前，卻偏偏遙不可及。

到了三月中，在特杭蕭協助下，他已經做完旅店、大教堂和燈塔的測量。同時，他顯然說服了如意山指揮官，讓他在之前架設於城堡內的觀測塔待上一天。一七九四年三月十六日星期天，是個有些陰沉的一個春日，梅杉攀上如意山進行最後一次三角測量，而他的數百名公民同胞就在下方的監獄裡備受折磨。測量完，他回到旅店進行計算[21]。

這些數目很快就核算完畢，根據這些三角測量，如意山位於旅店南方五十九・六秒、也就是一・一英里處。拿這個距離來比較兩個地方的緯度測量，只需要用到簡單的減法。將金泉旅店的緯度平均值（四十一度二十二分四十七・九一秒）減掉五十九・六〇秒，其結果應等於他最可靠的如意山緯度數據平均值（四十一度二十一分四十五・一〇秒）。這項計算不要多少時間。

於是，你可以想像，當計算結果短少三・二秒，他有多麼驚恐。這三・二秒並非算在敦克爾克到如意山六百英里長經線弧之中，那只是無足輕重的百分之〇・〇一之差，而是要除以一・一英里長經線弧的路徑，換算成百分之五・四的驚人落差。梅杉不對如意山測量結果**當中**的異常提出合理解釋，如今面對的是高得駭人的異常比例。他在不同地點兩度定出自己的所在緯度，誤差在四十到一百英尺之內，現在卻發現這兩次測量結果相差三百到四百英尺，令他驚駭不已。他一定是在觀測或計算時出了錯。

但，是哪一項呢？哪一組數據是他可以信

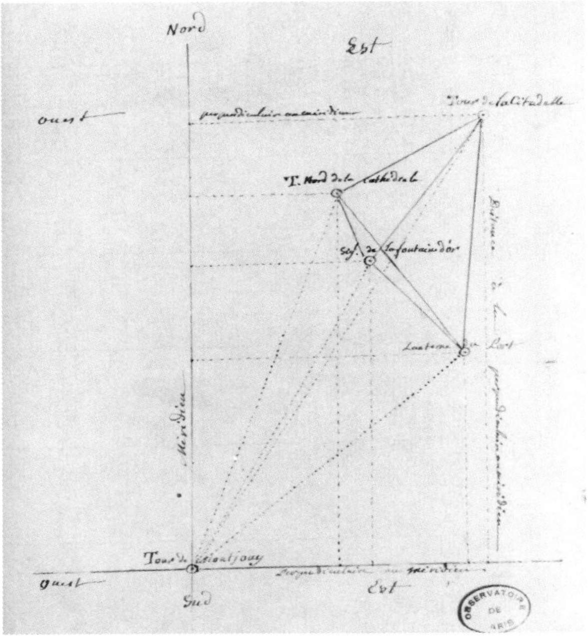

梅杉的巴塞隆納三角測量圖（一七九四年）　這是梅杉為了確認金泉旅店與如意山要塞之間距離所畫的三角測量圖，於一七九四年在巴塞隆納市區內完成，金泉旅店位於菱形中央。梅杉設計了兩個測量三角，涵蓋如意山和他所在旅店：一個用到大教堂的北塔，另一個用到燈塔。

任的呢？最糟糕的是：他早已經把其中一組結果的摘要，也就是如意山那組，寄給巴黎的同事。而他們會希望以此爲據，計算出公尺的長度，這所有人民、所有時代的至高標準。

這就好像他本想給一把史特拉底瓦里名琴調音，卻咯擦一聲折斷了琴頸，他的正直令他陷入危機。他努力打算重振聲名，不料卻令他對自己的能力產生懷疑。是哪裡出了錯？

如果是平常，梅杉會直接回頭登上如意山，在城堡裡做更多次星辰觀測。但現在不是平時，身爲西班牙王室的敵人，他的要塞一日行已經是一次很勉強的例外，不可能再來一次。而且隨著革命軍一天天深入加泰隆尼亞，政治情勢更加緊張。共和國承諾加泰隆尼亞人民可以建立他們自己的「姊妹」共和國，西班牙王室則發起對抗無神論的宗教戰爭。有些巴塞隆納居民支持革命，有些則擾嚷吶喊反對法國的無神論，這可不是法國人在巴塞隆納閒晃的好時機[22]。

況且，現在似乎沒有什麼事會阻止探查隊出發上路了。曾經反對的李加度死了，特杭蕭和葉斯特芬尼渴望回到法國，那是他們職責所在之處，也是他們的同事、朋友與家人所在之處。但梅杉面對著可怕的兩難，他沒有把他的錯誤告訴任何人，連特杭蕭也沒說；他要走沒人攔，但他敢丟下爛攤子就走嗎？一旦離開西班牙，他如何能再回到如意山？但既然工作已經做完，他有什麼理由滯留在外，尤其是一個敵對國家？他怕會讓別人以爲他已決定移民，就算只是謠言，也可能會讓巴黎當局停掉他的薪水、監禁他的家人，永遠不准他返回法國。

因此，他聽從西班牙朋友的意見，便拿到前往中立國義大利的通行證，由於表面看來並不啓人疑竇，因而無須把他要離開一事告知拉于尼翁將軍。五月下旬，在加泰隆尼亞待了兩年之後，梅杉訂到開往熱那亞的威尼斯船船票，熱那亞是最靠近法國邊界的義大利城市。然而，對於一個凡事總往壞處想的人來說，梅杉還眞是會惹禍上身，他的悲觀並沒有保護他。五月二十五日，就在他把貴重的複讀儀搬到停泊在巴塞隆納港的船上三天後，一道閃電擊中了船桅，炸開裝運複讀儀的木箱，把一部儀器的底座燒成焦炭，複讀儀本身看來並無損傷。不過，以此作爲加泰隆尼亞對他們的最後致敬，倒也合適。他們在六月四日啓航[23]。

巴黎方面對這些事件一無所知。在巴黎，人人都認定梅杉已遭西班牙將軍拘禁（說不定是爲了挾帶要塞平面圖出境）。他自己在家書中寫到他被「不公正地拘禁」在巴塞隆納，也抱怨自己困在「牢籠之中」，這些比喻性用詞甚至有些誇張，梅杉在此期間一直都舒舒服服地賃居於金泉旅店；但他的同事傳給迪戈米耶將軍的訊息是：這位法國天文學家被強制拘留。六月中，在梅杉啓航前往義大利的兩星期後，迪戈米耶寫了一封義憤塡膺的信給敵軍指揮官，也就是信仰虔誠的青年將軍拉于尼翁，要求釋放這名法國人。「奉法蘭西共和國之名，共和國庇護各國科學才士，對於本國科學才士所遭受之暴行，亦必有報復之道，基於技術施用之自由在任何時代、任何國家都應受到尊重，我藉此機會要求您釋放梅杉公民及其兩名同事，他們肩負經線測量任務，在您的前任或您的命令下遭拘禁於巴塞隆納。」這位共和國將軍認爲，他要給這個野蠻的君主派份子上的還不只這一課。「科學才士不應被視爲軍人，」迪戈米耶寫道，「也不應被當成軍人來對待。和平技術與戰爭無關，而除非您想要不合常理地違犯這些連最不開化的民族亦奉爲圭臬之慣例，否則不該拒絕讓他及其夥伴恢復自由、返回故國[24]。」他堅持，梅杉的任務「在世界各地都必須受到尊重」[25]。

關於梅杉人在何處，拉于尼翁將軍所知道的並不比法國人多，但他知道他的名譽已經受到詆毀。他絕不會阻礙人類知識的進展，也不會因爲強留一名無辜平民而辱及自己的名聲。「如果梅杉宣稱他在西班牙政府或我本人的命令下被監禁，我在世人眼中將被當成是江湖騙子，」他的回信裡這麼寫著。接著，他又加上幾句，含蓄地非難不信神的法國人。他聲稱自己和其他同胞一樣，「不僅欣賞梅杉的知識，也欣賞他的高尚德行」[26]，但爲了避免其德行未獲人識，他私下提醒巴塞隆納長官安置梅杉時要顧及其體面，並提供他財務上的協助。當然，此時梅杉離開西班牙已有數月。

那年秋天，費格雷斯包圍戰達到最高潮。迪戈米耶將軍於十一月十七日戰死於此地，就在他視察即將到來的勝利時，被一枚砲彈炸死。「迪戈米耶死於光榮的戰場上，」公報上這麼寫著，「他要的是復仇，而非淚水。」三天後，拉于尼翁將軍隨他之後步入死地，在一波死傷慘重的法軍攻勢中被兩顆火槍子彈所殺[27]。法國人把西班牙人趕出布耶諾上尉的塔樓所在的山頭，迫使費格雷斯投降，並向東朝海岸推進。然而，他們很快就被自己的勝利擊垮。他們的補給線跟不上來，有愈來愈多的人開小差。兩國開始進行正式的停戰協議，並在一七九五年七月簽署「巴爾條約」，讓邊界回復戰前所在的模糊位置。但在那之前，梅杉還看不出有重返如意山的希望。

第五章　精打細算的民族

有時候，某些一致性的觀念會獲得偉大心靈的青睞（如查理曼大帝），但無一不打擊心胸狹隘之輩。他們在其中找到一種他們認得的完美，因為，想不發覺到這種完美，是不可能的事：商業上要採同一組度量衡標準，一國之內要施行同一套法律，全世界要信同一種宗教。但一致就必定為全體適用、毫無例外嗎[1]？

——孟德斯鳩，《法意》，一七五〇年

此章替孟德斯鳩博得所有偏見人士寵愛……一致、規律的觀念討所有心靈的歡心，特別是正直的心靈……會討厭統一度量標準的，只有那些煩惱訴訟案件減少的律師，還有那些擔心因商業交易簡便而無利可圖的貿易商……一個好的法律，應該使所有人受益，如同〔幾何上的〕真命題對所有人皆為真[2]。

——孔多塞，《評〈法意〉》，一七九三年

德朗柏受阻於半途，梅杉則身陷敵後；就像吊橋在兩端橋柱立好後遭到廢棄，經線測繪執行到一半被中止，在兩個橋柱間留下半個法國長的跨距沒有建好。這不是革命政府領導人所關心的，他們視經線弧爲一座紀念碑，紀念一場徒勞無功。既然他們手上已經有了暫行公尺，大可讓未完工的經線測繪就這麼擺著，當成自以爲是的一件科學荒唐事。對他們來說，有待戮力者不在於把誤差範圍壓縮得愈來愈小，而在於如何將公制的好處帶給平民大眾。這意味著要讓兩千五百萬法國男女人手一支公尺棒。

然而，當一七九四年七月一日強制採用公制之日來臨，革命政府所製作的公尺棒還不到一千支，而且沒有半個法國公民在使用新制，連基層官員在向獨攬大權的公共安全委員會回報時，還是用舊的度量單位來撰寫報告，令中央政府根本不可能監控穀物供應。金丘普里鄂及委員會其他成員懇求下屬用新的公制執行國家公務，同時痛斥封建時代五花八門的度量單位是未開化的王朝遺毒。他們大吐苦水：《陳情書》中強烈請求進行公制改革的人們，爲何突然變得對採納公制如此不情不願[3]？

要是政治家與科學才士們不刻意漠視度量單位在王朝時期的意義，並想想他們所強求的改變之深遠巨大，此一弔詭便不會如此出人意外。現代的度量制讓物品可以用抽象、可公度（可用同一種標準相比的）的單位來描述，而這些單位都與一絕對標準有關，當時的法國人試圖要建立的新公制是如此，美國今天仍在使用的非公制英美度量單位也是如此。這兩種制度的度量標準固定不變，不論物品是在何處度量、用的是何種度量儀器。公尺就是公尺，如同英尺就是英尺，磅就是磅，而公斤就是公斤。其他物品也都可以參照這些單位加以描述。這些標準的最終保證者是一個保有精確標準的國家或國際機構，或是一批監督人員，標準制定後，這些監督人員鮮少再現身，因爲他們已將其監督職責內建於我們日常使用的度量儀器之中：尺、秤、有刻度的量筒、鐘或儀表，只有在極具爭議的情況下，監督人員才不得不實際檢測這些刻度，在此之前，我們信任這些儀器。這種形式的度量標準適合我們的現代經濟：時空遠隔的買賣雙方進行不打交道的交易，而且很確定他們的度量單位是可公度的。

相較之下，王朝時期的度量標準與被度量的物品、進行度量的社區之習俗密不可分。這些度量標準不是由不在地的官僚頒制，而是由當地人訂定，而這些人要向他們的鄰居負責這些標準的公平性。對每天使用這些度量單位的農民、工匠、商店老闆和顧客來說，這些五花八門的度量單位絕非不理性或不自然，反倒是合情合理。

首先，王朝時期的每一項度量條例都涉及某一具體的實物標準，此一標準是由地方人士掌管，並由地方官員看守。比方說，某一城鎮的建材長度單位可能是以一根嵌在該鎮市場牆上的鐵噚爲準；地方上的麵包重量單位可能是依據保存在該地區麵包師公會會館的一塊標準磅而來；該區的穀物量器可能是翻造自領主城堡裡所保管的一具標準蒲式耳；而一地葡萄酒量器的鼻祖，可能是擁有該片葡萄園的修道院地窖裡所收藏的一個標準酒桶。施行這些標準以確保市場上所進行的交易公正無欺，是地方官員的職責，包括這些市政委員、公會師傅、領主與修道院院長，而他們則有權收取一小筆費用，回報他們所提供的服務。

不只實物標準因社區而異，度量的方式也視當地習俗而定。某一區是把量器裡的穀物堆得尖尖來量，另一區則是先把穀物抹平再量，還有一個社區則是先敲敲量器，好讓裡頭的東西緊實些。連穀物要從多高倒進容器，都要依照習俗的規定，因爲容器裡的穀物一經碰觸就可能會變緊實，輕輕推一下可能就會改變蒲式耳裡的穀物總量，對那些以實物繳稅或批發買賣糧食的人來說，也就是絕大多數的法國民眾，其間差異非同小可。同樣的，一般來說，量布用的尺與當地織布機的寬度相等，如此一來，隨手摺一個三角形就能量出一平方尺大小的織品。另一種量一尺布的方式，則是由店老闆把布從他的鼻子拉到伸直的手臂，外加大拇指的長度「算是奉送」[4]。在王朝時期，數量多寡與習俗慣例關係密切。

這意味著度量標準還有爭辯、討價還價和改變的空間，但要得到當地社區的同意。的確，在許多地方，當地人們稱之爲「蒲式耳」的分量，經過領主與佃農對其「眞正」之量爭辯多年後，確實有所變化，隨之而來的，還有恰當的稅賦水平與公道的糧食價格，各地度量單位可說是鮮活地記錄了社群內部不斷變動的權力平衡關係。外人當然搞不懂這些度量單位，但當地的買賣雙方可都一清二

拉昂的王朝時期度量單位　拉昂市，梅杉的出生地，革命前的度量標準仍嵌在市政廳拱門內牆上。這些是王朝時期最後一批度量單位，至今仍留在原處者。由左至右爲：T字形工具用來量桶子大小，兩個長方形是用來量磚塊（上）和屋瓦（下）的模型，而I字形工具是量布用的尺（一厄爾，約三英尺長）。

楚，這就是度量單位各地不同的主要好處之一——讓外人不得其門而入。各不相同的度量單位保護小鎮店家的生意不被大城市的商人搶走，至少迫使大城市的商人得先付出等於是入場費的代價，才能進入當地市場。工匠公會掌管自己的度量單位，這麼一來，他們就可以用獨一無二的方式定義其貨品、辨識闖入者，以代價慘重的訴訟把這些闖入者逐出商場。當時的槍砲工匠和女帽裁縫，就像今天的電腦工業；控制度量標準，就是控制經濟生活的規則，而在王朝時期，每個地方的度量標準都是針對當地而設。但在此種因地而異的現象底下，存在著王朝時期度量標準的更深層意涵。

王朝時期許多度量單位的起源，特別是那些與生產活動相關的單位，都有著源自於人類需求、人類利益的人體測量意涵。這並非表示度量單位直接反映人類身體的尺寸，比方說，尺這個字的原意，就是國王御足的大小，或是人腳平均長度；而是說，王朝時期許多度量單位反映了一個人在既定時間內所能完成的勞動量，例如，在法國某個地區，煤是用相當於一名礦工每日產出十二分之一的「載量」來度量。耕地往往以「人力」或「天數」爲度量單位，說明一名農夫在一天內可以耕種或收割的土地大小。還有些單位則表現出當地人對價值或品質的評價，例如，一塊耕地的面積也可以用蒲式耳來度量，也就是說，可以把一塊地換算成在那塊田地上可以播多少蒲式耳的穀物種子。即使在某些地區，土地面積表面上是以「亞龐」（相當於二十到五十英畝）這種代表若干平方英尺的單位來度量，實際上還是會因田地種類及其土質而有所不同；比方說，以亞龐爲單位來度量的牧地，往往按照田地的最佳用途，區分成五個不同等級。有些在官方文書敘述中以亞龐爲單位的地產，實際上是以「天」數來分，而這種分法不能按其抽象的土地面積相互比較[5]。

經濟史學家庫拉曾指出，這些人體測量單位所反映的，正是那些耕種土地或製造貨品的人之首要考量。即使某位農民所持有土地的實際面積雖然比鄰居的「五蒲式耳」地小，但因爲所處坡度平緩，而且土壤肥沃，可以撒上六蒲式耳的種子，所以他很可能會發現，用「六蒲式耳」來表達他在這塊地上的獲利情形，要比抽象的土地面積更貼近實情。況且，這些度量單位不只表達土地的價值，也指點出耕種的準則，並訂出成例，限制地主對勞役的搾取。比方說，當一個工頭雇用四個農民採收一處八個「工作天」大的葡萄園，工人們知道自己不應接受每人少於兩天工資的條件；如果他們這組只有三個農民，他們也不幹。就此涵義而言，王朝時期的人體測量單位發揮了控制生產力的作用，甚至掩蓋了這個合理的觀念：生產力是一種可以測量的價值[6]。

正是爲了這個理由，有些十八世紀的地主開始以幾何單位而非勞力單位，勘測地產、繪製地圖。他們雇用測量員，這些人有辦法「將這些有缺陷的度量單位全都安排妥當，這麼一來，不管在哪個地區，這些度量單位都被調整成杆、碼或英尺」[7]。這些地主希望以新的面積單位爲配備，隨時監控生產力，將所有收益占爲己有。對此一具有效率概念的新型態地主農寄予厚望的是「重農主義者」，這個改革團體對法國王室官員頗具影響力，也被稱爲「經濟學者」，最先研究應用這門憂鬱的科學（憂鬱的科學指的是經濟學或政治經濟學，是十九世紀蘇格蘭歷史學家卡萊爾所創的名稱）。重農主義者鼓吹農業改革與自由貿易，視之爲提升生活水平的關鍵所在，他們和歷來的經濟史學家一樣，已經花費很多功夫在確認法國生產力有沒有上升[8]。不幸的是，在法國許多地方，這個問題根本是無從答起，因爲在將人體測量單位轉換爲現代度量單位的過程中，王朝時期用以定義生產力的資訊也隨之消除。當英國頂尖農學家開始評估一七八〇年代的法國農業，他發現，他不能信任公文書上所列的官方度量單位。

讀者底下將會看到，法國度量單位的名稱幾乎是無窮無盡，而且沒有任何可供參考的共通標準……唯一還算共通且多少可信的線索，是從播種量而來……這種調查不該在大城市的辦事處裡進行；書和報紙不會提供所需資訊；調查者必須穿州過省，不然就算置身四壁萬卷書冊中仍然毫無所知[9]。

即使是由「亟欲增產」的地主所雇用的測量人員，也被這種把土地轉換爲可用面積單位表示之生產元素的要求給嚇壞了。他們警告雇主，就田地的實際分割而言，「最好還是遵循種田人的做法」[10]，因爲這些土地與商品的人體測量單位，是工匠、農民、商人與領主長達數個世紀討價還價的結果。這些單位值已制式化且固定下來，而反映出當地社群不同成員之間討價還價的相對實力。於是，如上所述，王朝時期的度量標準表現出該社群對於恰當之社會均勢的看法，而任何企圖以新式度量標準加以取代的做法，都被解讀成是對這種社會平衡的威脅。

無怪乎農民討厭土地測量員，這也是德朗柏與梅杉一路上如此不被信任的原因。他們是某種類型的土地測量員，卻要來取代人體測量單位，而這些單位正是農民經濟的命脈；他們也是爲了施行新的畫分方式而來測量土地。

科學才士們說，新的度量單位是「自然天成」，因爲這些單位是以地球的大小爲基礎。對這些科學才士來說，當一個公制單位的定義可以不用參考人類利益，就是自然天成。他們說，公尺將不受任何的社會交涉或短暫變遷影響，超越任何個別社區或國家的利益。這些人乞靈於大自然，以保證所有人都將同等受惠，因爲沒有任何個人特別受惠。這其中呼應著「正義是盲目的」的理想，指的是正義女神兩手分持天平和劍、雙眼以布蒙住的神話形象，意味著司法無視於受審者何人，全憑手中天平衡量對錯、仗寶劍以行正義。的確，此一啓蒙計畫經常被解讀爲試圖取代人際關係，成爲社會秩序的基礎；取代人際關係而起的，是從自然科學引進、放諸四海而皆準的公制度量單位，藉此，說不定就能對社會領域進行不帶感情的客觀分析，以及改進的方案。但王朝時期的人們也認爲他們的度量單位是「自然天成」，因爲這些單位已經融入生活領域的諸多面向，並表現他們的需求、他們的價值觀，以及他們共有的生活歷史。他們的人體測量單位將人推上萬物尺度的崇高地位，並表現出迥異的正義觀，這種正義觀不僅主宰生產勞動的領域，也支配著經濟交易的範疇[11]。

王朝時期是由「公正價格」經濟所支配，基本糧食是採慣例價格販售，而此價格是由地方社區按照該社區大多數人負擔得起的價位來訂定。公正價格的實施靠的是道德約束，最後還有武力威脅作爲後盾；而且「公正價格」經濟的理論還從中世紀經院哲學教條取得正當性，但這並不表示價格被賦予神聖崇高的地位。王朝時期的人們知道，如果買賣雙方不願意交易，生產與消費將會中止，於是，爲了促進生產與交易，公正價格必須反映做生意的成本，除了底下這些重要的例外狀況：當局在饑荒時期得以進行干預、本地人不得對過往旅客或有迫切需要的人亂敲竹槓，還有賣方不得聯手操縱價格[12]。

在這種經濟體系中，五花八門的度量衡標準充當了商業運轉的潤滑劑。當麵包師傅因爲怕引發暴動，不敢收取比「公正價格」高的麵包價格，一遇麵粉成本上漲，爲了維持生計，只好把麵包做得小一點。同樣的伎倆也讓各個修道院得以規避基督教對於牟利行爲的限制：大桶買酒，小桶賣酒，但每一桶價格不變。有時，這麼做可能會遭人指控詐欺，例如一七八八年向里斯克聖母院提出訴願的人抱怨，修道院院長加大了穀物度量單位，他大概只是想在物價飛漲的時代，設法維持自己的收益[13]。

這種經濟的運作方式是王朝時期的官員們所熟悉的，一名政府官員提到，地方上的糧商買糧時用的是一種單位，賣糧時用的是另一種較小的單位（單價相同），藉以從中牟利。但這名官員並不譴責這種做法，他提到，這樣做促進了該地區的商業活動，因爲想漲價的話，就得冒著干犯眾怒的風險。某省議會在一七八八年提出警告：「建立統一的度量單位，將葬送此一類型的商業，同時也毀掉數不清的小市場，這些市場只能靠著這些度量單位的差異來維持，雖然這些市場無足輕重，卻也供應了鄰近消費人口的需求」[14]。

在王朝時期的許多城鎮，官員們自己就擔當「公正中間人」的角色，他們在買賣雙方之間調停，給麵包、肉、葡萄酒和啤酒這些不可或缺的食物訂出公正價格。的確，以這種方式監督經濟活動，是好國王的責任之一，也是爲其統治的正當性辯護的主要說詞之一。一般而言，地方官員在定價時都會把市場形勢納入考量；比方說，麵包價格是由價目表決定，這些數字表格從當時的小麥市價換算出一條指定品級（白麵包、黑麵包、次級麵包等等）四磅麵包的公正價格。在大城鎮裡，這些價目表是由市政委員和麵包師傅合力制定，他們一起評估碾磨麵粉和烘焙麵包的成本，還有開店的成本，同時也確保麵包師傅有一份還算不錯的收益。不過，從某方面來看，這些管制價格太過「僵化」，因爲麵包師傅無法調整他們的售價，以配合每天小麥成本的波動。麵包師傅也傾向於採取整十、整百的數目來訂定他們的售價，因爲小額硬幣一直都不夠用。不能調整定價，於是麵包師傅就改變麵包的重量，或減少其中的材料。這種做法並不合法，但就算消費者知道這些情況，通常也都加以容忍，只要每個人都還買得起「一磅」的麵包就好。公平比效率更要緊，但在饑荒時期，任何漲價的意圖或麵包過分「減料」，都可能會引發暴動。但價格並非王朝經濟最重要的變項，而只是許多變項中的一個，這些變項包括數量、品質、生產成本和地方習俗[15]。

簡言之，五花八門的舊制度量衡標準絕非不理性、不自然，反倒構成了王朝經濟的骨幹，這些度量單位不僅定義了一種別具特色的經濟，也定義人的一種類型。今天我們假定「市場」是由無數一對一私人交易集合而成，這些交易的總和則決定了價格。我們可以稱之爲市場**原理**。在王朝經濟運作所依循的想法中，市場則是一處**地點**，我們可以想像成是一種街市或村落趕集，買賣雙方聚集在這個公開場合，在第三者的監視下進行交易。這第三者，通常是國王、市政委員、當地領主或鄰近修道院院長等人派出的使者，確保窮人不會挨餓，生產者所花的功夫也能得到公平的回報，作爲對這些交易課稅的正當性基礎。因此，除了給農民和工匠提供便利的準則評估其土地和勞動的價值之外，王朝時期的度量衡標準也提供商店主和消費者某種保證，保證他們的市場交易公平。

就此一脈絡而言，法國科學才士改良度量衡標準的方案，是革命性的決裂，遠比像英美制單位轉換爲公制所涉及的那種轉換更爲激進。的確，革命派打算利用公制，把支撐舊日公正價格經濟的那些前提預設連根拔除。他們的目的是讓生產力成爲衡量經濟進步的可見尺度，並讓價格成爲商業交易中最重要的變項。他們視公制改革爲現代**經濟人**的教育養成中關鍵的一步。

爲此，科學院在一七九三年提議幣制採行十進位分法，好讓幣值也奠基於新的公制重量單位上。科學院提議，一法郎應等於〇．〇一公克黃金，「如此一來，所有度量衡和貨幣都用到一個獨一無二且根本性的基礎：四分之一圈的地球經線」[16]。科學除了定義數量的尺度，還定義了經濟價值的尺度，藉此提供理性經濟一個牢固的基礎。一七九四年十二月七日公告的新法郎與舊里佛等值，現在一法郎可分成一百分錢；構想出此一合理性政策的，正是推動公制改革的同一批科學才士和政治人物：拉瓦榭、孔多塞和金丘普里鄂。

拉瓦榭不只是全世界首屈一指的化學家，也是王朝時期的「包稅人」之一，這些金融家爲國王收稅，並從中分得可觀的一份，以酬報他們的辛勞。這份差事讓他成爲法國巨富之一，也招來數百萬法國平民男女的憎恨。然而，且不論其收入來源，拉瓦榭倒是表態支持重農主義派的自由放任政策，也支持取消王朝時期的諸多稅捐，包括有形和無形的稅。長期以來，他一直苦思管理國家經濟的最佳方式，而他在這方面的思考與他對化學的認識有密切關係。他那玄妙高深的理論——「物質既非創造而成，也無法毀滅，它所經歷的唯有變化而已」，使他那門年輕科學必須接受精確度量，不然這位化學家又如何能知道物質是否守恆？如果化學反應式乃是對物質世界的新思考模式，那麼，經過精細調校的天平，便是此種思考方式終於開花結果的明證。新商品、生產力和利潤，都得靠細心的帳目簿記；經濟交易如同化學變化，應以放諸四海而皆準的單位加以度量，好讓交易透明、買賣雙方對於正在進行的交易掌握相同的資訊。這樣的交易也讓中央集權國家比較容易監控交易公平性，當然也比較容易進行課稅，他提到，少了貨幣十進位制，「公制的推行就白費力氣了」[17]。

孔多塞，除了科學院終身祕書長的職務外，還擔任皇家鑄幣局局長；他一方面致力於數學化社會科學，同時也是法國頂尖的政治經濟學家之一。在孔多塞看來，經濟進步與政治進步是攜手並進的。他大概是史上最偉大的樂觀主義者，他的目標是透過教育普及計畫，以及一門能使人類法律合乎社會需求的新社會科學，來調和自由、平等與物質福祉。對孔多塞來說，自然法則處處皆同，意味著大雜燴的人類法律必須與普世原則一致。法典簡化爲基本條文，讓所有能讀能寫的男女都看得懂法律，這將削弱那些掌權者對無權無勢者的不公平優勢，提供公平的資訊管道給所有公民，他們便都有能力掌控自身的命運。孔多塞曾經想像過一種方案，是以一種十進位系統將所有知識分門別類，這是「杜威十進制分類法」的先驅之一；更偉大的是，他想像以一種通用符號語言取代所有的邏輯思考形式，大概就像是以代數來表示數學。這種語言不僅可以用於邏輯關係，也可用於社會關係，它「帶給人類理智涵括的所有對象一種嚴密與精確，而這將使得眞理易於獲知、謬誤幾無可能」[18]。

孔多塞認爲，公制是完成這種新的物質對象通用語言的第一步。公制與法國幣制改革結合，將使經濟關係有效率，而如此一來，又會促進政治平等與自由。「這將確保所有公民日後在那些與他們自身利益有關的計算上，都不用仰賴他人；因爲，沒有這種獨立能力，公民們便無法享有平等的權利……也無法眞正自由……」[19]

至於金丘普里鄂，他有工程師追求最佳化的癖好，加上他當官後，喜歡看到文件謄錄整齊——這是轉個彎說他深信當時的陳腔濫調。普里鄂比拉瓦榭和孔多塞都要年輕，而聰明才智和他們完全沒得比。在王朝時期，他原本是個不起眼的軍事工程師：學非所用、有點害羞、瘸了一條腿，公開演講讓他渾身不自在、從小就是媽媽的寶貝兒子、愛上有夫之婦、有紮實的數學訓練，其抱負是要讓整個世界合理化，不太算是個原創思想家。但公共安全委員會的新職，讓他有呼風喚雨的本事。

普里鄂相信，統一的度量單位會讓法國成爲偉大的國家，由中央治理不受阻礙，經由貿易而全國一統。公制將把法國轉變成「一個廣大市場，各地皆以過剩物資進行交易」[20]。公制將使交易「直接、健全且快速」，減少

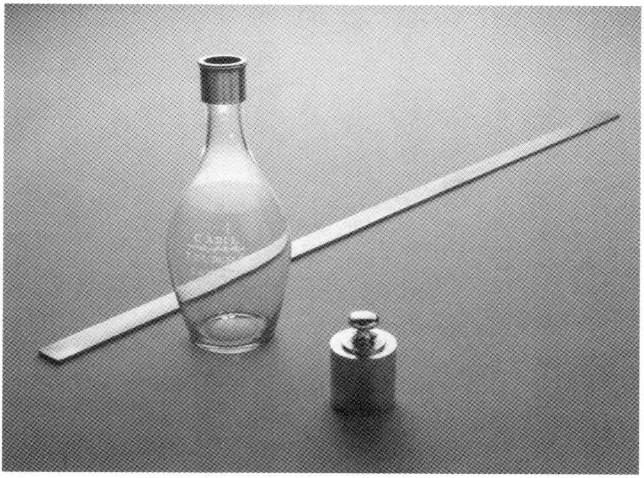

公尺棒、「卡迪」和「格拉夫」法碼　這根公尺棒是一七九三年官方的暫行公尺，按舊制巴黎單位爲四四三．四四法分，是由勒諾瓦以銅打造而成。「卡迪」是一七九五年之前的公升舊稱。格拉夫爲公斤的舊稱，當時定義爲一立方公寸的水在冰點時的重量。根據一七九九年定案的公斤定義：公克所依據的是一立方公分水當其密度最大時之溫度（大約攝氏四度）。

阻礙商業運轉的「摩擦」，這些摩擦包括隱瞞貨品眞正價格的任何因素，像是王朝時期多變的度量單位。普里鄂主張，貨品價格與許多因素有必然關係：稀少程度、產製貨品所需勞動、產品品質。總之，價格無論爲何，應該獲得人們一致同意，這意味著當人們同意某一價格，他們必須知道自己得到的是什麼，而且他們也不要被交易物品數量偷偷改變所阻礙。那些聲稱度量單位差異有助於商業活動的人，其實講的是他們個人的利益。他寫道：「法蘭西共和國再也無法容忍那些靠裝神弄鬼混飯吃的人[21]。」更糟的是，那些從五花八門的度量單位中得利的人，「把商業活動弄得錯綜複雜、破壞了信用，並在各國之間散播謬見與詭計」，使得那些想要老老實實從事透明交易的人也跟著變壞。在商業買賣能童叟無欺之前，一般人仍然會懷疑自由貿易能帶來什麼好處。除非價格是交易中的唯一變項，否則的話，這些交易就得以交易各方對彼此的了解爲基礎[22]。

這種關於經濟事務的新形式「正確思考」所得到的教訓，來自於公制度量衡標準本身。人民的新尺度將是他們每天在用的尺度，而合理化的度量單位會催生理性的公民。

> 如果我們希望人們的行為，乃至他們的想法稍具條理，就必須讓他們能夠在身邊周遭的一切看得到這種條理的成例……因此，我們可以把公制看成是一種極佳的教育方法，把它引入那些招致最嚴重失序與混亂的社會制度中。即使是在這方面接觸最少的心靈，只要他們一開始認識，就會有所體會。在所有公民隨時可見、隨手可及的物品當中，就會有所顯現[23]。

到今天，這些觀念有許多被視爲理所當然，不言自明，但就像許多事物表面上看來尋常無奇，背後卻隱藏著一段劇烈爭執的歷史。事實證明，得耗費很大的力氣，而且要經歷超過一世紀的鬥爭與衝突，才能讓度量標準成爲無須多言之事。

舉例來說，這些改革者全都預設某件易於被我們遺忘之事：自由貿易必須由國家行動來促成。或許正如亞當．斯密所教誨的，不管在哪裡，人們天生都想要「做買賣」，但新建立的法蘭西共和國領導人明白，「自由市場」是完全不同的東西，需要一套新的社會制度。公制的倡議者希望有一個強而有力的國家機器，**以及**獲准參與國家政治與經濟事務的自由公民。爲了化解此一顯而易見的矛盾，他們想要把他們的公民同胞改造成精打細算的民族。十八世紀的法國科學才士、工程師和官員們原本就是一流的計算者，他們能爬到今天的地位，主要就是靠著自己的數學長才。他們只不過是希望法國人民變得更像他們。

和今天全球化的擁護者一樣，公制的擁護者視同時創造出一種新經濟，和一種激進的新政治爲其目標。這並不是說這些科學才士是天生的革命家，十八世紀的法國科學才士，和那些同樣心懷忐忑步入新時代的律師、金融家和軍事家一樣，喜歡他們在王朝時期的安逸生活，他們無可抱怨。革命前造訪巴黎的外國科學才士常會帶著渴望的語氣，談論他們的法國同行如何受到大貴族和重臣的尊重。科學才士受到賞識，對於每日的例行工作，他們也樂在其中。但正是他們的例行工作，掩蓋了一個根本的前提，給科學家一個再造世界的機會，誰知道之後還能剩下什麼人？什麼樣的人類習性可以逃得過邏輯之刃？什麼樣的社會制度能向數學證明它的正當性？什麼樣的古代習俗經得起精密的化驗分析？公制屬於法國大革命這一支激進血統，試圖消除所有地方特色，以待一個每件事物在每個地方都相同的未來，就像今天對全球化的批評指稱，資訊時代將抹消世界各地的所有文化差異。公制乃物質世界之新語言，而正如革命派以語言統一及理性溝通之名，試圖消滅法國各種方言的多樣性，包括眾多的地區語言和土話，科學才士們也夢想著要把他們的公制語言，延伸到所有的科學及公共生活領域之中[24]。

第一個需要對付的是「時間」，大革命已在人類歷史上標誌一個新開端。教宗格勒哥里十三世於一五八二年頒定的格勒哥

革命「萬年曆」　這份一七九七年的年曆讓使用者用以換算革命日制與格勒哥里日制。革命曆出現於一七九三年十月，一開始便是紀元二年。這套曆法早在紀元十四年便遭廢止，趕在一八〇六年一月起算新曆。

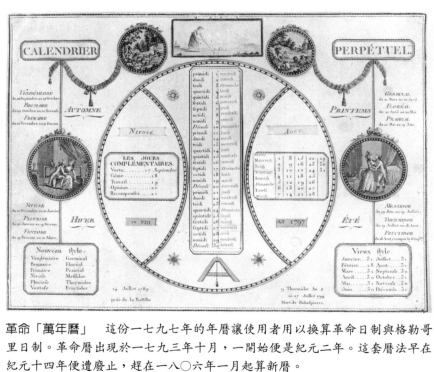

里曆法，即目前世界通用的公元曆，將一年當中的節氣變化與天主教聖日相結合，而世俗的共和國需要一部以自然和理性爲基礎的曆法，不過，兩部曆法分道揚鑣的確切時間尚有爭議。是一七八九年一月一日、如此具有解放意義的一年之始？還是一七八九年七月十四日、巴士底獄陷落之日？兩個起算日，還有其他諸多日子，都有人提議。一直到一七九三年，數學家出身的政治家侯姆，根據他的朋友拉蘭德建議，定出一個解決辦法。新紀元的元年將回溯到法蘭西共和國建國的一七九二年九月二十二日，這一天恰好是秋分，自然與理性結合的大吉之日。「是以，太陽同時照耀兩極，並接續著照耀整個地球；而在同一天，終有一天照耀全人類的自由之火，頭一次以其純粹的成分，照亮法國[25]。」這套曆法有十二個月，每個月三十天，各月份依其季節取了詩意的名稱。

葡月	九～十月	芽月	三～四月
霧月	十～十一月	花月	四～五月
霜月	十一～十二月	牧月	五～六月
雪月	十二～一月	穫月	六～七月
雨月	一～二月	熱月	七～八月
風月	二～三月	果月	八～九月

接著，每個月分成三個星期，一星期有十天，稱之爲旬；不再有禮拜日，不再有聖徒節。國

家節慶紀念的是歷次革命起義周年，加上五天（閏年有六天）節慶之最的**無套褲漢日**，以確保每一個新年都是從秋分日開始。拉蘭德寫道，共和的創建最想要成就的，就是打破教士對他們那些迷信的愚夫愚婦的掌控。然而他也承認，一般人可能會覺得一星期十天稍微久了點，因此提議設一個期中假日，也就是旬五日（旬五日即一旬之中的第五天。革命曆一星期〔旬〕的十天依時序名之為旬一日、旬二日、旬三日……旬九日、旬日，也是休息日），以確保革命曆和革命本身受人歡迎[26]。

曆法既然都被改造了，合理化論者又開始討論：何不把一天分成十小時、一小時分成一百分鐘？紀元二年霧月十一日（一七九三年十一月一日）通過的法律便是如此頒訂。幹練的鐘錶匠所設計的鐘錶樣型，中午時指到「五點鐘」，午夜時指到「十點鐘」。像拉普拉斯就調整了他的懷錶錶面，以顯示十進制時間[27]。

改造為什麼只限「時間」？為什麼只因古代巴比倫人把圓分成三百六十度，我們就跟著這麼做？四百度的圓（直角一百度）不只會讓計算比較簡單，還能整合天文學與航海術。當四分之一圈經線弧

十進制鐘　一七九四到九五年間，法國政府一度採用十進制鐘，把一天分成十小時，一小時有一百分鐘，一分鐘有一百秒。在所有不受歡迎的公制相關改變中，這項最不得人心。有些思想前進者如拉普拉斯之輩，便按照這項規定，把他們的舊制懷錶做了修改。杜伊勒利宮有一座鐘，一直到一八〇一年都還保持十進制時間，但除此之外，沒人理會十進制時間。

爲一千萬公尺長，則每一緯度有一百公里[28]。這將使地圖簡化，對水手們有所幫助。爲彰顯公制的一貫性，勒諾瓦早就把他爲德朗柏與梅杉而製的複讀儀畫分成四百度，而非三百六十度。新的角度分法需要有新的三角函數表和對數表，但這些表的製作也可加以合理化。把複雜的算式拆成一連串簡單的算術步驟，科學才士可以把工作分給幾個技巧還算可以的「計算師」，就像是一間生產數學結果的工廠。孔多塞提議雇用聾啞學校畢業生，因爲比起其他人，這些人比較不會在工作時分心。結果，科學才士們雇用了失業的假髮工人，這些人因爲貴族髮型在大革命中遭受抨擊而失去工作。這部受亞當．斯密啓發，並成爲英國數學家巴貝奇靈感來源的集體人腦計算器，預兆了我們今天的資訊經濟：通用的度量單位、一目了然的數字和心智勞動分工[29]。

孔多塞與拉瓦榭所擔當的職位，正可推動公制改革，至少一開始是這樣。孔多塞身爲科學院終身祕書長，是這個團體的代言人；他也被選爲國民公會代表，成爲婦女、猶太人和黑人平權的主要支持者；他極力主張全法國的兒童都應接受公立教育；他相信，美德永遠和理性相連。這些見解也爲他樹敵，特別是在雅各賓黨掌權時期，嚴格來講，雅各賓黨人並不是反對這些目標，而是看不起他追求這些目標所採用的蓄意手段。當公共安全委員會譴責孔多塞及其政治盟友時，他跑去躲了起來，他在藏匿之處撰寫他那本宣揚烏托邦主張的偉大小書——《人類心靈進展的歷史圖像速寫》，但他在一七九四年五月逃避死刑而自殺時，尚未完成這本小書。

雖然拉瓦榭在新共和國沒有正式的政治地位，但他還是有相當大的權力可以提倡公制。拉瓦榭是科學院的財務主管，掌控經線探查任務的開支。身爲巴黎最出色沙龍之一的贊助人，他在瑪德蓮大道作東舉行晚宴，科學菁英們可以在那裡充分討論政策，並爭取政治結盟。拉瓦榭認得每一個人，而且不管到哪裡都受人尊重。他爲參與公制工作的科學才士和儀器工匠爭取到豁免兵役徵召，包括德朗柏、梅杉和他們的助手。他訂出質量的標準，定義爲一立方公分蒸餾水在冰的熔點溫度下的重量。他的這些實驗正在收尾時，公共安全委員會把他、連同其他的包稅人關進「自由門」監獄[30]。

曾經爲受傷的梅杉何去何從而擔憂的拉瓦榭，如今發現他自己也需要有人來保護。波爾達勇敢地寫信給革命當局，要求釋放拉瓦榭，好讓他能繼續他的公制任務。拉瓦榭曾經拿進行中的公制改革計畫，作爲保留科學院的主要論據（但徒勞無功），現在，他的同事則拿他在公制改革中的任務，作爲饒他一命的主要理由。公共安全委員會的回應是把波爾達逐出度量衡委員會，一同被逐出的還有德朗柏、拉普拉斯及其他幾個人，而簽署免職令的是金丘普里鄂[31]。

先前這幾年，普里鄂一直是拉瓦榭家中的常客，全國最偉大的科學心靈在此聚首共進晚餐，反覆討論新的公制細節。談論的話題常會轉到政治上，而在場最年輕且非科學名流的普里鄂，常常發現自己孤軍爲革命政府辯護，而他正是革命政府中的新秀。談話因而熱烈起來，這些人都是有話直說，有時，普里鄂的觀點受到嘲笑，而根據德朗柏的說法，自尊受此貶損，正是普里鄂對前輩科學才士的宿怨之由。「結果，他對拉瓦榭和他的同事如波爾達懷恨在心……這些人在爭論之中表現得最富熱情，最有活力，談吐最風趣[32]。」當然，在普里鄂自己看來，他只是採取行動讓度量衡委員會「重生」。他取消了多此一舉的經線探查任務，好讓政府能專注於更爲重要的任務上，也就是公制的實施。他寫道，任務之中的科學部分已「進行到一種成熟的階段，省思的需求已結束，接著是行動的需求」[33]。行動的時刻已經到來。

那年冬天，拉瓦榭在監獄中受折磨，而折磨他的勢力同樣逼近德朗柏的贊助人達西，這位有錢的金融家也和王朝時期被人憎惡的課稅制度有關連。瑪黑區（此時更名爲武裝者區）的街坊委員會派出兩名官員前往達西在巴黎的住宅，搜查他不忠於國家的證據。屋裡的僕人向他們解釋，達西一家已經搬到鄉下去了，這兩名官員便查封了天堂路一號的這幢住宅。後來到了一七九四年一月二十五日，此時德朗柏剛從奧爾良北上來到達西的鄉間宅邸，達西在此地被捕。沒有任何解釋，但有鑑於達西在王朝時期的地位，也沒有必要做任何解釋了。一星期後，對達西的巴黎宅邸所進行的第二次搜查，找出一盞桌燈，上面刻著法國王室的百合花紋，製作這盞燈的工匠是「奉國王之命」而做[34]。

把其他可能獲罪的證據移出屋外，成了德朗柏義不容辭的責任。花了一星期安撫留在石楠堡的達西家人之後，他駕著那部特別訂製的馬車回到巴黎，付給貝勒和男僕米榭最後一個月的工資，把複讀儀送回勒諾瓦的作坊，並出席街坊委員會。他向他們出示由內政部長簽署的通行證，聲稱他就住在天堂路一號。他還出示文件證明他的身分是共和國的經線測量委員，並向委員會解釋，他需要進入達西宅邸，取回他的任務必須用到的重要天文設備。不用說，他沒提到那個月稍早，他已經因爲「缺乏革命熱情」而被踢出經線探查任務[35]。

表面上，德朗柏的目的是從他的三樓寓所取回自己的論文，並由兩名官員陪同。他一進入房間，就發現他的寫字檯上了鎖，而他忘了帶鑰匙。這讓他可以在一個月後二度進入這幢查封建築。第二回，官員檢查他從寫字檯取出的每一張紙片，包括一張羊皮紙，上面寫著潦草的拉丁文，並有英王喬治三世的簽名。這份文件證明德朗柏是倫敦皇家學會的外國通信會員。這份文件似乎令官員有些不安，還有其他幾張紙上潦草地塗寫一些計算和圖，這些可能是密碼和機密計畫。不過，最後他們還是讓德朗柏拿走這些文件，「沒有發現任何可疑之物」[36]。他後來回憶：「就他們而言，對一個他們認爲與各國國王魚雁往返的人，這是最大的寬容了」[37]。

拉瓦榭就沒有這麼幸運，一七九四年五月八日，他和其他二十七個包稅人一起被處決。正如一位數學家私下對德朗柏吐露的心聲：「他們只一眨眼便砍下那顆頭顱，但再過一百年也不可能產生另一顆能相提並論的腦袋[38]。」

此時，達西已在盧森堡宮監獄待了五個月。起初，情況尚可忍受，犯人可以使用監獄中庭的咖啡廳。但隨著戰事升溫，公共安全委員會壓制不同意見，不管是民粹派或溫和派都一樣。那年夏天，革命法庭判達西死刑，同案還有其他五十名共犯，他們密謀監獄暴動以「重建君主專制政權」。很難想像還有比這群共犯更五花八門的組合了：貴族、麵包師傅，甚至全家大小都到齊。只有一位老酒商和一個十四歲大的男孩逃過死刑，但這個男孩十六歲大的哥哥卻被處死。兩星期後，羅伯斯比在「熱月」反革命期間被送上斷頭台[39]。

贊助人入獄、處死，使德朗柏成爲達西家族主要的保護者。六月，他有達西夫人的授權作爲後盾，重回巴黎的達西家，取回屬於這個家族的各種法律文件。一七九五年一月，他申請取回屋子裡所有屬於他自己的物品，包括天文設備、家具和達西夫人梳妝檯上一幅他的小畫像。這段期間的其他時候，他都遠離巴黎，待在達西家的鄉間宅邸，鄰近石楠堡，後來更名爲自由石楠。同年稍後，達西夫人的兄弟死於熱病，德朗柏保證一有空便會爲他哀泣。不幸接踵而至，令人喘不過氣來[40]。

大革命提供法國科學才士一個千載難逢的機會，可以改寫世界的度量單位，但隨機會而來的，則是相應的風險。執意要以昔日身段對待部屬，他們可能會讓你出糗難堪；貢獻才幹爲國效力，國家可能要你爲自己的發現付出代價；在天文學上出了差錯，可能落得身陷囹圄的下場。

在那個因恐怖統治而聞名於世的炎熱長夏，被逐出度量衡委員會的委員大都隱遁鄉間。波爾達退隱到他的家族莊園，拉普拉斯和他的妻子和兩個小孩躲到巴黎東南方三十六英里的梅倫，卡西尼四世則是以巴黎天文台爲家，並爲了曾經拒絕爲共和國效力而付出代價。革命前的十年間，卡西尼曾雇用三個人當天文學助手，並安排他們住在天文台的院子裡，可以就近接受梅杉和天文台其他人員的指導。現在，這幾個天文學學徒要求享有自由人的權利，包括與他們的老闆平起平坐。當中年紀最大的是一個性情溫和的五十歲修士，名叫努耶，他也擔任天文台的神父。他告訴卡西尼，他想娶自己的女僕爲妻，卡西尼嚇壞了，這兩人原本私交甚篤，從此不相往來。第二個學生是一個在天文學上頗有天分的年輕人，名叫沛尼。有一天，他到革命俱樂部開會，三更半夜喝得醉醺醺回來，拿劍柄猛擊他的老闆房門，叫道：「非宰了卡西尼這個貴族不可[41]！」直鬧到有人將他制服抬上床，幾天後，他寫了一封低聲下氣的信道歉。第三個學生胡耶爾，一個年輕的重騎兵團逃兵，卡西尼加以庇護並訓練，直到他獲得赦免，現在卻成爲其救命恩人的頭號死敵。

這些學徒的怨言，是實驗室裡的新進科學家對前輩永恆的抱怨：他們指控卡西尼把他們的工作成果據爲己有，以他自己的名義發表；他們要求平分功勞、平等酬勞。他們聲稱，天文台台長以「駭人聽聞的專制」，「竊取了他們夜間勞動的果實」。的確，卡西尼大體上承認，他的學生對他交給科學院的報告確有貢獻，但他這話卻說得是一副紆尊降貴的派頭[42]。

然而，在這個顚倒錯亂的時代，這些助手的指控硬是成功。在一個同情他們的政治人物協助下，他們按照平等原則重組天文台人事；科學畢竟是一個講求民主的事業，每一個有抱負的人都可在此施展，沒有任何一位科學才士的地位應該像貴族頭銜一樣經由繼承而得。政府創設了四個「天文台教授」的新職銜，其中一個由卡西尼保有，但其他三個職銜並未授予國內頂尖天文學家——拉蘭德、德朗柏與梅杉，因爲學徒們令當局相信這些科學才士心懷「貴族」情，反而由自己獲得任命[43]。卡西尼薪水減半，沛尼則被選爲第一任輪值台長。遭受這樣的屈辱，卡西尼選擇辭職，結束一百二十年的家族統治；辭職只是讓他的處境更糟，他的學生因此得以將他逐出位於天文台內的寓所。接著，政府奪走他的法國地圖，這是卡西尼家族最大的商業與科學事業，並在卡西尼膽敢對這項竊奪行爲表示抗議時，將他打入大牢。他的學生胡耶爾是街坊革命委員會成員之一，隨即提議把昔日庇護過他的人送上革命法庭，而上革命法庭的人幾乎難逃死刑。天可憐見，委員會否絕了他的提議[44]。

但錯亂的時代會一再翻轉。羅伯斯比一失勢，這些學生教授自己就鬧翻了，胡耶爾突然發覺自己被他的同學攻擊。他在一次太陽觀測時明顯犯錯，產生十秒的誤差，更要命的是，他的結果是僞造的，是以理論上的猜測作爲依據，而非他所聲稱的直接觀測。由於他犯了這項違反科學的罪，當然也因爲他曾加入如今失寵的激進派，胡耶爾在八月二十二日鋃鐺入獄。這就是在危險年代犯科學錯誤的風險。另外兩名學生則邀請以前的老師德朗柏取代胡耶爾，和他們一起擔任天文台教授[45]。

於是，就像政壇一樣，科學界的革命風潮也轉了向。繼羅伯斯比而起的共和派是一群有自覺的溫和派，他們藉由恢復法國科學機構來表功。他們模仿英國的經度委員會，在一七九五年六月設立一個新機構——經度局，幫法國對抗英國的商業與海上優勢。經度局是巴黎天文台的上級機關，並延聘法國最優秀的科學才士，包括拉蘭德、拉普拉斯、勒讓德和波爾達，加上德朗柏與梅杉。接著，他們重開科學院，併入新的國家研究院，幾乎所有還活著的院士，包括德朗柏與梅杉，都在研究院裡復其舊職[46]。

現在自由的是卡西尼，在牢裡受折磨的是胡耶爾，但兩人都沒有在科學上找到救贖。當胡耶爾終於獲釋，只有拉蘭德願意會他作保，胡耶爾最後的事業是國家彩券處，希望他沒有幹下揑造、作假的勾當，當初害他丟了天文事業的，就是這類勾當[47]。至於卡西尼，對於德朗柏與拉蘭德懇請他與科學同道攜手重聚，他嗤之以鼻，他說，他已經看過科學院裡太多充滿仇恨的對立，讓他不想再回去了。他和母親、五個孩子，以及九名被附近一所修女會趕出來的修女，一起退隱到他位於隄里的鄉間宅邸，他稱他們爲「我的燕子們」。「我名之爲隄里共和國，」他寫道，「我向你們保證，在這裡，我們什麼都有，就是沒有共和主義者。」這位科學才士曾經聲稱，經線探查任務爲其與生俱來之權利，如今不再相信公制改革，甚至連科學也不信了[48]。

「但你的天文學呢？」你這麼問我。我坦白告訴你，現在它對我毫無意義……「但，」你問道：「身為科學才士，你的榮譽、名聲、責任，難道都不會阻止你這次的隱退嗎？」我的朋友，身為父親的責任大過身為院士的義務……而至於我的名聲、榮譽，我已放棄，這並未讓我有什麼損失……被迫逃離天文台的我，看著科學院被拱手送給無套褲黨的政府。而最令我傷心的是，我看見科學才士們自己舞刀弄槍、彼此分裂對立，和那夥革命份子一樣暴怒譫語，學他們的道德、舉止，甚至語言……他們對我們舊有的計算方法、舊有的度量單位造成了種種改變，但我們一天並沒有十小時，而是二十四小時，也沒有四百度的圓……在這種改變下，我如何能認得自己？樣樣都變了，而我老得無法放棄自己舊有的習慣與觀念。年、月、曆書、天文表，一切都變了。如果伽利略、牛頓或克卜勒從天而降，現身於科學院，當拉蘭德公民告訴他們，霧月二十日，月球以兩百度衝日，在經度五時處通過經線，他們對這段陳述肯定一頭霧水[49]……

執著於王朝時期舊數字的，不光是農民、店家和鄉下人。對那些有計算能力的人而言，數字事關重大。有些舊時代的科學才士如卡西尼認爲，公制冒犯了曾被用來描述其世界的和諧價值。

卡西尼下台，而拉蘭德晉升。一七九五年五月十七日，拉蘭德成爲天文台新任台長，經歷大革命的起起伏伏，這位偉大的反偶像崇拜者始終不曾屈服。當他在一七九一年被選爲法蘭西學院院長時，第一道正式命令便是准許婦女修習所有課程；他不再以拉丁文宣布各種獎項，他甚至要教授們親自授課；每天傍晚，不論晴雨，他都會徒步穿越巴黎街道，走上一大段路，邊走邊施捨救濟品，當作散步健身，有時會走上五、六英里。他穿著紫色的背心、拿著最新發明的雨傘，在城市街道上留下奇特的身影：身高不及五英尺，不修邊幅，不事梳洗，濃密的灰髮糾結在他那茄子形狀的後腦勺上。但厚臉皮的人卻能展現大勇無懼。「我生來就是這樣，」他回想，「天不怕地不怕，不怕危險也不怕死。」也許是身爲哲學家的自負，但他總是堅持說眞話。「我坦白到近乎粗魯，我從不欺瞞掩飾，即便眞話可能令人不快。」在王朝時期他有話直說，如今他倒不肯這麼做了[50]。

他日後承認，大概是他主張無神論的狼藉聲名，在恐怖統治時期救了他一命。果眞如此，這大概是他反宗教的立場唯一一次得到當權者的青睞。「我不會替那些拒絕宣誓效忠國家而失去年俸的修女們感到難過，」他在給女兒的信裡寫道，「她們應該會很樂於爲上帝餓死[51]。」但事實證明，他是全體基督徒的救星。他把君主派的內穆赫藏在他位於四國學院的天文台圓頂之中，並冒著生命危險，帶飲食到圓頂給他，爲時數星期之久；多年後在拉蘭德的葬禮上，這位杜邦公司創辦人求上帝賜福給這個聲名狼藉的無神論者；拉蘭德也爲了保護幾名教士，把他們僞裝成天文學家，並告訴他們不用擔心這是在騙人。「你們當然是天文學家，誰能比爲天堂而活的人更適合擁有這項頭銜？」在這樣的行爲招來危險之際，他也發表紀念文章讚揚拉瓦榭這些被送上斷頭台的科學才士，但仍對他們的科學見解吹毛求疵一番[52]。

他表現最精采的時刻是在第一次的至高者節，「至高者」是羅伯斯比希望用以取代基督教神祇的神，拉蘭德幫忙在慶典中歌頌其神祇。典禮是一七九四年六月八日在先賢祠內舉行，就在德朗柏從先賢祠穹頂對巴黎進行三角測量觀測的一年後。拉蘭德終於有了一座祭壇，讓他宣講無神論並譴責教士們的陰謀，他卻利用這個場合，對當時凶暴的愛國主義提出警告。

宣布這些重要且無可辯駁之眞理的時刻已經到來，這是每一個人、每一個時代、地球上每一個角落都知道的真理：對國家之愛，對美德之愛，對理性之依從……對國家之愛不是愛國者唯一的義務，同胞之愛也是一項義務。我們沒辦法全都在軍隊裡、在政府機關之中、在工藝與科學上為國效力，但我們每個人都可以對同胞伸出援手——以這種方式，國家之愛加上同胞之愛，讓我們無愧於我們的革命、我們的勝利，以及全宇宙對我們的讚歎[53]。

但無論他對國家、對同胞——無論男女！——之愛有多偉大，拉蘭德的第一優先始終都是他的星辰。在節慶演說的幾天後，他宣布在過去十天之中，他已經爲他的星表增加一千兩百顆新星，總數達到兩萬一千顆；六個月後，他又增加一千顆。在此期間，羅伯斯比被罷黜而溫和派掌權，他拒絕出任陪審團，以免在天文學上分心。「沒有任何獎懲，」他告訴當局，「可以讓我離開我的星星，我無論如何也不會奉召[54]。」一七九六年間，拉蘭德的家族工作室超越了一開始訂下三萬顆星的目標，並決定朝五萬顆努力。他的女兒「以她那個年齡及性別少見的勇氣」繼續計算，她的小兒子伊薩則被送去托兒所，因爲他會令他的母親和外祖父分心。當拉蘭德在一七九七年達到四萬一千顆星時，他自豪地誇口：「過去二十年來，我一直是以清點天空的庫存作爲目標，忙到我可以死而無憾，因爲我知道，我已爲自己在塵世逆旅中，立下了一座紀念碑[55]。」

此期間，德朗柏都待在達西家位於石楠堡的鄉間宅邸，埋頭從事他的天文事業。爲保平安，他取得當地自治委員會的證明文件，證明他不是大革命期間的流亡者，而且不曾入獄。他盡可能不引起公眾注意，只有一回，雅各賓政府向他徵求專家意見，因爲德朗柏在新的共和曆之中發現一個錯誤[56]。

共和曆的設計者爲了要讓秋分與共和國國慶同一天，制定了閏日。但他們沒有發現，閏日並未如預期每四年出現一次，有時要到第五年才出現。共和與自然要完全對應，並非易事，例如：德朗柏查對未來一百五十年，發現其中有一年會無法預測秋分是在九月二十二日午夜之前或之後。他帶著這些預測結果去找拉蘭德，拉蘭德通知了革命曆的主要創始人侯姆，侯姆則要求德朗柏協助解決這個問題。德朗柏建議了幾個可能的解決方法，但他警告，三萬六千年後，這些不一致會再度出現。當侯姆向相關的政府委員會提出這些修正方案時，委員們卻顯得毫不在意。「你希望我們立法來規定永恆嗎？」一位委員要他回答。侯姆回答說不是，只要委員會同意三萬六千年後會把這個問題再提出來討論，他就滿意了。在哄堂大笑的情況下，革命曆就這麼頒布了。然而，侯姆自己卻沒能活著看見新的一年到來，他在兩個月後因支持雅各賓黨而被捕並遭處決[57]。

當時法國在軍事上攻城掠地，這得歸功於雅各賓政府指揮下的法軍，鼓舞了大地測量學的一位新贊助者。一七九四年，卡隆將軍被任命為戰爭與海軍補給署署長，負責整併陸軍和海軍的製圖人員。卡隆的夢想是進行一次詳細的地理測繪，將卡西尼地圖擴及法國新近在低地國、日耳曼和義大利征服的領土。他是永遠的狂熱份子、懂得自我推銷的軍事製圖家，如今是准將、是全國立法會議成員，更關鍵的是，他有經費可以把事情付諸實現。他想像在一所「地理博物館」裡，聚集了全國四十五名頂尖科學才士，努力「要把天文與地理科學發展到極致，將其榮耀推升至所能達到之最高境地」，而這項地理知識的骨幹，就是一次精確的經線大地測量[58]。

為達此一目的，卡隆決定要請教經線測繪的第一人——德朗柏，可惜，他不知道要到哪一所監獄裡去找這位科學才士。他要求勒諾瓦去找出正確地點，也不勝欣喜地獲知德朗柏正舒服地住在一處鄉間宅邸裡，他邀請這位科學才士前來巴黎，策畫重新啓動探查任務，並為此請求公共安全委員會重新聘請德朗柏與梅杉[59]。

不久之後，在金丘普里鄂議員的推動下，國民公會在紀元三年芽月十八日（一七九五年四月七日）通過法律。這項法律代表著我們今天所認識的公制系統最後的演進階段，規定了最後定案的字首術語和名稱，形成公制的命名規則。新法也顯示出在合理化原則上的若干讓步：儘管保留了革命曆，卻放棄了十進位的計時制。公開的說法是因爲更換全國所有時鐘的成本太高，也因爲時間十進位化只對天文學家有幫助，無益於一般公民。普里鄂也明白，新度量單位的轉換必須進行得更「溫和」些；爲了監督此一進程，他設立了臨時度量衡局，由天才數學家勒讓德領導。他也決定先在巴黎引進公尺，並預告三個月後開始實施，好讓商家和顧客有所準備，其他地區稍後再跟進[60]。

新法也正式重新啓動經線探查任務。普里鄂自己雖然偏好快速、便宜的標準，也只得暫擱一旁，並盛讚這兩位「無愧盛名」、十八個月前被他趕出這項計畫的科學才士[61]。他現在表示，公尺要成爲眞正國際性的標準，所依據的基礎必須比定義暫行公尺時所採用、有五十年歷史的卡西尼測繪更了不起。他敦促德朗柏與梅杉「儘快」重新開始進行測繪，再有任何拖延，對公眾利益都是有害無益。他甚至授權這兩位科學才士，如果遭遇任何阻礙，都可以直接來找他[62]。「我會毫不鬆懈地竭盡全力，」他寫信給德朗柏，「向您證明我多麼熱切期待您的任務成功[63]。」普里鄂有充分的理由證明自己的善意，因爲他被質疑在恐怖統治期間與雅各賓黨人走得太近。面對這樣的轉變，德朗柏暗自竊笑，如他向梅杉提到的：「去年冬天，我本來可以完成更多，要是我沒有惹惱羅伯斯比及其某位同僚的話；我以後再告訴你這個人的名字，此人後來對我友善多了[64]。」

關於國家贊助的研究計畫，德朗柏這幾年也學到教訓了。這次在動身進行探查之前，他提出了一些要求，連科學才士也可能學會其他人那樣精打細算。「的確，迄今為止，擔當這項任務的天文學家一直都是不遺餘力、省吃儉用，一如人們對一文不名的科學才士可能會有的期待，期待他們替共和國處處節省開銷，就好像花的是他們自己的錢。他們不曾為自己的勞動要求任何酬勞，也不曾收過任何酬勞[65]。」但如今，探查任務的領隊和其他受雇於國家的任何一位公民一樣，應該得到一份薪水，加上科學院被廢之前，二十一個月大地測量工作的積欠薪資。一七九五年五月，和卡隆談好價碼後，德朗柏重返度量衡委員會。

一七九五年六月二十八日，在中斷十八個月之後，德朗柏搭乘他那輛特別訂製的馬車離開巴黎。和以前一樣，隨行的有他的男僕米榭和儀器工匠貝勒，加上一個負責記錄工作日誌的新助手。為了一趟延後的旅程，小組成員把各種必需品裝上馬車，包括三十磅的輪軸潤滑油、一組用來把複讀儀吊上教堂塔樓的繩索和滑輪、兩板條箱的天文文件，加上維修工具：硼砂、銅、水銀、油、釘子，還有製作螺絲和彈簧用的鋼絲[66]。

他們在城南度過第一個晚上，小組成員寄宿達西家的鄉間宅邸，這裡隨時歡迎德朗柏到來。兩天後，他們抵達羅亞爾河畔的奧爾良；十八個月前，德朗柏在此地被迫中斷作業。三天後，他們駛進大教堂城鎮布赫日，在他們掉頭朝北往奧爾良方向進行測量期間，這裡將充當他們的作業基地。小組成員寄宿於廣場旁邊的「牛心旅店」，廣場上矗立著一棵自由樹。從旅店細看旁邊的布赫日大教堂，德朗柏確定一七四〇年的探查隊也寄宿在同一家旅店，從三角學還可以鑑知古今英里！經線探查隊重返工作崗位[67]。

布赫日大教堂是哥德式建築之瑰寶，在前門上方，大天使加百列在最後審判日時衡量亡者靈魂；教堂內，彩繪玻璃製成的各種救贖場景浮現在有如室內天空的藍色窗板上。這座城鎮是文藝復興時期的金融中心，是法國心臟地帶的中心城鎮；但十六世紀的宗教戰爭蹂躪了這一帶，雨格諾教派的狂熱份子砍掉教堂內使徒雕像的頭。時間再拉近一點，當地革命份子將貝利公爵及公爵夫人的銅像斬首，並翻造這幢建築物，用來崇拜「同樣是從天上統治」的「至高者」[68]。

大教堂塔樓俯視周遭三十英里以上的鄉村地區，沿著六角形樓梯間往上爬三百九十六級，到達離地面兩百英尺的平台上，此處正是這座山城之巔。在平台一角，一座鑲嵌金絲的鐵鑄鐘樓又更高出二十英尺，塔尖有一支鶺鴒形狀的風標在轉動。這隻無私無我的金屬鳥象徵基督的奉獻，刺穿自己的胸膛，以血餵養雛鳥；此物將充當德朗柏的信號裝置，他可以從遠處觀測其尖端。越過低矮的欄杆，壟畝交錯的田野綿延起伏，點綴著一處處小鎮，延伸向霧氣迷濛的遠方。那裡就是他的目的地，如果他能順利離開布赫日[69]。

德朗柏把巴黎的喧囂和橫暴留在身後，但即使在這處田園中心，仍然有在大革命的退潮中沒頂的危險。他才剛抵達布赫日，探查任務就陷入停頓，旅行的開銷飛漲，已經超乎他的財力。自從羅伯斯比下台，通貨膨脹逐漸累積駭人的動能，大革命之初，立法會議設計一種稱爲指劵的紙幣來償還國債（國債本身就是大革命的主要原因之一），以沒收教會土地和流亡者財產爲幣值背書。鄉村地區一直對這種紙幣懷有疑慮，戰爭更引爆第一回合的價格上揚。公共安全委員會試圖以工資和價格控制來遏阻物價上漲，但溫和派決定解除控制，並印製更多紙幣，指劵面額開始以驚人速度遽貶。德朗柏的開支本上便記載著當他離開巴黎之際飛漲的食物、住宿和運輸價格；馬匹的租用價格每過一站便漲一倍，離開巴黎後的第一程要價九十二法郎，一星期後，抵達布赫日之前的最後一程要價八〇四法郎。幾個月後，一程要價已經又漲一倍到一千四百法郎。墨水、紙張和基本糧食的價格飛漲，修復教堂塔樓、架設支架和搭建觀測站的費用也是如此，連馬夫的賞錢都漲了十倍。幾星期內，德朗柏就已經把那一季的預算全都花光了。他向卡隆將軍要求更多資金，沒有硬幣的話，整個夏天他都會困在布赫日[70]。

過了將近一個月，卡隆給了錢；但財政部只發放指券，外省卻只接受硬幣。為表補償，卡隆給這些人加了薪（他們的薪資因通貨膨脹而嚴重縮水），並授予軍階：德朗柏、梅杉和特杭蕭成了上尉，這讓他們可以獲得糧食配給，接下來的問題是要讓農民和旅店主人接受軍隊的配給券[71]。

錢不是唯一的障礙，地理也是一個問題：奧爾良與布赫日之間這片淒涼之域——**陰沉**的索洛涅，是法國最平坦的地區之一。探查隊曾經在此遭遇多疑的農民和北地的霧氣，如今他們遭遇的是幾乎不可能進行測繪的沼澤地形。綠色池塘、高高的草，還有四處散布的森林，沒什麼地方可供遠望。要穿透霧靄認出少數幾處教堂尖塔，並不容易：薩爾布希斯的尖塔，一七四〇年曾經採用過，後來被閃電擊中，燒成灰燼；其他地方則在大革命中遭受到毀損。德朗柏大表不滿：「無套褲黨摧毀了布赫日地區半數的尖塔，理由是這些尖塔『傲慢無禮，竟敢蓋得比他們的簡陋農舍要高』。」德朗柏來來回回走了三趟，才選出一系列可用的測量三角[72]。

今天索洛涅的村落，和這一帶的沼澤乾涸之前一樣與世隔絕。池塘匯聚地下的滲出水、溝渠圍繞農場旁，筆直的道路穿行在兩列並排的篠懸木之間。偶爾傳來摩托車的引擎聲，更凸顯此地的寧靜；各處教堂一年到頭大門深鎖，亟待修復；這個地區的人口減少，教士人數不斷縮減。這一帶在十八世紀就以法國的西伯利亞著稱，多沙的土壤、光禿禿的灌木和混濁的沼澤，連勉強餬口的農作都難以為繼，「全世界沒有其他土壤比這裡更難種出東西、更費力氣。」當地人這麼說。農民很少擁有自己的土地。牛病羊疲，池塘是「索洛涅熱病」（大概是瘧疾）的溫床，每到秋天便折磨著各處村落。除此之外，人民還苦於苛稅繁重[73]。

這樣的氛圍醞釀出多疑的心性，某些家族據說有能力召來暴風雨襲敵。巫師在天亮之前聚集在波阿吉保等池塘邊，用粗大的棍子擊打水面，發出可怕的叫喊，「這樣就夠他們施法改變天氣，蔚藍的天空將會烏雲密布、雷聲隆隆作響。」要廓清迷霧和邪氣，得靠神聖咒語並不斷敲響教堂的鐘，這種方法稱作「火雞叫」，堂區神父必須在耳朵裡塞棉花，才能抵擋這不間斷的鐘聲[74]。

烏宗的教堂可以追溯至十六世紀，德朗柏用過的方塔吊鐘鳴鐘報時如舊，但塔樓的其他部分在一八八〇年代已遭焚毀。在蘇埃斯梅，從德朗柏那個時代迄今，教堂塔樓已經重建，現在還圍著鷹架，預計還要繼續修建。聖蒙坦的八角形鐘樓依然屹立，在古老的栗子樹對照下相形見絀。德朗柏很幸運，當他在十一月察看此地，樹上光禿禿地沒有葉子，他可以辨識出四周夾在枝椏間的信號裝置[75]。

沒有尖塔之處，德朗柏出錢雇用當地人幫他搭建一座觀測塔。他在瓦淙有一座按金字塔形搭建、二十二英尺高的信號裝置，覆以塗成白色的木板；他在昂諾德搭建一座二十四英尺高的金字塔，再運到崎嶇不平的麥田中央；在布赫日東北的墨侯格，他在路旁豎立一座二十五英尺高的信號裝置，高踞小山丘之上。德朗柏與貝勒爬上支架，坐在乾草包上瞄測四周的觀測站。在布赫日正北方的梅希，一位年長村民帶他們去看一七四〇年測繪用過的信號桿遺跡，還向德朗柏保證，他記得卡西尼在五十五年前有經過鎮上，但去年，當地的一些年輕小伙子認爲信號裝置是「封建主義」的象徵，已經把它給拆了[76]。這些舉動引來了不必要的關注。

> 連那些對於我們是誰比較有概念的人，也都把我們當成是輾轉流放各地的戰犯，其他人一看到一箱箱的儀表，就把我們當成是來賣東西的江湖郎中，拒絕讓我們寄宿。這是在烏宗的情況。在蘇埃斯梅，旅店也拒絕提供我們一席之地，但那是因為他們知道我們是誰，也知道我們只能付他們指券。要不是自治委員會幫忙，答應拿穀物補貼賣麵包給我們的人，我們可就找不出任何吃的了。就算是這樣，我們還是過了好幾天只有麵包可吃的日子……不僅如此，當時烏宗正有一場傳染病在蔓延，我有一位同事染病，我們只得把他留下來，離鎮前往首萌[77]。

測量陰沉的索洛涅花了德朗柏好幾個月，而且是整個測繪最不精確的一段，因爲沒辦法平均配置測量三角的間距。但由於他在大地測量的最佳季節裡工作順利，趕在十一月底前完成了布赫日到奧爾良的一連串三角測量。他計畫要利用冬天在敦克爾克進行天文學測量（反正這段時間也不適合大地測量），定出這段經線弧最北端的緯度，與梅杉先前在如意山所進行的測量相呼應[78]。

因此，在離開奧爾良前往敦克爾克前夕，德朗柏修書一封，給他遠方的同事，在兩年的沉寂之後，這封信重新開始他們之間的魚雁往返。德朗柏很高興能重新聯絡上他的同事，他也渴望能交換有關測量數據、經費和私人事務的訊息。有一件事是他特別想知道的：由於梅杉已經完成經線弧南端如意山的緯度測量，而且是如此精準，不知可否提供德朗柏一些建議，關於他觀測的是哪幾顆星、他用什麼方法來測量這些星的高度，以及他採取什麼樣的措施，來預防可能的錯誤？此種資訊將可確保他自己的測量結果能以最好的成績，與梅杉早就達到的卓越成果相提並論[79]。

像這樣別無他意的請求，竟然觸動了如梅杉這般敏感的人心底，這般敏感的神經。

第六章　憂懼法蘭西

幸福之由也必為悲慘之源——恆必如此乎？豐富熱切的情感曾令我心中盈滿自然之愛，任我淹沒於狂喜之中，帶給我一切極樂，而今卻成了無法承受之折磨，一個追逐於後、永不鬆手的惡魔[1]。

——歌德，《少年維特的煩惱》

正當梅杉要離開巴塞隆納港之時，貴重的複讀儀被一道閃電擊中；而他才剛看見中立的熱那亞，所乘船隻便遭一艘英國護航艦封鎖，被迫南行八十英里至里佛諾港。他和他的探查隊同仁在那裡遭到隔離，海關官員則揚言要沒收他的儀器。

有哪一個物理學家曾如此爲厄運所苦？命運的風暴，源於自然的，也因人爲，迫使他遠離自身責任所在的那條細細的經線。就算戰禍和體弱不至於迫使人——即便是一位物理學家，落入毫無指望的絕境，這種種的災厄卻因他自知有錯而雪上加霜，因爲這個錯誤是他自己造成；更嚴重的是，這個錯誤沒有被糾正；最糟糕的是，這是個不可告人的錯誤。清心寡欲的物理學家或許對付過桀驁不馴的革命份子、反覆無常的將軍、愛搗蛋的大自然和粗暴的機械裝置，但這次令他自責不已的錯誤，足以讓一位多愁善感如他的物理學家陷入最深沉的憂鬱。

梅杉在里佛諾是個生面孔，人生地不熟，無法期待遠在巴黎的妻子和同事能給他任何協助，寄給他們的任何信件都得橫越阿爾卑斯山、穿過戰線、行經革命情勢最渾沌之地。於是，他從當地的檢疫站（貨物和旅客在這處有圍籬的院落度過他們的十天強制隔離期）寫信給鄰近的大學城、北方十英里托斯卡尼的比薩天文台台長。

梅杉與卡登堡的斯洛普並無交情，但這個比薩人長久以來與梅杉的指導老師拉蘭德經常魚雁往返，也曾協助法國海軍製作地中海地圖，這正是梅杉過去二十二年來花了許多時間在做的工作。他們倆也都同樣對彗星著迷不已，因此，儘管這兩個人未曾謀面，也沒有通過信，卻彼此久仰大名，而名聲正是科學才士最珍貴的資產。梅杉以科學同行的身分，要求斯洛普先生運用當地政府對他的信任，從海關手裡把儀器要回來。而他一旦獲釋，將親赴比薩致謝，如果這位比薩人想瞧瞧當時最先進的科學儀器——複讀儀，他也願意示範操作這具新式天文儀器作為回報。這具儀器並非走私品，且其任務是為了全人類的福祉，儀器應受各國保護。「當人民因戰爭而分裂，」梅杉寫給斯洛普的信裡這麼說，「科學和對工藝熱的愛好必得讓他們重新團結起來[2]。」

如此動人的請求，加上同為學術中人的情誼，足以讓兩位天文學家團結起來，不論他們在哪裡會面。斯洛普派一位里佛諾的同事去協助「名聞遐邇的梅杉」，介紹他認識高層官員，並協商支付各種款項，有些人可能會稱之為賄款，好讓他的儀器通關。滿懷感激的梅杉於一七九四年六月二十二日，也就是夏至那一天，來到這位天文學家在比薩的住處，他在那裡待了三個星期[3]。

在這段喘息期間，梅杉傾吐他不堪負荷的靈魂，終於有人同情傾聽，此人也是一位知識淵博的天文學家。雖然斯洛普只比梅杉大四歲而已，梅杉卻以父執輩稱之。道德高尚、聲譽卓著、寬宏大量、善良、德高望重、可敬、有高尚的質樸之心、不吝提供明智的忠告……按梅杉說法，在當年伽利略發跡之地從事天文研究的斯洛普所具有的美德，說也說不完。斯洛普娶了一位有英國血統的可愛女子鐸茲華斯，並在寬容與自由思考的氛圍中養育他們的三個孩子。長子弗蘭契斯可去年因爲涉入革命黨的政治活動被捕，如今返回比薩，也是在研究天文學[4]。

與斯洛普一家同住，讓梅杉懷念起自己貞節的妻子和小孩，但這是一個苦澀的回憶，因爲他同時也想到自己竟然棄他們於充滿危險的革命巴黎。他向斯洛普坦言，這樣的對比令他痛苦不已，「我想告訴我的妻小，如果他們想求得幸福，就祈禱上蒼助我努力成爲如您這般可敬的人夫與人父，對自己的家人、對有幸與之結識的所有人都是如此溫柔親切[5]。」

梅杉對斯洛普毫無隱瞞，包括他接受這項任務的崇高動機、一路上意想不到的不幸遭遇、至今爲止極爲有限的成就、對他的助手愈來愈失望，甚至是他對如意山和巴塞隆納緯度測量結果有所懷疑，因而內心煎熬。身爲天文學同行，斯洛普了解天體觀測的各種細節，以及科學出錯的各種可能，但他不會用如梅杉的法國同事那般挑剔的眼光去評判測量結果，他們關注這項偉大任務的精確度，是因爲他們所有的聲譽、事業，甚或是生命，皆繫於此。因此，向斯洛普吐露心事不會有危險，「只有對您，我才能說出眞正的心底話，」梅杉後來在信中寫道，「您是我唯一的朋友，最可敬、最高尚、最正派的朋友[6]。」爲了安全起見，他也要求斯洛普發誓保密，後來還要求他燒掉這些令人心痛的信件，「在這些信件當中，我對您敞開心房，如對父執」[7]。還有一點也讓梅杉能夠安心：這些信件不會被法國革命政府的幹員閱讀，也不會越過阿爾卑斯山傳到巴黎同事手中。這些信件當中免不了會有自欺欺人的煙幕，但撥開這些迷霧加以閱讀，可以提供一扇非比尋常之窗，窺見一個因科學之疑而充滿焦慮的男人。在接下來的日子裡，他把他在如意山所犯的錯誤，一五一十告訴了斯洛普，別無他人。

梅杉仍然以熱那亞為其下一個目的地，他原本考慮走海路，但最後出發時，卻和他的組員走陸路，騎了兩天的馬。群山懸於波光閃耀的地中海上方，海岸道路便沿著山腳而行，地形崎嶇，儀器另以馬車載運，毫髮無傷抵達熱那亞，只比梅杉等人晚一天，梅杉、特杭蕭和葉斯特芬尼是在七月十一日騎馬進城。就在那天傍晚，梅杉與法國大使共進晚餐，並發了幾封信給巴黎的同事請求指示、告訴斯洛普他已安然抵達，並讓妻子知道自己的下落。他告訴他們，他打算儘快返回法國，而所有人都向他保證，往尼斯的郵輪絕對安全，然而，經過最近的海上事故，他寧可等待正式的指示。他已經一年沒收到巴黎來的信，對經線計畫的狀況、自己現在的身分、家人的情形一無所知，國內甚至沒人知道他已經離開西班牙。巴黎和熱那亞間的通信至少得花上一個星期，有時還要更久；許多信件根本就到不了目的地，產生一堆可疑又過期的混亂資訊，充當悲劇或鬧劇的材料（至於是悲劇還是鬧劇，就看當時的大環境如何）或是令人焦慮而備受折磨，如果當事人有這種傾向的話。梅杉預期要耽擱一陣子，便到海關從他的行李箱裡取出被服，住進「金獅旅店」[8]。

熱那亞曾與威尼斯爭奪地中海霸權，其艦隊和金融家現在仍然往來直布羅陀和東地中海間從事貿易。這座壯觀的半圓形港口有許多船位可供最大型船艦停泊，成了亞平寧山腳下的露天劇場；港口一端的岩石岬角上矗立著瘦長的燈塔，就像一座文藝復興式尖塔，有四百英尺高。這座防禦完善、十萬人居於其中的城鎮，大半臨港而築，藍色的石板屋瓦與海色相輝映；城鎮後方的陡峭山丘上，散布著華麗宮殿與柑橘園梯田。這座繁榮的城市以品味高雅的歌劇院和戲院自豪，加上許多的街頭慶典，從一年一次爲了平息春汎而舉辦的聖喬凡尼大遊行，到紳士淑女沿城牆夜遊嬉行；貴族全身著黑，短披肩、不佩劍，以緊密結合的寡頭體制統治這個貴族共和國。然而，過去一個世紀以來，這個共和國飽受內部紛爭之苦，法國和奧地利的軍隊輪流占領此城，強迫貴族們割讓騷亂不斷的殖民地科西嘉給法國，以保有熱那亞的獨立地位，這是一七六九年，拿破崙於這座島上誕生的前兩年。熱那亞仍然以其自主性自豪，並在法國大革命點燃歐洲遍地烽火時維持武裝中立。當然，這種中立兩面都不討好，英國海軍過去一年便不定時封鎖此城，法國大使則一直試圖煽動地位較低的貴族挑戰掌權的寡頭集團、引誘心懷不滿的工匠們爲法國理想效力，並在他的地下室印製雅各賓黨的宣傳品。與此同時，就在熱那亞西北方不遠處，法

熱那亞港　「熱那亞一景」，卡菲繪。

軍依照一名年輕將領的計畫，對奧地利和皮特蒙的軍隊發動攻擊，這個將領就是拿破崙[9]。

事實上，就在梅杉到熱那亞的三天之後，拿破崙也抵達此地。他肩負著一項外交任務而來：促使熱那亞與法國結盟，否則後果自負。他停留了一個星期，暗中偵查該城防禦設施，並評估義大利政情。新興暴發的共和國威脅要篡奪歷史悠久的共和城邦之位[10]。

當梅杉和他的組員等待巴黎的官員決定他們的命運之際，郵輪卻只帶來首都大動亂的消息。八月九日，就在動亂事件的十天後，羅伯斯比垮台的消息傳到了熱那亞。巴黎目前還算平靜，但連此種平靜也可以有各種詮釋。特杭蕭希望激進勢力能在羅伯斯比遭罷黜後再起；這位工程師寫信給斯洛普的激進派兒子弗蘭契斯可，提到儘管雅各賓黨被壓制，「現在統治〔巴黎〕的，依舊是這些人頭落地之前的同一個政治體制……再次令此地的貴族陷入絕望，這些人現在把頭抬得這麼高，但他們很快又要恢復向來的奴顏婢膝了[11]。」法軍繼續在全歐各地挺進，特杭蕭吹噓道。「公爵森林是我們的，」他提到，「就像近郊被燒光的杜塞道夫……科布蘭茨堡也是，此城一旦落入我們手中，將被夷爲平地。」離熱那亞愈來愈近的法軍正在砲轟西邊的庫內歐，距熱那亞僅僅八十英里[12]。

特杭蕭不只是同情激進派而已，在停留熱那亞期間，他與法國大使聯手執行任務、培養年輕的弗蘭契斯可爲法國效力，這兩人同樣期望大革命降臨義大利。特杭蕭指示他那位年輕的新人繼續等待時機。

我和你一樣，對於在一個不應降生其中的世界裡過完一生，感到憎惡不已。但你和我都知道，我們的革命尚未發展到人們應該放棄在其祖國所享有的安樂。但那歡樂時刻終將到來，我們甚至可以預期就在不遠的將來，因為新政府賴以成立的基礎似乎正逐漸穩定成形、受人尊敬[13]。

在這種對於革命終將到來的信念底下，潛藏著更深層的苦痛。特杭蕭可以確信，他的家族有許多人在故鄉洛林的革命暴力中被囚禁、殺害，但梅杉告訴斯洛普，絕對不要提起這件事，因爲他這位部屬會「認爲我披露這件事是不懷好意」[14]。打從離開西班牙，這兩人的關係便已惡化，特杭蕭的身體健壯如昔，而梅杉遲遲不下令繼續探查任務，讓他等得不耐煩；等待巴黎來的正式指令，是件枯燥乏味的事。他受夠梅杉愛挑剔的完美主義、沒完沒了的馬後砲，而且不准其他人進行觀測、計算，甚至探查工作日誌都不准看[15]。

整個夏天，巴黎沒有隻字片語傳來，每星期六郵輪抵達時，郵包裡只有報紙。幾個星期過去了，梅杉愈來愈焦慮：「長久以來，我在末卜的旅途中日漸衰弱，注定被最爲殘酷的憂思所折磨，擔心家人以及我將要面臨的命運[16]。」這些憂懼不僅一端，經線探查任務已經被取消了嗎？會不會有一個心懷妒忌的競爭對手向公共安全委員會告發他？要讓委員諸公覺得他有罪當罰並不難：他長時間不在法國，在敵視共和國的國家逗留，傳言西班牙國王已經提供他薪俸與職位，甚至有耳語說他的測量結果有瑕疵。難怪他會偷偷問斯洛普，如果情勢惡化到了極點，他可不可以在比薩某處「偏僻的角落」求得庇護，一面尋找比較穩定的流亡居所[17]。

八月中，他終於得到妻子的消息。她告訴他經線任務已經暫緩，「至少要到春天」，只有公共安全委員會有權重新啓動。現在並沒有事情阻止他返鄉，他擔心她有更糟的消息瞞著他：「說不定她只是揀好聽的說，讓我安心一陣子[18]。」他對斯洛普傾吐自己的疑慮，並且表明清白，發誓自己深愛家人，詛咒不幸的厄運。

但請原諒我，當我寫信給您，我覺得自己就在您身邊，因為唯有此刻，我心方得平靜。何事令我如此受盡折磨、苦惱啊！您是再明白不過的了。為何與家人取得聯繫竟令我憂心戰慄？要是在別的處境下，我將滿心狂喜向他們飛去；如您這般高尚、溫柔且敏感的心靈，自然明白何以我會對即將見到家人惶恐不已。正是想再見到他們的渴望，讓我與他們斷絕所有關係，並且無限期自我隔離。我回去會不會再給他們帶來更可怕的恐慌？我會不會攪亂他們現在享有的一點點平靜？我回去會帶給他們多少大大小小的駭人情事？但願上帝不會把我可能造成的任何傷害施加於我的家人[19]。

他對斯洛普坦露自己的靈魂：「先生，您現在看到的正是我心底的深處。您在那深處所見，是當我還在您那兒時，令我極度焦躁不安的那種恐懼之源[20]。」他懷疑自己值不值得仁慈如斯洛普者的友誼與忠告，乞求斯洛普原諒他的懦弱。他提到，在過去這幾個月裡，他的健康狀況正快速惡化。

梅杉的心情並未因度量衡委員會的同事送來的祝福而有所改善。八月底，他們終於把一七九三年八月一日通過的法令內容寄了一份給他，這項法令確立公制，並暫定公尺爲四百四十三・四四法分。他們還通知他，德朗柏已經被踢出委員會，尚未指派接替人選。梅杉自己得出一個結論：他斷定，經線任務已經「確定放棄」。既然如此，他不免納悶，「我曾經爲之如此折磨自己」的任務，究竟達到什麼目的？他曾經期盼能達成的一點點益處，在他口中已化爲烏有，而他因如意山緯度而生的苦惱，也成了一齣苦澀的鬧劇，「因爲，如意山的緯度或經度究竟是多或少了四分之一分，如今一點也不重要了」[21]。新的度量衡制早就依據舊的經線測量結果而制定。

> 這一切全都令我陷入無以復加的憤慨之中。有所貢獻、光耀門楣的企圖心曾令我鼓舞，結果卻成了幻夢一場，當我那薄弱的努力成果不再對任何有用的目標有所貢獻，又怎能引起委員會或政府的興趣呢？那麼，我又何必熱情依舊地繼續這項任務？因為我對家人的情感嗎？啊！他們為何派我走這條天知道把我帶向何方的道路？啊，當初要是我選了另一條路線，那條在我看來最合情合理的路線，今天就會太平無事，我也能免於一切的指責或懷疑。兩邊〔我的同事與政府〕都會對我的研究感興趣，而且所有人都會同情我。但我想從計畫中獲取最大好處，為我的同事，也為我自己，而我的動機雖然最為純正，卻很可能會造成家人和自己的不幸，而對完成任務一點貢獻也沒有，也毫無希望得到認可。唉！不說了，我想得愈多，前途似乎愈不光明。命運之籤已經擲出，我等待事情的發展，以良心自慰，確知自己的的行為總是出於最良善的意圖[22]。

不過，任務似乎要被取消，雖然使他所有的努力變得毫無意義，卻也讓他有鬆了一口氣的感覺：他的測量結果不再重要了！如果他的努力將沒沒無聞地被埋沒，則其中缺失亦復如是。事實上，任務取消促使梅杉開始計算：他在加泰隆尼亞延伸的那一段，對於暫行公尺的估算會有多少影響？既然新標準已經訂立，儘管只是暫行的，他多做的那一小段會有什麼影響？「如您所知，我沒多做什麼，而且不管我在那一小段犯了什麼錯，不論這些錯誤是否彼此抵消，是不是大錯，都不會有太大的影響；因此，我現在正試著克制、平復那令我難受得要命的極度憤慨[23]。」

接著，就在接下去的那個星期，來了令他跌回絕望深淵的好消息，加上一些貨眞價實、幾乎要將他徹底擊倒的噩耗：他先前的推測過於草率，經線任務正要重新啓動。他是從妻子和拉蘭德那裡聽到這個消息，卡隆將軍被任命爲軍事製圖部門首長，梅杉則被指派爲年薪六千里佛的海軍製圖負責人，並已付了兩個月薪資給他的妻子，特杭蕭則得到新部門裡的下級職位。卡隆本人所發布的正式任命在兩星期後送達，還加上這項要求：梅杉必須立即返回巴黎，以便能一起討論經線計畫的未來[24]。

從實際面來看，這次晉升只會改善家人在首都的處境，他的妻子告訴他，家裡的存糧快吃完了，而且顯然滿足了梅杉的自尊心；但他不確定加薪百分之三十三補償得了所增加的責任，他先前那份微不足道的差事，只須解決本身工作上的精準度問題。他當眞想要扛起整個部門工作成果的責任，卻又無法擔保做出這些成果的人之精準度？他又如何能確定，這次的安排捱得過大革命下一波顚倒錯亂的逆轉？除此之外，卡隆要求他返回巴黎，而一回到巴黎，他勢必要交出他的數據。「啊，我多麼清楚地看到、感覺到何以人人都爲了自身命運，以及他所珍視的利益而顫抖，又何以沒有人大膽採取行動[25]。」

更糟的是，經線計畫敗部復活，意味著他的錯誤再次關係重大了起來，如意山數據中的不一致，再次危及了公尺的精確性，冒犯「人類歷來被賦予過最重要的任務」。這麼多次的反反覆覆，似乎已經讓梅杉頭昏腦脹，他向斯洛普坦承，他幾乎已經無法再做任何正確的思考：「我在上一封信裡拿我臆測的可能結局來煩您，而您也看到一個落敗鬥士的垂死掙扎，勝利與成功雖早已離他遠去，卻仍爲之奮戰不已。在我讓慚愧且心灰意冷的自己站起來之際，我幾乎記不起來自己是在逃避什麼、說過什麼話[26]。」

而最令人不安的，是宣布經線計畫敗部復活後隨之而來的消息。拉蘭德證實，拉瓦榭、孔多塞及其他幾位同事已被送上斷頭台。更糟的是，拉蘭德告訴他，恐怖統治的魔爪已愈來愈接近家園，也就是仍爲其家人所居之地的天文台院落。胡耶爾，這個年輕學徒曾受梅杉庇護，免於警方追捕且接受八年訓練，竟向革命警察告發卡西尼，把昔日庇護過他的人判刑入獄，接著又將其出賣醜行推向最高潮：他要求將卡西尼、拉蘭德和梅杉送上革命法庭，從而無可避免的要他們上斷頭台。梅杉當時要是住在巴黎的話，後果眞是不堪想像。不管怎麼樣，胡耶爾現在進了大牢，因爲他的出賣愚行，以及他支持的激進黨派失勢，也因爲他在科學上出了錯。但即使告訴梅杉這麼多事，拉蘭德還是希望他當月就回法國來[27]。

梅杉也從逃亡海外避革命之難的朋友那裡聽到其他意見，他們催促他加入流亡之列，徹底放棄解救妻兒的念頭，不要再爲將自己染滿鮮血的國家效力。

〔我的朋友們〕告訴我，如果公共安全委員會對我不理不睬，我應該額手稱幸。他們說，如果委員會饒我一命，卻奪走我所有的資源，讓我暴露於各種危險之中，那麼，我的妻子、小孩和我，到頭來還是要尋死以求解脫。他們告訴我，回巴黎，對家人是弊大於利。他們非常懇切地勸我跟他們去流亡。但我的家人、責任和榮譽也在召喚我，而我一直都在傾聽其聲音，我現在又有什麼道理拒絕這些聲音……？為何這種種的不祥之兆會跨海而至？我果真如此罪行重大嗎[28]？

這個出身於皮卡底青翠大地上的子民，被里維耶拉的夏日陽光曬得目眩神昏，坐在陰暗的旅館房內寫字桌旁，從各個角度思量著他的難題。流亡海外是一項重罪，即便只是謠傳他正在考慮流亡海外，都可能害他喪失工作職位、家人賴以餬口的生計，以及有朝一日返回法國的一絲希望。但現在，他要怎麼樣才能回去呢？他奉派帶著世界上最好的科技執行任務，一肩挑起觀測成敗的責任，他也依循最可靠的方法進行計算，但結果並不一致。梅杉無法說服自己去怪儀器，怪計算方法，他怪的是自己。而如果他歸咎於自己，那麼，別人當然也會這樣做。在一封信中，他用少見的雲淡風輕語氣告訴斯洛普：「自從〔比薩〕與您一別，我經歷了幾次難關，這全都是我的錯。當我應該堅持走穩當之路時，卻把自己交於機運之手。人必須受苦而無怨，否則就要承擔受更多苦的風險。」他告訴自己，把過去甩到背後，只想現在與未來，但他不得不憂慮，不得不抱怨[29]。

十月初，法國駐熱那亞大使因同情雅各賓黨而被召回巴黎，其接替者維拉赫大使到任時帶來了資金與護照，以加快探查隊返國的腳步。離開熱那亞的時候到了。特杭蕭到倉庫去，爲他們這趟旅程打包儀器，卡隆要求，爲了安全起見，儀器應以騾子載運，越阿爾卑斯山而行[30]。

梅杉公開宣告他打算回國。事實上，梅杉寫信給傑出的米蘭天文學家歐利阿尼（梅杉幾年前在巴黎見過他），告訴他自己將「在當月十三日或十五日」離開熱那亞，要求歐利阿尼提供最近的觀測資料給他，好讓他帶過邊界給拉蘭德[31]。梅杉自己則提供一份禮物，這是科學才士用來誘使另一位科學才士自願奉上科學資訊的一種禮物：他自己在加泰隆尼亞的天文發現摘要，包括各種蝕象、各種星體及巴塞隆納緯度資料摘要。

歐利阿尼的反應是趕在梅杉離開義大利之前，從米蘭南下拜訪他。爲了表達對這次造訪的敬意，這個法國佬從倉庫裡取出一具複讀儀（即使特杭蕭當時正在打包行李），以展示其驚人性能。他們在「巨鹿旅店」的陽台上——「城裡最好的旅店之一，雄偉地坐落在正對大海之處」把儀器安裝好，十月中旬這幾天的晚上都一起進行緯度測量[32]。

歐利阿尼對複讀儀深深著迷，而他在米蘭的同事們得知其性能後，很想自己也能弄到一具這樣的神奇儀器。米蘭人一直在進行自己的大地測量，因此歐利阿尼提議，由他和梅杉使法國和義大利的座標格在熱那亞接軌，「如此美事，何樂不爲」[33]。梅杉去信請求卡隆批准。出乎梅杉意料之外，卡隆不僅同意這項計畫，甚至答應米蘭人，一俟勒諾瓦製作完成，就讓米蘭人擁有一具自己的複讀儀。畢竟，正當法軍在包圍熱那亞北鄰的都靈，此項計畫將可連結法國與義大利的地圖。但梅杉本人並未獲得「緩刑」，卡隆仍然堅持要他回巴黎報到：「因爲你的目的地並非返回義大利，而是與德朗柏一同繼續經線測量[34]。」

因此，梅杉編造了另一項計畫，爲自己逗留熱那亞找藉口（絕不要低估科學家在必要時製造新的科學問題以引人關注的能力）。梅杉指出，熱那亞鄰近四十五度緯線，位於赤道至極地的半途，波爾多並非唯一有條件進行鐘擺實驗以決定公尺長度的地點。如果可以的話，卡隆只要把天文台的鉑錘單擺送過來，梅杉就能幫委員會省下派遣科學小組前往波爾多的麻煩；要不然，他也可以在熱那亞進行觀測，以提供新的折射修正數據（並暗中解決他自己的巴塞隆納數據不一致之處）[35]。

最後是新任法國大使接手，救了梅杉。上任一個月，維拉赫大使已經摸清楚梅杉猶豫不決的作風，梅杉也開始把維拉赫當成「技術與科學上的朋友」。事後證明，這位大使毫無疑問是梅杉的益友[36]。維拉赫通曉官場習癖，他建議梅杉向巴黎方面申請進一步指示，絕不會有人指責一位請求闡釋命令的公僕，在這段期間，他會拒絕發護照給梅杉，這麼一來，延宕的責任便落在他自己頭上，而梅杉所要做的，就是寫這封申請書。星期一早上，維拉赫告訴梅杉，他期盼能在那天下午兩點、郵輪出發之前拿到正式的申請書。當梅杉在三點半抵達郵局，「當時我還在猶豫，」他老實告訴斯洛普，外送郵件已經放進郵包，維拉赫與郵差等得快沒耐性了。維拉赫把信從梅杉手裡一把搶過，塞進郵包。「你這樣猶豫不決是沒用的，」他告訴梅杉，「你的憂慮毫無根據。冷靜一點，下午就留在我身邊[37]。」

維拉赫的策略奏效，特杭蕭停止打包，梅杉就在義大利里維耶拉過完冬天。「我方大使這邊，」他通知歐利阿尼，「已經要求我暫緩啓程[38]。」在此期間，他甚至去看了幾場戲。他的同伴喜好通俗劇，梅杉卻偏愛古典戲劇；在古典戲劇裡，「秩序與穩定爲先、美德備受尊崇，而全體福祉日益受到保障」[39]。有些時候，他的內心甚至感受到某種程度的平靜，但到了夜裡，可怕的毀滅預感仍煎熬著他。在給斯洛普的一封信夾層裡，他偷偷塞了一張便條，上面題著「他人勿閱」。「我不相信我有任何可受指責的理由，」他寫道，「但眼下這世局，誰能保證自己不會被人指責、妒羨、敵視與嫉忌[40]?」他聽到傳言，他在巴黎的敵人正密謀阻撓他的計畫，不過，看來他的妻子正幫他抵擋這些陰謀：「你看，我對發生在六百英里外的事情一清二楚，而且我的憂懼並非全然妄想[41]。」

今天，對這類心理狀態有個臨床名詞，我們會說，梅杉有憂鬱症；他有妄想症、強迫症、被動攻擊型人格障礙。毫無疑問，的確是如此。然而就連情緒也是有段歷史的，梅杉是十八世紀的人，一個受到嚴重痼疾折磨的人，這種疾病叫做憂鬱症。憂鬱症是由身心不平衡所引起，是一種成因複雜的苦痛，它會殘害孤寂的人，也可能包括多種情緒：縱情聲色的憂鬱症患者性喜墳塚與貧瘠之景，沒有別的更能討輓歌詩人歡心了；忿恨厭世的憂鬱症患者，就像陷於困境的戇第德遭世間殘酷之遇，對未來的希望完全破滅；而悲痛至極的憂鬱症患者受到不可承受的悔恨所折磨，可能會把人給逼瘋，或是逼上絕路。

梅杉顯現出比塞特精神病院院長、其科學院同事皮內爾醫生在其疾病分類上描述的所有憂鬱症病徵：沉默寡言、陰鬱多疑、偏執狂、喜歡獨居。但如果梅杉會有令人氣餒的疑心，那是因爲他面對的是一個天大的難題；如果他誰都不信任，那是因爲他不信任自己；如果他擔心有密謀，那是因爲他自己有一個不可告人的祕密[42]。

那年冬天，梅杉並未進行單擺實驗，也沒有和米蘭人一起做大地三角測量，在巴黎有個不知名的同事阻止卡隆送單擺給他，至少梅杉相信是如此。至於連結義大利與法國的測量三角，勒諾瓦還是得製作另一具複讀儀，而梅杉起碼在後面這項難題上有個乾脆俐落的解決方案。他問卡隆可不可以從他自己的複讀儀中拿一具賣給歐利阿尼，等勒諾瓦的新複讀儀製作完成，他再拿新的來用。這麼一來，他這支探查隊手上就有了現錢，也不必把複讀儀運回家。令他吃驚的是，卡隆又批准了，梅杉一星期後就能把歐利阿尼挑選的複讀儀交給他：一具是採傳統的三百六十度尺規，一具是採新式的四百度尺規。歐利阿尼選擇三百六十度的複讀儀，兩位科學才士不無尷尬地定出一千兩百里佛的價格[43]。

那年冬天，梅杉確實從聖羅倫佐大教堂的鐘塔以及著名的燈塔，進行了一些天文觀測。這些觀測的目的之一，是要測試他對於折射修正的猜想，但觀測的結果並無定論。他還獲知歐利阿尼打算出版他的巴塞隆納測量結果，儘管梅杉警告過，這些測量結果似乎與一般的折射結果並不相符[44]。

十二月下旬，儀器工匠葉斯特芬尼決定搭上往尼斯的郵輪，回到巴黎的家人身邊，重新經營他的事業。這趟長達一個月的旅程下場悲慘，一場突如其來的暴風雨迫使所有旅客把他們的行李扔下海，葉斯特芬尼抵達法國時，只剩隨身衣物。接著當他登岸時，法國官方把他當成返國的流亡份子加以逮捕。當地方長官一句話又把他放了之後，他走陸路，一路上又因缺乏盤纏而處處受阻。當他不幸旅程的消息慢慢傳回梅杉處，只是讓梅杉更堅定其謹慎態度。想想看，要是梅杉信任葉斯特芬尼，把貴重的儀器，或是更糟，把無可取代的數據資料交給他，那會是個什麼景況[45]！

梅杉身邊還有特杭蕭，儘管這兩個人已經愈來愈疏遠。他們不再住同一間旅店，也不再找時間相處，兩人都出身於舊王朝的中下階層，也都還沒有在新朝中找到屬於自己的位置。特杭蕭是軍事工程師，是一個實踐家，身強體壯且信心堅定；他孤家寡人一個，但還是得靠這份探查薪水餬口；他文筆簡練，一手字簡潔整齊，卻嚮往政治圈的服儀打扮。他在科西嘉的二十年間，蒐集了一些礦石與化石，逗留義大利期間更增加了魚化石、長石和水晶，「是巴黎鑑賞家亟欲搜找之物」[46]。

每個人都根據他自己嚴格的良心做事，特杭蕭有他身為軍人的愛國心，梅杉也有他強烈的正直感，或許這正是他們覺得對方如此惱人的原因。特杭蕭認為梅杉的拖延是怠忽職守，而其躊躇猶豫令人覺得可悲。當梅杉不知是第幾次宣布馬上就要離開熱那亞，這位工程師挖苦地加以評論：「根據梅杉先生的說法，我們復活節過後就要離開了，但我還不知道他這話是不是當眞[47]。」

至於梅杉本人，他發誓對他的助手沒有敵意，雖然他懷疑特杭蕭正密謀篡奪他的領隊地位。特杭蕭的不耐表現在不斷地指責，他的能力則形成不斷地挑戰。

打從我們離開巴塞隆納，我看了這麼多，要是還指望他的友誼、情義或忠誠，那一定是在自欺欺人。到了這裡之後，他的意思已經表達得再清楚不過了，而我也沒有笨到期待和他恢復之前的交情。但誠實與正直向來是我與他交往，也是與其他人交往的準則[48]。

但梅杉還是免不了要疑惑：特杭蕭知不知道他的祕密？還有，他會不會洩漏出去？

隨著春天將臨，適合大地測量的時節愈來愈近。卡隆再次試圖勸誘梅杉回法國，他想以前途來打動愛面子的梅杉。多位法國最傑出的科學才士已簽約參與他的地理學新計畫，他提到拉蘭德、德朗柏、拉普拉斯，全都是他的老同事。「在那些與你共事的人面前，你不會覺得自己是個陌生人，」他這麼說道。當然，他並不知道，梅杉正是擔心這些人會揭露他的錯誤[49]。

直到革命曆紀元三年芽月十八日（一七九五年四月七日）通過的法律正式重啓經線測繪計畫，並讓德朗柏重回委員會，梅杉才認眞整裝要離開熱那亞，雖然到這最後一刻，他還是宣稱首都裡的密謀危及探查計畫。他又開始找藉口不回去，不過，這次他沒辦法再拖延行程了；現在不離開的話，付出的代價將是他的地位，以及他的家人賴以維生的唯一收入。他在寫給斯洛普的最後一封信中，甚至鼓起一絲豁達的勇氣：「但骰子已擲下，而我將戮力完成這場冒險[50]。」四月底，他帶著僅餘的一具複讀儀，以及最後的一名助手，登上了駛往馬賽的郵輪。

正當梅杉離開熱那亞之際，主張共和的法國革命派採取行動，衝著這座貴族之城而來。特杭蕭一直在注意戰爭的進展，去年十一月，他誇耀著法方的勝利，宣稱這些勝利將迫使敵人承認法國人民的主權。在更靠近熱那亞之處，兩萬法國士兵正策畫要在奧地利防線後方登陸。三月中，特杭蕭攀上城鎮上方的丘陵，看法國艦隊與英國海軍交戰。槍砲聲從早上四點響起，直到下午三點三十分，特杭蕭一開始回報是法方勝利，他希望這場勝仗會迫使熱那亞貴族們放棄他們儒弱的中立立場。後來當他發現，這場仗其實是迫使法軍退回土倫，他不屑地將之歸因於法國又一次遭內奸出賣。哎！特杭蕭尋思，法國何時才能尋得一位英雄力挽狂瀾[51]？

不到一年，拿破崙以現代史上最戲劇性的軍事行動之一，領軍橫掃義大利。一七九六年四月，拿破崙軍隊占領熱那亞，他早在一七九四年來訪期間便斷定攻取此城的時機已經成熟。一七九六年五月，米蘭開城門迎接征服者，不料卻遭法軍劫掠，儘管拿破崙向天文學家歐利阿尼保證，科學界人士將因其征服而受益：「所有才智之士，所有曾在科學共和國取得勳榮之士，皆爲法國人，不論其母國爲何地。」一七九六年六月，法軍占領里佛諾和比薩，斯洛普之子便是來此地從事法蘭西共和國幹員的工作[52]。

當梅杉與特杭蕭在一七九五年春天搭乘郵輪抵達馬賽，梅杉的同事們有充分理由認爲他會馬上回巴黎，在重啓任務之前與他們交換意見。乘馬車往北，只要一星期就能到巴黎；又或許他比較想直接前往佩皮尼昂，繼續當初中斷的三角測量，佩皮尼昂只要往西幾天的車程。但在接下來的五個月，梅杉卻一直逗留在馬賽。而那幾個月的夏日，正是大地測量的最佳季節，德朗柏測量了奧爾良到布赫日的整個區段[53]。

梅杉的猶豫躊躇惹惱了特杭蕭，卡隆爲之火大，也令他的同事們摸不著頭腦。爲了督促他重啓任務，卡隆派葉斯特芬尼南下馬賽與他會合，此外還派了兩名新助手取代特杭蕭。法軍亟須測量員，而特杭蕭是法國經驗最豐富的軍事製圖人員之一，卡隆要他去測量瑞士與義大利交界的多山邊境，拿破崙正準備要從那裡入侵。

梅杉私下承認，特杭蕭不想再做他的部下，「我知道他不想被我指揮，也希望上帝成全他[54]！」但他也不想失去特杭蕭所提供的協助。要他趕快叫他的助手滾遠一點，他也做不到——這個助手可能是世界上唯一猜中他心底祕密的人。因此，當新助手抵達馬賽時，他拒絕放這位工程師走。他寫信告訴拉蘭德，卡隆想把他最能幹的助手搶走：「我們在執行任務時相處不錯，他在天文觀測上幫了我很大的忙[55]。」他在給德朗柏的信裡寫著，要是沒有特杭蕭，他的進度會變慢。不可否認，既然他只剩一具複讀儀，第二名觀測者似乎是多餘的。然而，是卡隆自己批准把另一具複讀儀賣給米蘭人，而勒諾瓦必須再供應另一具，這不是梅杉的錯。八月中，卡隆心軟了。「到最後，我還是得如你所願，不把你和特杭蕭拆散。你可照你認為最方便的方式差遣他[56]。」

梅杉對此感到滿意。特杭蕭歸他直接指揮，而且只有一具複讀儀可用，他就能同時控制觀測活動與觀測資料。

然而，特杭蕭的不滿幾乎到了無以復加的地步。他非但不能自己指揮一項測繪任務，還要再次接受這個猶豫不決、令人惱火的科學才士指揮。他服從卡隆的命令——現在是戰時，而他是一名軍官，但他堅持探查任務必須上路。他請求准許以每天十法郎租用一輛配有車夫的馬車，載運小組成員走陸路前往佩皮尼昂。梅杉批准這項計畫之後，卻又猶豫不肯上車，反而在一艘駛往塞特港的海軍船艦上訂了船位（四年後，他們的探查任務結束，馬賽的這位馬車車夫帶著簽名合約來到巴黎，要收他一萬五千法郎的累計日租，而德朗柏不得不和他討價還價，把他這筆帳以一輛新馬車的代價成交）。一七九五年八月底，梅杉和他的組員從馬賽航抵塞特港，再從塞特港搭划艇，在康內的海灘靠岸。從那裡再徵調士兵，拖著他們的裝備走了四英里，穿越佩皮尼昂的平原。中斷兩年半之後，梅杉終於重新開始進行經線測量[57]。

第七章　會合

而人站在屋頂或花園土堆上，環顧居處，
高二十五腕尺（舊制長度單位，約四十三到五十三公分），就是他的宇宙：
日出日落在其邊緣，雲朵俯身
與平坦大地和海洋相連，如此井然的空間：
繁星密布的天空不會延伸，就此安穩固定；
兩極依其金色活門轉動；
人若移動居處，他的天空亦隨之移動，
他走了，鄰人哀嘆他的損失。
這名曰地球的空間，就是它的範圍[1]。

——威廉．布萊克，《米爾頓：首部》

一七九五年夏天，德朗柏和梅杉繼續他們的任務時，原先說定的會面處，即紅石大教堂的所在城鎮羅德茲，距離兩人幾乎一樣遠。從遠方而來的德朗柏，仍有較長的旅程，北方低地已在他身後，雖然最北的敦克爾克緯度尚未測量；南邊的梅杉已經走過加泰隆尼亞，不過他尚未將庇里牛斯諸山峰和法國的卡西尼三角形連結。當這兩位科學才士終於面向彼此，開始上路時，他們放眼往「法蘭西深處」看去，這是奧佛涅、霍爾格、朗格道、滬西隆等幾個古老省份所在，是一片以中央高原爲主體的多山高原，中央高原有連綿的山脈，圓頂火山和冰凍的河川點綴其間。

法國大革命將這些地方畫分爲類似省份的行政區，徹底消滅了舊政權的貴族和宗教統治者，然而在這偉大的法國地理中心，生活節奏依然古老：農業自給自足、內陸夏日牧野、鄉間定期市集，從這座高原看來，巴黎簡直是個遙遠的都會傳奇。兩處中心——政治中心與地理中心——在定義法蘭西的恆久競爭中狹路相逢。政治中心在各方面都不可一世，追求科學和帝國的直線前進；以自身的特殊性感到驕傲的地理中心，則只爲現實生活而苟延殘喘。政治中心的發言人紆尊降貴來到地理中心，鼓勵鄉下人效法他們；而地理中心的居民們，除了少數官方使者，全都盡力不去理會巴黎和它那些神奇的計畫；像是要有一套新的公尺制的荒誕提議，還有那要測量全世界的不可能的任務。德朗柏和梅杉只不過是政治中心派到地理中心的一種新的特使，藉著數目的名義來使這裡乖乖就範。

但重新展開任務前，梅杉想要和他在北邊的同事協調一番。他寫信給德朗柏，問他怎麼記日誌，是依觀測的順序，或是依適合計算的順序記錄資料？他是記錄下每一次的觀測，或僅記錄摘要值？他是用觀測點或是三角形來將資料分類？每個角度他觀測幾次？他如何建造他的信號裝置？「我請教您這些問題，」梅杉解釋道，「如此我便可遵循您的次序，我們也可以交出一致的結果。您已測量許許多多的三角形，我完成的要少得多。因此要我依照您所選擇的方式將我的紀錄重新寫過，並不會太費時耗日[2]。」而他可以順便請教德朗柏如何處理各項開銷嗎？助理的費用由他出嗎？法國南部物價上漲，政府的指劵已幾乎完全貶值。

世界上最卓越的科學國家派下任務，要以人類有史以來最精準的方式測量地球大小，然而探查隊的領隊，也是全世界最嚴謹的兩名天文學家，卻未曾協調記錄資料的方法。十八世紀的科學才士或許希望將世界置於齊一的領域中，但對於將他們放在相同規則中，他們倒是小心得緊。

等到德朗柏收到這封信（經由巴黎轉到他手中），他正在索洛涅的秋日沼澤中進行三角測量。他欣然詳述了他的方法，告知同事：他一向是依觀測的順序記錄所有的觀測數據，用墨水筆寫在日誌上，每一頁都編上號。之後他的助理會以一種更便於計算的次序將資料抄錄在另一本筆記本上。他總會注明是誰執行該次觀測、所使用的儀器，以及時間、天氣和任何其他相關狀況，包括該處地形的簡圖，該地的特點也都標出。他這麼做是相信，身為國家特使，他正主導一項事關國家的重要任務。「最後，『委員會』會決定要公布什麼，在此同時，我記錄一切，毫無保留[3]。」

這番話也可以用在他的開銷上，尤其是食、宿、行的花費已經接近天文數字，助理的薪資不足果腹，德朗柏就用一般基金支付他們所有開銷。到目前為止，政府都不肯償付他代墊的款項，而他自己的薪資也拖欠了好幾個月，不過卡隆最近答應要補償他。如果梅杉遇到任何問題，他也可以借助一場爭取同情的公聽會。德朗柏回信中也有一個問題：由於他即將到敦克爾克去確定北方緯度，梅杉可否告訴他他在如意山觀測到什麼星，而他又是採取什麼步驟確保他測量的準確呢？

再沒有一個更無辜的問題能讓梅杉有如此矛盾的反應了，沒有一個話題比這更痛苦——也沒有一個話題是他更急切想要討論的。梅杉的回信比大多數科學文章都要長，至少絕對比他發表過的任何文章要長。他那潦草的字跡整整寫了九頁，信寫了十二天。動筆時他還在佩皮尼昂，寫完時他已經在艾斯塔捷，到了半山腰了。

信一開始，他對德朗柏的指點表達了謝意：「您的資料給予我最有益的教誨，我將努力使自己受惠，我只懊悔環境、條件以及自己淺薄的知識使我倆無法協調工作，但從此以後，在您的引導，以及一七四〇年卡西尼繪製的圖指示下，我將努力遵循更可靠的方法。」接著他描述在如意山採取的預防措施，那是為獲得最精確結果所做的，同時也暗示他對這些預防措施可靠性的疑慮。他告訴德朗柏，他擔心為折射所做的修正。他觀測開陽星（大熊座）所得的不一致資料令他

指券上的不幸者　指券是法國大革命初期發行的紙幣。圖中這些指券，面額從五十到一萬法郎不等。在一七九四至九七年的超級通貨膨脹期間，指券貶值速度驚人。而這種鈔券的通行始終也出不了主要城鎮。

困擾，爲什麼他對那顆星的測量結果竟然與其他星平均值差異達三倍之多？他甚至曾考慮要重返巴塞隆納，再次修正他的數據。他只希望德朗柏已經完成他在敦克爾克的觀測，而使「相同星觀測結果的比較得以完整，並對我的情況做出裁決」[4]。

他沒有提到他次年在「金泉旅店」所做的結果矛盾的測量。

禮貌可以變成一種客套：信首一番漂亮話，推崇一位備受敬重的同事，信末給予「誠摯的」擁抱，中間則是數據資料、推測、反假設，以及對第三者工作的批評。舊王朝時期的科學生活受到這樣的公式引導，變化並不明顯，一如光線折射的公式：尊敬的明暗從象徵到崇拜；情感的濃淡從虛情假意到誠心誠意。年長、科學地位和社會地位，多少會影響這種光譜，友誼、同志情分和學派間的競爭，也有同樣效果。新時代需要不講情面，男子漢只有赤誠交談的時間。一夕之間，正式的「您」變成共和體制那非正式的「你」。人人平等，至少目前如此。只是舊習俗又重現了，有些人始終也沒有完全拋棄它們，梅杉和德朗柏彼此稱呼從不用「你」這個字。

梅杉那漂亮的客氣話有多重涵義；即使發自內心，禮貌也是一種僞裝，宣示敬意和情感，是要求對方同等對待自己；即使是一個「誠摯的」擁抱，也是在謹愼的尋求回報。梅杉不常發表文章，或在法蘭西學院公開演說，除了報告觀測到彗星，或是要提供資料給星曆表之用，星曆表是記錄每年天體事件發生的表。而德朗柏在自己天文事業只有他三分之一長的時間中，卻發表過三倍於他的作品，彷彿他在科學上的大器晚成終於讓他可以吹噓了。梅杉痛恨印刷紙頁的冷峻絕決、那些不知名的讀者，他比較喜歡私人的信件，信件是爲唯一而且心有戚戚焉的收信者特別打造，信件是人與所見相同的心靈的契合。他與世界各地的科學才士通信，對於新知識的創造須有自我犧牲的觀念有同感的人，他與他們共享資料和失望之情：如哥本哈根的布格、哥達的薩克、格林威治的馬斯基林，此刻的對象是他的同胞，巴黎的德朗柏[5]。

梅杉和德朗柏並非朋友，目前還不是。他們是互相珍視的同事，曾在他們的老師命令下一起觀測星體，但是兩人已有三年沒有見面了；他們之前都是法蘭西學院的院士（梅杉比他資深十年），並被派往相反方向去測量世界，如今在一個從他們任務開始後遭摧毀又重建的世界中；他倆又是共和派的同志。他們是有豐富技術的科學才士，受託到法國上上下下的地點蒐集成千上萬頁的數據資料，同時還要彼此較勁，要用最大的速度和精準去蒐集那些資料。他們彼此合作，將要從未加組織的資料中濃縮出單一的精華，也就是一公尺的長度。

在這個合作與競爭的停滯期中，並沒有指導手冊可以引領他們，就像友誼和背叛也沒有入門書一樣，德朗柏和梅杉只有他們從舊王朝吸收的禮儀規範，以及他們一路走來學習到的平等主義規矩來引導他們。將這兩者結合，他們將塑造出一種新的「正直」。

梅杉的自謙打動了德朗柏的同情心，他的回信（他是應該回信的）中對梅杉的才能和品德大加讚揚，他在字裡行間一再肯定。

> 為什麼您要說「對我的情況做出裁決」？即使真有待做出的裁決，那也是關於布萊德利的折射表。您將會是裁判，而我認為他會輸掉這件訴訟。您觀測之準確，無人能及，我願不計一切，但求做出和您一樣優秀的觀測。我才不在乎它們是否符合一個人盡皆知並不正確的理論，近來這種理論被大肆抨擊，其力道遠遜於您那過度的謙虛[6]。

德朗柏勸慰梅杉，認爲他需要對自己嚴謹的觀測及精準儀器更有信心。接著他告訴梅杉，自己會如何分析他的如意山資料摘要，又證明結果會隨著關於折射對於溫度、高度和角度等關係的不同假設而有不同。這些假設都不會使開陽星的資料與其餘的符合，但是德朗柏允諾，他在敦克爾克進行自己的觀測時，會進一步探查，而在此同時，「請容我斗膽向您進言，對您的觀測要平靜以對。我認爲它們是正確的。您無須返回巴塞隆納……我絕不敢奢想換作是我，我會這麼做」[7]。

最後，德朗柏提供一項比較實際的慰藉，他把薪水和職位方面的好處讓給了梅杉。景氣不佳，財源難覓，但是德朗柏一再向他的同事保證：「我是單身，您的情形不同，任何晉升機會理當落到您身上，更不用說您的資深和長時間的辛勞。」最重要的是，他希望梅杉那年冬天回到巴黎，兩人可以一起哀悼共同的損失——拉瓦榭、孔多塞，以及其他被雅各賓政權（幸好現在已經失勢了）處死的科學才士。但即使他們不能在巴黎相見，他仍然期盼他和他可敬的同事終能在羅德茲將彼此的三角形連結，因爲「那一天將標記出我倆生命中一個新紀元」[8]。

德朗柏在北方的最後一個任務，是測量敦克爾克的緯度。行經巴黎時，他和拉蘭德及卡隆聚餐，還參加了新法蘭西科學院的開幕大會，聽人頌讚公尺制是科學院的首要任務。第二天早晨，他繼續上路，而及時到達亞眠慶祝聖誕夜（革命曆四年雪月三號），五天後抵達敦克爾克[9]。

之後三個月，德朗柏進行緯度測量的工作，這個部分相當於梅杉在南邊的如意山所做的測量。如意山是整個任務中最繁複的觀測，吸引梅杉的注意力整整兩個冬天。但是拉蘭德建議德朗柏測量不要超過一個星期。他的老師認爲，只要四個夜晚，就足以接近正確緯度的一秒以內，「而你應該就很滿意了」[10]。這位老天文學家可沒有他昔日學生對於精確的狂熱，以他的眼光看來，這些過度細微的測量簡直是時間和氣力的浪費，標準的公尺可以藉立法命令建立，而若是需要有點科學的東西做裝飾，也可以很快弄出一些適當的測量交代過去。不管是哪種方法，他的學生都應該回到眞正的天文工作上，也就是爲天體編目。

結果，德朗柏反而不辭辛苦地比照梅杉做預防措施。他在「督導樓」的閣樓上建造他的天文台，「督導樓」是座軍事建築，從這裡可以看到塔樓。他在天花板上鑽了個洞（經人許可）而睡在一層樓之下。這個舒適的安排唯一的缺點是地板不穩。雖然他計算出地板最大的干擾會造成只有〇．〇〇一秒的偏差，他還是建了一個木頭平台，可以站在上面，確保他的動作不會干擾到儀器[11]。

精準是費心費力的工作，必須要有不厭其煩的準備，以及作戰一般的策略。德朗柏運用天文學理論爲他的觀測做準備，他以三種不同方法證實複讀儀的垂直性；他撰寫公式，以修正他那些折射和溫度的數據資料。他預估可以期待的最佳精準度，直到在時候他才開始觀測北極星。北極星特別適合評估緯度，因爲它靠近北極，這表示它通過天球子午線時的角高度，可以提供觀測者對於赤道（即其緯度）的角距，而只需要做最小的修正。

他對於北極星通過天頂下的天球子午線，做了三十八次觀測，而得到緯度爲五十一度二分十六．六六秒，把最不可靠的數據剔除後，結果移動了微小的〇．〇六秒。而它通過天頂上方的兩百次觀測結果則比較麻煩，這是由於雲層遮掩和星體高度，所以和第一次的結果相差整整一秒；

但當他排除掉較不可靠的數據後，結果縮小到○．五秒以內；而當他總計所有的北極星數據後，他的總數和他最正確的數據僅僅相差○．二五秒（或者大約二十五英尺）。複讀儀的精準，以及德朗柏的準備工作、技術及「正直」，又得到一次證明。

在進行這些緯度測量時，德朗柏遵照他進行大地測量工作的步驟。他一向是記錄所有數據資料，再和貝勒在他的日誌每一頁底簽名，這樣一來，任何檢查他紀錄的人都可以看到，他沒有任何更動或是保留。他認為自己沒有權利單方面排斥某些數據資料，他後來解釋：「一項觀測完成，我就視它為一件神聖的事蹟，不論是好是壞，我都忠實記錄下來[12]。」

接著，德朗柏要以北極星附近一顆叫做帝星的星，來證實他的北極星結果；帝星也在北方的小熊座內，因此同樣適合做緯度的測量。不幸的是，他發現這顆黯淡的星不容易找出準確位置，「我從沒有完全清晰地看過它，」他承認，雖然他還要貝勒將望遠鏡鏡身鋸短以增加倍數[13]。這種情形在大地測量的視測時也發生過，在這種時候，德朗柏就依賴他這個「以萬分熱忱和嚴謹」觀察的助理[14]。他偶爾會在日誌上記下：「貝勒認為他可以看到信號，而無法看到的我，則不參與這些觀察[15]。」對帝星的觀測結果並不一致：低空通過時所做的，由於雲層遮掩而品質特別差，比北極星數據少了三秒——這是相當走樣的結果；而高空通過時所做的測量，結果相當吻合，僅僅相差驚人的○．○二秒。

到這個地步，德朗柏應該可以安心地離開敦克爾克了，他的總結幾乎一致，相差只有一秒不到。一月氣候溫和，二月裡寒冷，天空晴朗；但到了三月，雲層遮掩日益嚴重，英倫海峽上方的天氣永遠也敵不過加泰隆尼亞的天空。但是當預算的不順讓德朗柏在敦克爾克進退不得，多待了三星期後，他決定再做一些補充觀察。你可以想像當新的結果和舊有結果徹底歧異時，他有多麼驚恐。在幾近一個月的時間裡，德朗柏也領教了曾經那麼折磨梅杉的苦惱，一直到他找出問題所在：複讀儀較低的瞄準鏡上有兩根螺絲釘鬆了。瞄準鏡修好後，新的結果就與他的舊結果相符了。於是他在三月二十九日才滿意地離開敦克爾克。

德朗柏曾經答應要給梅杉一份關於他緯度測量的完整報告，但是到目前爲止，梅杉只收到拉蘭德給他的一份初步報告，報告中提到北極星和帝星。梅杉很困惑，「毫無疑問，」他在五月寫信給德朗柏說，「您後來還觀察了其他星體。」他想要藉德朗柏的結果幫助他解決折射的問題，並且修正他錯誤的外部。他要求有完整的報告，「如果您肯撥冗片刻，」在禮貌的客套公式中，這已經是懇求了，「再會了，親愛的同事，我等待您的回覆，它代表您的友誼和寬容，而這兩者是我所仰賴的。誠摯地擁抱您，並祝您健康[16]。」

德朗柏以一封長信回覆這個懇求，信的主要內容他已經在科學院一次公開會議中宣讀過。他對梅杉（和科學院）解釋，他沒有觀察到梅杉在巴塞隆納看到的那另外四顆星，因爲每顆星各有難處，使它們不符資格：牛宿二只有在白天才會進入它的位置，在巴塞隆納或許可以看得見，但在灰暗的敦克爾克卻是看不到的；曾使梅杉大爲焦慮的開陽星，通過時離地平線太低，無法讓人確切地在北海海岸觀察到，諸如此類的問題。德朗柏宣稱他對只有兩顆星也很滿意了，「的確，如果一個科學才士希望找到他需要的確定性，而非滋生疑惑時，他或許只應該觀測這兩顆星」[17]。

爲科學院發表的公開論文，跟寫給同事的信是不一樣的，因此德朗柏再爲梅杉加上一些親切的語氣。他稱讚梅杉在觀察方面的傑出技巧、能夠找出其他人看不見的黯淡恆星的能力，「我永遠無法與您相比」。至於梅杉對於折射的疑慮，他向他的同事保證，這個問題不值得擔憂。梅杉的數據無一暗示折射的修正在不同緯度會有不同。他們所有同事，包括波爾達，都同意布萊德利的表並不正確，而梅杉的如意山數據資料應被視爲確定的，「我們可能希望擁有的最完美數據」。他告訴梅杉，他的巴黎同事們一致稱頌，並且宣布他們任務中的天文部分已完成，「任務已經達成，」他說[18]。

兩位科學才士彼此謙讓，各人都否認自己是在競爭。雙方都自謙對方比較優秀，然而同樣的話出自不同人的口中，卻有不同的意義；德朗柏的客套頗有自信；梅杉的客套卻帶些自我質疑。禮貌社會的客套就像大自然的法則，可以傳達出多種意義。

德朗柏加上最後一點附筆，他告訴梅杉，他將有兩個晚上與梅杉夫人共進晚餐，希望他也能很快擁抱他的同事。梅杉上次沒有回到巴黎，他會在那裡受到熱烈歡迎；新的科學院就像從前一樣，而新的「經度局」的成員都是他們很親密的同事。政府——如今叫做「督政府」，仍然在應付大革命後的震盪，並且希望用一種叫做「土地券」的紙鈔穩定幣值。德朗柏本人到達時正趕上目睹「平等密約」受到鎮壓，這是一場叛亂，首謀是昔日在亞眠常和他爭執的夥伴巴貝夫。目前他正在籌募基金，以繼續繪製他的三角形到布赫日南部，他希望到仲夏時分能夠重返任務，朝梅杉那裡趕去。

在這段時間中，梅杉一直困在佩皮尼昂外的山區，拚了命想要再往北前進幾個三角形。這一帶處於混亂中，從西班牙征戰歸來（因爲外交斡旋而結束戰爭）的法國軍人，被分配散居在城裡每一間空房裡。物價飆漲，卡隆供應的兩萬四千指劵換不到硬幣八百法郎；一個月以後更跌了一半價值；就連梅杉的儉省也趕不上貶值的速度，他的隊員幾乎連每天一磅麵包和半磅的肉錢都付不出，酒和其他「援助」都必須自掏腰包。在山區情況更糟，他的助理們設立信號柱供觀測，但是給再多的指券，村民都不肯接受；沒有人肯租騾馬給他們，設備儀器必須徒步扛著，而挑夫又要求一天一百法郎的工錢；建造信號柱的工人要求更多。梅杉提議在靠近佩皮尼昂的基線兩端做的石角錐，帳單費用接近兩萬四千法郎，這是他全年的預算[19]。

為了幫助他，特杭蕭提議將他積欠三年的薪水轉為探查隊預算；這個算計過的慷慨舉動，表示特杭蕭每天的開銷必須出自一般基金。為了應對通貨膨脹，「經度局」將其薪資標準在那年冬天乘以十八倍。但是即使是梅杉那十四萬四千法郎天文數字般的薪資（以指劵支付），也跟不上通貨膨脹的速度。就算共和政府想教導人民，說物價是最高的變數，他們也找不出比這更痛苦的一課，這是人類頭一次體驗到超級通貨膨脹。梅杉還指出，若沒有他將複讀儀出售所存下的硬幣，他和他的合作者勢必早餓死在山裡了，「這不是哀嘆，而是實情」[20]。

特杭蕭的第一個工作，是要將毀於兩年戰火的邊境信號柱重建。他重新前往兩年前他被「密克雷」偷襲的星星山，將布嘎哈山和佛瑟黑爾的信號柱換新。同時，梅杉向卡隆將軍保證他的決心：「同胞呀，千萬不要相信我想要放棄這個任務，我會竭盡一切所能的[21]。」

這「一切所能」當中的一項，就是他的體力，那次意外使他的體力受損，但是他卻出人意外地強健。梅杉決定不去取回他那輛訂做的馬車，過去三年裡，馬車都停放在佩皮尼昂；這裡的地形崎嶇不平，不適合馬車行走，而馬匹又貴得嚇人。他靠兩條腿走到山上，而且是獨自前往；卡隆派給他的那些助理幫不了忙，反倒是麻煩。他只有一個複讀儀，沒有工作分派給他們，於是他要他們回巴黎去，除了特杭蕭。不過他倒是有一盞指引的明燈：卡西尼在一七四〇年測繪的三角形。問題是，梅杉要以一種前所未見的精準去操作[22]。

佩皮尼昂四周的第一批觀測點相當友善，佛瑟黑爾山是緊鄰城鎮西邊的一座圓錐形禿山，從山頂俯瞰，附近灰濛濛的葡萄園、鹹水湖和地中海岸一覽無遺。梅杉夜宿星空之下，因爲他雇不起守衛在夜裡看守複讀儀[23]。北邊緊鄰的艾斯皮拉山位在柯比葉山脈的丘陵當中，這裡地形比較險阻，盡是岩石山谷，殘敗的城堡据其上。在這座山脈裡，一座雙峰孤山兀自屹立。卡西尼在一七四〇年探查時曾利用這座山，梅杉也要使用，這座山是布嘎哈山，在當地方言中稱作 Pech de Bugarach。

布嘎哈山重挫了梅杉的士氣，這座巨大的石灰石岩塊，在山谷居民心中是座聖山。山腳下的小鎮有居民八百人，一間雜貨店，三座磨坊，一個黑玉礦場，黑玉是一種密實的黑煤，當地人再加工後製成寶石。梅杉原本希望在山頂紮營，但是十二英尺寬的山頂根本容不下他的信號杜和帳篷，因此他就住在山腰上一座農場裡，每天辛苦爬兩個小時的山，用雙手雙膝爬上斜坡，緊抓著灌木和矮樹保持平衡，再小心翼翼閃到一旁，走上最後一段上坡的禿岩，而腳下鬆動的小石子則發出滾動的聲音，墜落下方的深淵。只要錯踩一步，一切就都完了。他可以舉出摔下山死掉的「一千個例子」，他告訴拉蘭德，但是至少他爬山還沒有什麼阻礙，「那些抬著複讀儀箱子和建信號杜木材的人，讓我嚇得直發抖」[24]。

沒有什麼可以迫使這些人重來一次，他們也不肯在夜間或白天守護這些儀器，尖利的山頂飽受可怕的強風吹颳。這新的信號柱已經是該地的第三個，一個月前一場狂風暴雨，吹毀了特杭蕭建造以取代早兩年他所建造的信號柱。這裡非常危險，村民常提到辛納格里，這是一種鬼怪，牠惡毒的眼神足以將人殺死。

即使在今天，山區四周仍然是個神祕地帶。「布嘎哈」這個名稱源自阿拉伯文，意思是「眾岩之父」，或是「被驅離的父親」，代表一處高地，人被放逐到該地任其死亡。這座山直到今天仍然吸引許多神祕主義者，他們相信它是世界的中心點，或是外星人終有一天會降臨的地方，或是一個古代神祇或是被壓抑的人類記憶的地穴。到山頂是段陡直的路，從梅杉暫住的農舍，一個趕路的爬山者要近兩個小時才能爬上山頂。在牧草地上方，小徑曲折穿過一片陡斜的山毛櫸樹叢和礦泉。山上的土質濕黏沉重，植物變得稀疏之後，小徑穿過兩道尖銳山峰之間的罅隙，就是一段最後的坡路往山頂。在山頂上，如果空氣仍然清澄，你可以看到遠處南方地平線上一道冷冷的藍色屏幕——庇里牛斯山，在近一點的地方，逐漸遠去的山脊上有六、七座破敗的堡壘，隔著合於戰略目的的間隔，它們周圍的殘破土堤就像是破損山丘的延伸。北邊幾乎看不見梅杉的目的地——卡卡頌堡壘，這座堡壘守護著從大西洋流向地中海的一片寬闊綠水。然而這種晴朗的日子實屬例外，當地牧羊人古老的奧克西坦方言裡有這種說法：

羅霍山繫上皮帶，
布嘎哈山披上斗篷，
雨水就要落在山坡上[25]。

想像那種情形，梅杉告訴拉蘭德，你在一個晴朗的早晨出發，到了山頂卻發現周遭的信號柱已經被遮住了。雲朵像軍隊一般在山脊間行進，再不就是從高處飄過來，遮蔽整個地區，盤桓多日不去。梅杉睡在農舍，每天都必須爬上山去檢查他的複讀儀，這儀器放在山頂上，沒有人看守。每天早晨他都要重新把它裝好，以供觀測；入夜後，他再把它裝回箱子收好，放在一塊用石頭壓住的油布下，夜裡只有辛納格里守護。

當天氣轉晴，梅杉就能看到三百六十度的全景，包括他上山的來時小徑。他可以用眼光循著來時路往回走：小徑通過陡峭的山脊，穿過崎嶇的山凹，再從另一邊出現，然後衝向枝葉糾纏的樹叢。這是他剛才和未來要踏上的小徑，也是上下這座山僅有的一條路。山頂上，時間在他眼前延伸，就像朝卡卡頌望去的景色一般。時序已是十月底，每次複讀儀的操作過程都要一個小時，而他需要重複十幾次這樣的過程，風很冷，雲朵也在聚攏——爾後，就和這種情形一樣，他的未來也茫然一片。

這並非他投身天文學時所想像得到的生活。天文學家通常慣於久坐，更確切地說，他們生活顛倒：半夜不睡覺，黎明前有天文新發現；但是過了某個年紀，他們就待在原地，彼此以郵件交換訊息；在崇尚禮節的王朝歲月中，梅杉曾經在皇家天文台擔任過監察主任的閒差；在他一七八八年橫渡英倫海峽探查以前，他未曾離開人煙稠密的法國北部。王朝時代是個安穩的背景，時間在這個背景前方前進，像個精確的鐘；每天晚上他都漫步穿過天文台夜半的花園，走到可以望見眾星的屋頂，每天清晨再回到他那整潔雅致的小屋。然而革命破壞了時間，重新設定時鐘，把曆法也摧毀，白日裡充滿了各種快速的事件，使他不再聽得到鐘擺聲。大革命將他逐至外圍，這裡的時間已經慢到像是在爬行，而他的日子充滿了一再重複的無謂紛擾。如今他住宿在鄉間小鎮的破舊小旅館裡：豬肉烤成薄片，僕人永遠拖拖拉拉，沒有廳堂可以寫東西；椅子完全違反「休息」的用意，房門不單讓人進入，也會發出呼呼的風般聲響；白粉牆，和老舊得「適合給蛾和蜘蛛（作窩）」的壁氈[26]。運氣好的時候，他睡在當地士紳的莊園宅邸，或更幸運地住在業餘科學才士的家中，例如佩皮尼昂附近的亞拉哥家。運氣差的時候，他睡在內地牛棚的草堆裡，沒有燭光證實他的計算，或者躺臥在冰凍山頂上，一個冷風直灌的帳篷裡。

然而他所處的年代，是旅行者紛紛走向天涯海角，把南極洲海岸的抹香鯨油、大溪地樂土的麵包果、北極光的畫面帶回來的時代。那麼走遍法國——這個數十萬尋常法國男女每年都會走過的國家，只爲了帶回一些數字，這又有何光榮可言？但是，你倒不如去問梭羅，在成千上萬美國人冒險往一千英里以西的蠻荒邊境前進之際，他住在華騰湖畔兩年中，面對的是什麼樣的挑戰？對巴黎人來說，他們國家的內陸猶如外國，就像任何安地斯高原那樣的具有異國風味。法國中部省份的居民並不說法語，他們說的是一種涵蓋所有奧克西坦方言的語言，這種語言和加泰隆尼亞語，或普羅旺斯語的關係更密切，村長或許會法語，卻不願意說；各地方的度量單位將各村落密封在各自的經濟中。這挑戰不是法國「能不能」走遍，而是「如何」走遍，「誰」去走遍，以及「爲何」要走遍？牧羊人會把羊群趕上內地的山坡，土匪可能藏匿於深山，只有科學研究者才會爬上山頂去證明一個論點[27]。

十天後，當布嘎哈的工作完成後，梅杉移到阿拉西克山，就在這時候，一場暴風雨打壞了附近陶施的信號柱。特杭蕭被派去修復，這時也該到陶施測量了。在陶施測完後，已經是十二月底，天氣酷寒。他已經爬上每座山頂的觀測點十五到二十次，而每一次都要走上大約八十英里的路，穿越有一英寸厚冰覆蓋的原野，猛烈的西北風也呼呼吹著。複讀儀裡的潤滑油在冰寒中都凝固了，他的手指凍僵，無法扭緊螺絲釘。雖然如此努力，他卻只能將他的弧從佩皮尼昂延伸到卡卡頌，半年只架好三個信號柱，實在少得可憐[28]。

這原本是個好機會，讓他回到巴黎，與家人團聚，獲得他極爲需要的休息。當然他的同事絕不會不讓他在大地測量的淡季略微休息一下，但是梅杉卻再次決定到南方過冬。他告訴卡隆，他想選擇一個地點作爲的基線，讓他最能夠測量三角形中一邊從此端到另一端的長度。爲了這個目的，他需要一塊平坦的長直條地形，長至少五英里，而其終點可以從附近一個觀測點用三角測量法測出。一七四〇年時，卡西尼曾經使用佩皮尼昂附近的海灘，但是梅杉認爲那裡的流沙太不穩定，他挑了從佩皮尼昂到薩爾西斯堡的「大道」的一段。特杭蕭指揮陸軍工程師在兩個終點各建一座石造角錐，梅杉以三角測量法將它們和他在艾斯皮拉山的觀測點相連。他也想當場就進行實際的基線測量，特杭蕭甚至還用土地測量員的鏈索先行試做，但是他在巴黎的同事卻堅持要他先完成大地測量中的角度測量，其餘的測量必須要延到特殊裝備在巴黎準備好才行[29]。

梅杉視拒絕爲同事對他的不信任。他的精神在暫時的歇息後消沉了，三月，他向拉蘭德承認，「我的氣力再也比不上我的勇氣了[30]。」冷冽的空氣使他背上的舊傷惡化，他也承認，意外的長期影響若說是身體上，不如說是心理上。他很沮喪，但不太知道是什麼原因：「如今只剩下要怎麼治好我的腦袋，我願盡一切努力。我仍然懷抱希望，相信我會克服這種冷漠和昏沉，這二者將我和眞正的我疏離，只要我休息或獨自一人時，它們就會讓我心灰意冷，削弱我所剩不多的能力[31]。」憂鬱開始籠罩他，他感到虛軟無力。

於是，下一刻他就寫信給德朗柏，說要在羅德茲北邊測量出他夥伴那一邊的地弧。這額外的工作不會是他的負擔，他說，只是爲他的失誤做補償，並且平衡他們個別的付出。德朗柏始終沒有回覆他這個請求。春天來了又去，夏日悄悄溜走，梅杉仍然待在佩皮尼昂做緯度測量[32]。

當地友善的政府官員讓他在地區辦公室的庭院建立他的天文台，他也在那裡造了一個日晷。這些測量是加倍的多餘，三角形、基線的測量、敦克爾克和巴塞隆納的緯度，這些就是計算「公尺」所需的全部。但是最近波爾達、拉普拉斯和「度量衡委員會」的其他物理學家卻決定，沿著地弧做一些中間的緯度測量，可以更精細地修正他們對於地球曲度的知識，而改善以法國經線（子午線）推到全部經線的最後推測。他們請兩位探查隊領隊在三個其他地點，蒐集額外的經線資料數據：巴黎，在德朗柏的弧中；埃佛，在經線弧的中點；卡卡頌，在梅杉的弧內。他們力勸梅杉加入在埃佛的德朗柏，一起進行經線的補充測量[33]。

梅杉回絕了，他認爲最好是德朗柏單獨在埃佛測量，這樣就可以確保緯度的正確性，他說：「我太清楚在結果的正確性上，我的結果是遠不如您的[34]！」

這番話傳到波爾達耳裡，引起一番嚴厲的指責。一個有自尊心的科學研究者怎可如此說話？梅杉瞧不起自己，就是瞧不起這個任務。波爾達拋開例行的客套，對這位天文學家直言無諱，這位指揮官的年長、地位、對梅杉的器重，使他有此權利，「我理當對你生氣，」他寫道，「你從哪裡來的念頭，認爲德朗柏在緯度測量或是三角測量的結果都比你要好？爲什麼當別人都認爲你的工作，或者說委員會的工作非常傑出時，你卻要駁斥它[35]？」開陽星那些不符合的數據，只是證明布萊德利舊折射表是不正確的，如果梅杉的結果不符合卡西尼在一七四〇年的發現，那麼「算它們運氣差」。「你不是被派去發現和前人一模一樣的結果，」他提醒梅杉，「而是要去發現眞相[36]。」像他那樣帶著優良的儀器，又多虧他有鑑於任務的無比重要所做的預防措施，他的新結果毫無疑問會不同於舊結果，否則這整個計畫就不值得那些努力。而在此同時，波爾達將運用梅杉的結果得出折射的新公式。

至於德朗柏，他勸告梅杉將他問題，交由波爾達和拉普拉斯高超的理論技巧去解決，全世界最重要的物理學家將會使用他那了不起的加泰隆尼亞數據，來建構他們的理論，這件事就足以讓他自豪了；而那些數據是「現存最好也最確定的」數據。梅杉的正直和仔細就像傳奇。但是德朗柏提醒梅杉，千萬不要試圖去完成不可能的事，「無論我們付出多少努力，我們總是難以超越一秒之差的精確。我想，避免誇下海口，並且以『可能』的藝術安慰自己，你我已經達到這個目標了」[37]。在任何這種規模的任務中，小錯在所難免，也幾乎不會影響整體的結果。「任何人只要略知我們面對的困難，在考慮我們達到的精確程度時，就會把它算進去[38]。」

這些安慰的話似乎並沒有給梅杉多少慰藉。整個測地季過去，卻沒有完成一個三角形，梅杉在那年冬天將他的作業移到卡卡頌，好讓自己在次年春天準備好前進到羅德茲。但在此時，他向拉蘭德承認，他已經瀕臨崩潰。「在承受如此多考驗後，正當眼前不再有重大難題待克服之際，我的勇氣卻已用盡……」重壓在心頭的，是與他遠方夥伴的那種叫人不敢恭維的較勁，當他在南邊耽擱時，他指出：「德朗柏卻以鷹般迅捷進行工作，朝我們而來，他已經幾乎走遍整個法國了[39]。」

一七九六年的夏、秋兩季中，德朗柏在南部測量了七座觀測點，從布赫日到埃佛，每個觀測點都有自己的問題，也都需要自己的解決方法。例如，在摩拉克，也就是布赫日以南的第一個觀測點，它的鐘樓曾經高高在那十二世紀的教堂上方四十英尺，但是卻毀於「革命份子的大槌」下[40]。德朗柏提議要蓋一座替代的塔，和全村（共有七百四十八人）共同分攤費用，但是村民拒絕；於是德朗柏提議用一個比較便宜的十八英尺高木頭角錐蓋在教堂頂上，他和村民分攤費用，而這個角錐頂也可以在下雨時給信眾遮雨，村民對這個提議也不理會。於是，在不無氣惱之餘，他和一個木材商人談條件，由商人以折扣價建造這個木塔，而等到測讀完成後，商人有權利收回木頭。然而，當一個月後商人過來拆教堂屋頂時，村民卻加以阻撓，隨後是一場審判；五年後，教堂塔樓仍然有待修建。接著是這個區域最後一座觀測點的阿弗維，德朗柏的測量因爲一株巨大的橡樹而有偏差，因爲橡樹會投下陰影在教堂鐘塔上，造成偏離，即使如此，他也不願意修剪，因爲這棵樹也可以給農人星期日的跳舞會帶來樹蔭[41]。

德朗柏在一七九六年十一月二十四日抵達埃佛，這是弧的中點，並在「白馬酒店」住下。這家旅店也租給他主城門旁一處閣樓穀倉，他在那裡的屋頂上穿了個孔，改建成天文台，就像他在敦克爾克那樣。在一段時日的晴朗夜空和兩百一十次北極星的觀測後，天氣變壞了。白雪在一夕之間降下。在其後的兩個月中，只有兩個夜晚適合天文觀測[42]。

他最初的結果與卡西尼在一七四〇年得到的結果相差極大。要是換做梅杉，這種數據不符的情形早就逼得他爆發焦慮了，不過德朗柏卻因此去核對卡西尼的工作。他發現卡西尼的方法有一個錯誤，於是他花時間去更新計算、修正公式，並且再三查對結果。這些他都會定期告訴梅杉，這是應梅杉之請。無疑地，他也採集了溫泉的樣本[43]。

埃佛位於中央高原的北邊，這裡有一道溫泉從山腰間湧出，溫度有攝氏六十度，富含礦物質。這裡的羅馬浴池在西元三世紀毀於大火中；中世紀時，這些浴池成為朝聖地，據說這裡的水可以治療傷肢和慢性疾病；到了十八世紀，這裡有三座浴池，由一位顧問醫師總管。在數個月的辛苦旅行後，德朗柏應該發現埃佛是個讓人夢寐以求的休息所在。

埃佛是個很好的休憩地方，卻不是個被困的好地點。德朗柏決意要在即將到來的探查季中完成探查：「我要在這個夏天完成，再大的犧牲也不算什麼[44]。」他暗示有「額外的理由」要返回巴黎，但究竟是什麼，卻沒有明說。不過我們可以推測，他是希望重拾他才開始就被打斷的科學志業；他也可能是想要多陪陪一位他最近才結識的迷人的巴黎寡婦[45]。

十二月時，他開始請求卡隆預付一筆金錢，供下一次活動季之用，這也是科學家為重新申請補助金而一再爭取的另一章。卡隆答應要設法，但是政府對於通貨膨脹的政策有了轉變，雖然指劵和土地劵正逐漸淘汰，但強勢貨幣依然難求。德朗柏倒是可以用軍人配給補足他的薪水，身為騎兵隊上尉，他每天可以領到九里佛，加上他和他的馬匹的雙份配給。問題是，這些配給只能在靠近戰爭前線的地方兌換，而軍需官不斷提醒他，埃佛是法國境內離前線最遠的地方。更糟的是，卡隆本人也開始失去影響力；他不再是議員，而且他還被指控不當管理他的預算。他請求梅杉和德朗柏交出詳細的帳目，好向上級交代他的開銷。「我不得不開除的職員中，有些人是卑鄙的小人，甚至對於最尊貴的行為都要中傷[46]。」春天過了一半，卡隆本人也丟了官。為了彌補他們軍方貴人的損失，這些巴黎的科學才士請出他們的政治保證人拉蘭德去遊說卡諾，他是一位前工程師，現今是國家行政總理之一。拉蘭德也主動去搭訕拉瓦榭的遺孀，「據說她很有錢」[47]。

事實上，德朗柏寫了信給梅杉，他存了一筆兩千法郎硬幣的備用金，這是從他的薪水和他微薄的年金裡省下來的。他也希望將他身爲科學院院士的酬金移作他用，這筆酬金只夠支付一個信號杆，當然這筆錢必須保密。「讓他們認爲我們窮一點最好。」但是，就算在春天要展開他的探查的唯一方法是他自掏腰包，他也會這麼做。到後來，他還正是非如此不可呢[48]！

一七九七年四月一日，在溫泉鄉待了四個月之後，德朗柏開始最後一段往羅德茲推進的路。在奧佛涅高原上，他還有十三個信號杆必須豎立，還有十一個三角形待完成。往南前進時，每個觀測點都帶來更大的挑戰，例如在十字架上的觀測點。在急切中，他或許太早上路了，初春的天氣十分惡劣，幾乎無日不雨，他不是在小旅館裡躲雨，就是路上遇到傾盆大雨。透過東方的晦暗天色，他可以看到一排蜂窩狀的火山，黑色的山頂是點點白雪，這些火山中最大的一座是多姆火山。一個多世紀以前，偉大的巴斯卡曾派他的妹婿帶著一個粗製的氣壓計上山，證明氣壓是有限的；一千多年前，羅馬人在火山口一座堂皇的神殿中祭祀風神；一萬多年前，這整片高原是在火山熔岩流中生成——不過學者們提出這樣的說法才十年，而它們的理論仍然有爭議性[49]。

十數年、數十年、數百年、數千年……人類一天又一天像螞蟻般爬行在高低起伏的地表，眼望著下一個山頭，想要揭開塑造地球的過程之謎。在曾經期待完美的地方，他們開始了解我們的星球有多麼古怪，因爲它只是暫時停駐在意外和必然之間。而在地質時間和人類日日辛勞的空隙中，人類歷史展開了，也同樣的在意外和必然之間維持平衡，種植季節開始了。土地濕潤，河水滿溢，空氣中充滿水氣，黑色沃土長出繁茂的青翠牧草，牛羊、馬匹在路邊吃草。大自然被人類有目的地塑造，它反過來也塑造了人類的選擇，就連哥德式教堂也用黑色熔岩建造。

從遠處，德朗柏並不容易透過陰暗的天色看清楚額曼的鐘塔。額曼是一座有城牆的中世紀小鎮，位踞一座角錐形山丘的陡斜山頂上，人口有五百二十七人。額曼教堂的三座塔全都曾毀了又建：（法國）新教徒毀掉，天主教徒將之重建；革命份子毀掉，如今再由科學將之重建。當德朗柏到達時，這個五十三英尺高的鐘塔只是個黑色空架子，他用一綑綑的乾草塞滿鐘塔內部，使得鐘塔成爲實體，可以從遠處看見。但是當他想要用一片白布將鐘塔外圍包起來時，當地人卻大加阻撓。白色是保皇黨旗幟的顏色，而這個地區的行政官員正與一股反動（保守）的復辟勢力對抗。鎮民不希望被冤枉成爲反革命份子。才幾個星期前，一群流氓搶走他們認爲瀆神的聖水盆，又因爲教區神父宣示效忠共和而大加詰問，之後才逃走。爲了安撫這些愛國者，德朗柏在白布兩邊各縫上一段紅藍色布條，將他的信號杜變成一面臨時的革命三色旗。此舉令鎮民滿意了一段時間，足夠他進行測量後離開。他才走第二天，就有一群保皇派暴民包圍教堂，強迫神父加入他們的遊行。「法律、政府、秩序的敵人仍未放棄他們在此地種下混亂種子的愚蠢希望。」一名當地的行政官員如此抱怨[50]。

在下一個觀測點，德朗柏需要向行政官員求援。他才剛把信號杜安放在伯特雷歐格斯鎮上方那奇特的管風琴音管般的灰色山崖上，一陣狂風暴雨使得土石流從山上流下，把街道積滿三英尺深的爛泥和石頭。居民把洪水怪到山頂上那個怪異的信號杜上，非要把它拆下不可。雖然每年都向河水獻祭，這個朵度恩河畔自視頗高的城鎮，長久以來飽受河水氾濫之災。每年春初，在聖灰星期三的前夕，都會有一列穿白袍的男童隊伍在鎮上遊行，手拿火把，推著一輛載著一個老人肖像的運囚車，一邊唱著像輓歌一樣的頌歌：「再會了，老先生，你必須走，我留下！再會！再會！再會！」等一行人走到河邊，在場年紀最大的男人就要把肖像點上火，趁它仍在燒著的時候丟進河裡。這種儀式可以追溯到塞爾特人，逢到河面太寬，渡不了河的時候，他們就會將年紀最大的旅者丟入河中做犧牲；到了十八世紀，因爲官方希望減輕水患，這種儀式還增添了一些內容。鎮上領袖勸阻了鎮民毀掉德朗柏的信號杜的打算，而信號杜位在高高的懸崖上，難以接近，也不無助益[51]。

他的下一個觀測點，狂猛山山頂，是整個經線弧上最高點：海拔六千英尺。在那裡，德朗柏其實可以選擇是住在附近的文藝復興小鎮塞勒斯，是個黑漆漆的前哨站，有法院殿堂、石板屋頂的小酒店、和黑石做的城垛，但是到山頂要爬上辛苦的三個小時！不如住在離山頂一小時路的牛棚裡。由於這時是八月中，德朗柏認爲省掉每天的行路會比較安全，於是就住在牛棚裡。

在我工作的十天中，我和衣而睡在乾草綑上，靠牛奶和乾酪維生。由於有濃霧遮住地平線，我幾乎永遠無法同時看到兩座觀測點。在等待十或十二小時，只希望能從山頂看到一個景象的漫長時間裡，我連續被日曬、風吹、雨打，但是沒有一件事要比束手無策更讓我惱怒[52]。

雖然狂猛山不是根據天氣而命名，但就這個理由倒也說得過去。它在其姊妹峰旁拔高而起，像是臼齒尖端。往東望去，也就是朝德朗柏的背部，一座更高的山脈擋住視線，光禿的圓谷零星分布在山中；往西則是一片開闊的景象，下方是綠色裙擺般的熔岩，散布幅輳在一處的眾河谷中，而後流入兩百英里外看不見的大西洋。地質學家近來才猜測這整個地區曾經是一座巨型火山的遺址。當雲朵退去後，德朗柏就能夠看盡這火山的古老碎片。通過他的複讀儀的瞄準鏡，他可以看到山谷中玄武岩上方塞勒斯的黑色城垛，加上他周遭所有的觀測點：博特風管般山崖上方他的信號柱、巴斯提的教堂塔樓，以及他的下一個目的地，蒙薩維殘破的城堡牆壁上方的信號柱。這裡是低低的長片天空下一個寂靜的高處，眼前杳無人煙，只有乘風翱翔的飛鷹和在山坡上吃草的牛群。今天的紅色塞勒斯牛是十九世紀末期品種之後，不過牠們十八世紀的祖先已經以其乳酪聞名，乳酪是這地區主要的出口物。夏天白天牠們在高高的山坡上吃草，每天晚上，爲了保護牠們不入狼口，牧人都會把牠們趕到下方牛棚，德朗柏晚上就和牠們一起過夜[53]。

內地人長相俊美，有藍色的眼睛和深棕色的頭髮，他們誤以爲德朗柏是巫師。不然還有誰會花錢雇一隊人運送四根二十四英尺的木材到狂猛山山頂，把他們做成錐形？所以當一頭母牛擠不出奶，當一具犁壞在田裡，當一趟旅程不順的時候，就得怪巫師那邪惡的眼神了[54]。

政府曾要求德朗柏在行經鄉下地方時，評估一般人對於公尺制的看法，這也是他任務的一部分。德朗柏發現大多數平民百姓從沒有聽過新的度量，建造他的信號柱的工人不識字、不懂數學，連法語也不會說。這並不是說他們不善表達或是技藝不精，德朗柏發現他們對於建造他那怪異的三角錐十分純熟。不過，在一場爭取同情的公聽會上，他對著這個地區的「開明的市民」發表演說，這些開明市民有地區行政長官、政府官員，以及受過教育的人，而他們都盼望這個新紀元的到來。在王朝時期，奧佛涅省是以一堆雜亂的法規來治理的：一半的村民效忠羅馬法，另一半村民遵從普通法，法律的糾纏不清造就這個地區度量的繁複，而將每一個市場變成一個「欺瞞、哄騙、偷竊」的競技場，這個地區開明的市民如此相信[55]。

在過去兩百年間，習俗變了，人也改了，動物也不一樣了，就連地形和氣候也不同了，但是弔詭的是，根本上似乎沒有更動。這些中部地區的人口已經穩定了兩百年，雖然人口有穩定朝城鎮外移的現象，但六十歲以下的人沒有人習慣說奧克西坦語。塞勒斯牛隻繁殖、改良到外表有光澤，筋肉結實，但是野狼卻都不見了。卡塔爾乳酪仍然是該地區的主要經濟內容（次於觀光業），而今天還出口到除了美國之外的世界各地。冬天沒有十八世紀寒冷，雖然一九九九年的暴風雨將三億株樹木吹倒，就連現代高速公路也仍然沿著王朝的工程師設計的路線建造，只是現在都用柏油鋪路。在從塞勒斯往蒙薩維的路上（這條路今日名為D920，當年則稱「督導路」），德朗柏遇上一陣狂風暴雨。這種感覺，他說，就像是在一朵雲裡旅行，陪伴你的是連續的雷聲和閃電[56]。

八月十二日，在蒙薩維，德朗柏頭一次透過他的複讀儀看到羅德茲。當時的地平線朦朧不清，要分辨出目標十分困難，但是第二天他就看到目標清晰地浮現在藍天的背景前：聖母瑪利亞安詳的紅石頭部，高聳立於大教堂頂台的基座上。這座雕像將會將他的那條觀測點鏈和梅杉的相連，當年德朗柏從蒙薩維稍北處山頂所做的觀察，今天有一個精細鑄造的方位表為之紀念，這個表上標出各地形特點，近者如羅德茲，遠者如諾爾峰，這是梅杉在卡卡頌以北的觀測點。

德朗柏最後的目標就在眼前：羅德茲位在霍爾格這溫暖的盆地中一座小土丘上，當他下山時，迎向他的是上升的氣溫。土壤顏色轉淡，成為一種易碎裂的橘黃色，黃色的屋舍開窗迎向陽光。突然間，他再也感覺不到身後的大西洋，而開始聞到前方的地中海氣息：果樹、玉米殼、橄欖樹、南方乾燥的塵灰。身長可達一英尺的蜥蜴飛快竄到岩石後。德朗柏已經進入法國南部，還有半個中央高原沒有走到，那裡有長滿松樹的藍色山脊，和從山裡挾帶涼爽的藍色空氣下來的深谷，不過這仍然是南部。德朗柏只剩下兩個觀測點，再兩個觀測點就可以將他的三角形和梅杉的相連[57]。

羅德茲大教堂之塔　羅德茲大教堂文藝復興風格的塔樓，是德朗柏和梅杉三角測量的聯繫點。被兩人當作共同信號柱的聖母像頭部，是塔中央最高點。

如今他隨時都應該有同事的消息了，不論是在羅德茲或是在鄰近的希奧佩霍斯。這兩位科學才士自從春天以後就失去了聯繫，可能是因爲梅杉也在往羅德茲前進，而從一個城鎮往一個城鎮，郵件無法送達。八月二十三日，德朗柏正在希奧佩霍斯觀測時，看到正南方梅杉的信號柱之一，這是好兆頭，表示他和梅杉同時往赴羅德茲。這會是多麼美妙的結局！對於它們六年的競爭與合作任務是最完美的結果。因爲急著要完成測量，他和貝勒第二天就出發，駕車走過最後兩百五十英里路到羅德茲。路上他們遇到一個獨自朝反方向前進的旅人，此人正是特杭蕭，正要去找他們。他的任務已經完成，他說。梅杉不厭其煩地給了他許多指示，要他從卡卡頌建一道信號鏈到羅德茲，好讓梅杉跟隨，用他的複讀儀做大地測量。幾天前德朗柏看到的，是特杭蕭在拉蓋斯的信號柱，但是卻怎麼也找不到梅杉本人[58]。

兩天後，新曆五年果月——也就是一七九七年八月二十六日，德朗柏抵達羅德茲，並在他的日誌上寫下維吉爾的《埃涅阿斯紀》中這段卷首題詞：

這是最終的勞苦，以及漫長旅程的終點[59]。

接著，他、貝勒和特杭蕭爬上大教堂塔樓的三百九十七級台階，觀察周遭的觀測點，四個大天使的雕像從四個角落觀看他們。在中央的台座上，爲方圓五十英里最高點的，是聖母瑪利亞的立像。一五八八年被一次閃電擊中後，這具青銅像就被一座和塔樓同樣質材的紅石像取代。有些革命派人士希望用一具自由女神像將它換掉，其他人則堅持將整座塔樓夷平。不過當地的「革命協會」卻經表決，要將此大教堂供作他途，成爲「公理殿」，就像是聖丹尼的長廊教堂，留下過往的，供作新用途[60]。

風勢正猛，地平線清晰可見。他們在兩天內完成了觀測，便收拾行李，返回巴黎。德朗柏幾乎完工了[61]。

第八章　三角測量

他會説，整個科學界都一樣；他們偉大的定論是不容被推翻的。自然法則會為自己辯護；但錯誤，（他注視我母親，懇切地加上一句），先生，錯誤卻會從人性疏忽的小孔和縫隙悄悄鑽入[1]。

——史特恩，《崔斯特蘭．向迪的生平與意見》

梅杉人在哪裡？

一七九七年春夏兩季，德朗柏從埃佛到羅德茲進行三角測量，而特杭蕭正在卡卡頌到羅德茲之間展示他的信號柱長鏈。這段期間，無人有南方探查隊領隊的消息。八月初，德朗柏接近羅德茲時，他開始擔憂了，於是他和在巴黎天文台的梅杉夫人聯絡，她或許知道丈夫的下落。

當梅杉在遙遠的南法山間慢慢進行他的工作時，他的妻子已經從邊陲的小屋搬進天文台的「大宅」，那是卡西尼家族四代定居的氣派寓所。梅杉還在馬賽時，她已獲准遷入，但是務實的梅杉夫人希望先整理一下再搬進去，因爲這裡的房間在大革命時受損。梅杉全家搬進新家時一定感到很光榮。他們的長子，傑侯姆艾薩（根據他的教父拉蘭德命名）已經十七歲，也打算從事父親的天文事業，他已經被聘為天文台助理；次子也看得出在科學方面會有大好前途；女兒更是三個孩子中最聰明的。誰知道呢？眼看卡西尼家族日漸沒落，或許梅杉家族以後幾代都能夠掌理天文台呢！當然，他們的父親必須先建立一番尊貴的事業[2]。

丈夫未與敬重的同事聯繫，梅杉夫人感到訝異。他寫給她的上一封信，日期是七月二十一日，信裡說他正要在卡卡頌以北的黑山開始測量他的三角形，他希望能在夏天結束以前完成任務。如今夏天已經過了，這場比賽也結束了，如果這算是比賽的話。唯一的問題是，梅杉能不能挽救他的榮譽[3]。

梅杉的信終於寄到，這時候已經是冬天，德朗柏回到巴黎，正準備要量度靠近梅倫的北邊基線。這封信注明的時間是一七九七年十一月十日，從普哈德爾鎮寄出，梅杉親口承認，他在這個鎮上幾乎沒有任何進展。問題在於天氣。過去兩個月，他總共探測時間不到兩小時；而在等待天空放晴的時間裡，他又一直在為他在巴塞隆納的結果痛心。他又在那永遠放不下的「開陽」星上鑽牛角尖：「它帶給我的只有絕望和失望，我後悔觀測了那顆星[4]。」他也憂心交出數據資料給其他科學才士的時刻的到來。他做了些初步的計算，顯示出一些丟臉的比較結果：結合德朗柏的測地資料和天文資料，敦克爾克和埃佛的值相符到只有一秒不到的差距；當他用自己的資料進行同樣的計算，發現他對巴塞隆納和卡卡頌所測的值卻有近五秒的差異。他的分析很顯然是過早了，或甚至根本不被接受的。（科學才士可以在探查仍然在進行時就先偷看一眼最後的結果嗎？）但是他「確已」做了計算，而這些計算也使他相信他「必須」在這個冬天回到巴塞隆納。為此，他需要法國和西班牙兩國政府的同意，而他恐怕波爾達不會准許。德朗柏可不可以代表他去找這位老物理學者兼指揮官一談？

他還是在同樣的問題上想不開，只是帶了點不祥的新意味。不論代價如何，梅杉告訴德朗柏，他決意要完成他的任務：「在這種情況下，我已選擇置身在我長久以來哀嘆的可怕放逐中，遠離我其他的責任，遠離我珍視的一切，也遠離我自己切身利益。我將做各種犧牲、拋開一切，而不要在沒有完成我份內工作時回巴黎……如果不容許我完成，我永遠也不會回去。」梅杉認爲他只有兩種選擇：「不是很快恢復我根本不該失去的氣力和精神，就是很快離開這世界[5]。」

這段話在德朗柏看來有種自殺的味道，而看在卡西尼的份上，普哈德爾又是在哪裡？德朗柏在任何地圖上都找不到這個小鎮，也許它在朗格道的黑山的某個地方，這就意味著梅杉連續兩年連一個觀測點都沒有完成。

德朗柏決定跟波爾達商量，他將梅杉的信摘要寄給指揮官，作爲他們同事「心神狀態」的證明，「我不喜歡他說：**我不是恢復精神，就是很快離開這個世界**」。他個人是希望梅杉冬天能回巴黎，好讓這兩位探查隊領隊可以比較資料，並核對彼此的計算。到目前爲止，德朗柏所有的資料都和梅杉分享，但是梅杉卻不肯照樣做。「我不單眞的希望看看他的資料，也認爲這種預防手段是必要的。如果梅杉回西班牙，誰知道他還會不會回來，或者我們能不能拿回他的資料？」他們必須設法「治療他的心靈，讓他回復理智，回到家人、天文學和同事身邊」。爲達這個目的，德朗柏建議他們讓梅杉夫人出馬[6]。

那年冬天，德朗柏正在埃佛的溫泉泡湯時，梅杉卻關在南方的卡卡頌堡壘中。這是有史以來最寒冷的冬天之一，就連米迪運河都結冰了。堡壘從羅馬帝國時代就增添防禦工事，之後還幾經整修。梅杉整個冬天都在低鎮的聖文生教堂塔樓上進行緯度量測。低鎮是十三世紀一座十分「現代」的城鎮，街道平直整潔，衛生設施完善，有一所醫院、一座法庭，還有一家劇院；這裡也有布匹商人，以及從米迪運河貫通大西洋和地中海以後日益活躍的專業人士。

業餘天文學家早就在聖文生塔樓進進出出了。在大革命期間，教堂供作世俗之用；本堂建起一座輜重車工廠，側堂則成了冶煉廠。一七九五年年底，塔樓恢復了傳統的功用，再次成爲天文觀測的所在。梅杉在卡卡頌發現一對業餘天文學家，熱切地想要協助他。

霍蘭和法柏是當地的司法官，兩人都熱愛天文。和梅杉一樣，他們也都即將五十歲，事業和家庭也都毀於大革命。霍蘭是位殷實的工廠老闆之子，擔任該地區的首席法官，也是一七八九年的一個革命份子，而在同一年的司法改革中丟了職位。法柏是卡卡頌的《陳情書》的主要作者，該書呼籲度量衡的統一，以及訂立其他的開明法律，目前掌理一個刑事法庭，而以將法律分析與對不幸者的同情結合聞名。他的個人座右銘來自斯多亞學派哲學家及天文學家西尼加的話：「受苦的人是神聖的生物[7]。」

這兩位人士以敬意和同情將他迎進家中，他們認爲他的任務合情合理，並對他敬佩且崇拜。這是個好機會，讓兩名業餘者可以協助天文界一位菁英實踐者。梅杉認爲他在卡卡頌這段時間，是他生命中最讓他快慰的一段時光；然而他個人的適意加上爲他折服的新朋友，卻也使這段時間成爲最淒慘的時日[8]。

四月中旬，德朗柏從埃佛出發後不久，梅杉寫信給他北方的同事，告知自己下個月要前往黑山，或者一俟雪融了就動身。在晴朗的日子裡，他可以看到他的下一個觀測站，就是山脈中最高的山峰——險阻冷峻的諾爾峰。他向德朗柏做最後一次請求，希望能准他將他的三角形延伸到羅德茲以北，以爲他在上一季丟人的表現贖罪。但遲了一步，德朗柏已經爲任務出發了[9]。

於是，梅杉沒有往北走，而是在那年的春夏兩季待在卡卡頌。他舒服地住在法柏家附近，距市民劇場也不遠。他常到霍蘭家吃飯，霍蘭的妻子是個親切的女主人。在這些有同情心的友人當中，梅杉卻充滿罪疚感。

精準是一種執迷，不然爲什麼會有人要把知識的刀刃磨利到終極細緻的地步？精準是一趟追尋的旅途，而誠如希臘哲學家齊諾早已有言，旅人行至目的地半途，而後再半途、再半途、再半途，卻永遠也走不到終點。我們多半會冀望英雄擁有我們或許會羨慕的美德：勇氣、慷慨、洞察力、誠實；而世人期望梅杉展現的英雄本事，比較平淡無奇：不過是朝著一個日益遠去的目標努力前進之際，以無數個日夜專注在不斷重複的工作上的能力。科學知識是一項獎賞，我們前進，它就後退。自我節制的人也是英雄人物；他們付出的代價也同樣平淡無奇：焦慮、自我懷疑的深淵，和某些挑剔態度。精準是一種執迷，而梅杉的嚴格精確利刃，在他內心將他割裂。他害怕被發現、被指責、被怪罪。他的測量結果「日日夜夜壓迫他」，他一次又一次回想過去的事件[10]。

他坦承他的焦慮，但卻不肯透露資料數據；承認他的痛苦，卻不肯說出原因；他用自責求得心安，卻不太承認他自責的原因爲何。他寫給德朗柏的信，封封提到巴塞隆納的緯度，但是都沒有解釋清楚是哪兒出了錯。他說他還沒有準備好要把他的工作日誌交出來，即使是他的贊助人和軍方上級的卡隆將軍，雖然將軍保證不會把日誌拿給別人看，梅杉仍然不肯。他說他需要更多時間爲他的校訂做修正[11]。

錯誤是啓蒙的大敵，是哲學家們踏上漫漫長路要去屠殺的「邪毒」，在這場戰爭中，數理科學是他們最可怕的武器。四千年來，天文學一直是終極的量化科學，蒐集愈來愈多的世界資料，放在它的範圍內。托勒密以地球爲中心的說法曾經就像數學精確的太陽系儀；伽利略、克卜勒、牛頓證明了上帝的幾何完美既存在於天堂也存在於世間；現在，拉普拉斯和其他十八世紀的科學才士利用數學分析，證明創造的塵灰是如何爲我們的太陽系塑形，而同時他們也正從事一場史詩般的奮戰，用他們偉大的數學武器分析周遭那個腐敗的社會。公尺制是這個計畫的另一延伸，爲的是將數學的嚴謹從天上帶入凡塵，好記錄最凡俗的俗世事務。

然而這些科學才士看待自己的數據資料，卻從不像對待天體運行或地球形狀那麼嚴格。他們將結果平均，尋找歧異之處，然後拋開他們認爲不符大自然完美的數據資料；他們彼此間的問題，不是該相信**哪些**資料，而是該相信**誰的**資料。一個尊貴的科學才士要爲大自然資料的一致性負個人責任，卻用不著闡明這種一致是由什麼組成。什麼叫做「錯誤」？誰能決定你有沒有犯錯？多靠近才叫接近？不論梅杉或是他的同事，誰都沒有信心回答這些問題，他們對統計學方法毫無所知。

科學才士們反躬自省時倒是承認，通往錯誤的道路有多種；而探查者不識眞相，幾乎不可能表達他們錯誤的程度；還有，眞相的獲得是一趟迷宮之旅。梅杉在高山與懊悔的迷宮裡徘徊已經六年了，在他的痛苦核心，是一團緊緊糾纏的疑慮。他可以信賴誰？他可以信任德朗柏嗎？如果他把他的祕密告訴這位同事，這同事會背叛他嗎？而他這個同事信任**他**嗎？他能不能信任自己？

他要託付誰呢？

在這種急切的自覺下，梅杉直接把問題向德朗柏提出來：「您可以保證我寫信給您時，我是寫給一個朋友，而且絕對只有他一人嗎[12]？」有時候他表現出各種信任同事的樣子：「我將自己投向一個朋友的懷抱，但求他不要將兩臂抱在胸前，我只向他一人說出心中祕密[13]。」其他時候，他懇求對方的憐憫、寬容和原諒，「如果您嚴酷對我，我將不知該依賴何人，我的處境是可憎的。」還有一些時候，他請求德朗柏將二人來往的一切書信隱藏，「如果您對我仍有些許友誼，您會將這封信投入火中」[14]。

這封信逃過了一劫——雖然信是封緘的。

普哈德爾位於諾爾峰南坡，是個山腰上的小村莊，至今依然。卡西尼的地圖上標出了這座村子，當時村民有五百六十一人，綿羊數是這個數目的十二倍。在大革命之前，它和成千上萬個其他的法國村鎮一樣，也提出一份充滿抱怨的陳情書，要求有公平的稅賦、更可靠的司法、停收過路費、定期參加「國民公會」，以及「給予每位市民個別且當有的自由」。簡言之，這是法國鄉間一座典型的山間村莊[15]。

在普哈德爾時，梅杉住在當地最富有的人家中，此人是來自法巴斯的年輕人拉瓦雷，從前是貴族，他在貝雷斯的莊園房舍，如今是一間度假旅館，有餐廳和泳池，在這幾世紀間，法巴斯珍藏的幾箱金、銀幣陸續出土。鎮上人口在這段時間中幾乎沒什麼改變。在這座村莊之上的那座山，今天也有一座工廠大小的氣象站踞於其上。氣象站紅白條紋的塔高達一百五十英尺，直入空中，活像一根巨大的理髮店招牌柱，對於想要眺望遠處或預知未來的人而言，這裡是非常適合的地點；而且從柏油路開車上來只要十分鐘，若是從普哈德爾走上來，可要吃力的走上一個小時。從山頂上，梅杉可以看到南邊卡卡頌的城堡；往東，是一片圓形的藍色地中海；北邊是他尚未去測量的森林頂端。

黑山的晴朗日子並不多見，等到梅杉在十月間抵達時，山頂已經不能住人了，「這陰鬱的諾爾峰由於寒冷和霧氣而變得十分可怕，」他在給卡卡頌的朋友寫信時提到[16]。十一月底，當一夜之間山裡雪下了有三英尺厚時，他仍然在普哈德爾。那是十年來最大的一場暴風雪，他考慮要暫停：「我要將這一帶讓給冰雪、冷風，和這些地方並不罕見的狼群[17]。」從大西洋到地中海的那道長長的山凹，輪流讓各種風通過，吹向山腰，西風帶來了冰寒，東風引發「疼痛和神經的痛苦……讓力氣和活力乾涸」[18]。攀爬高山三十多次之後，梅杉終於在一月中退回卡卡頌。在探查工作的兩年裡，這是他唯一測量過的觀測點，梅杉似乎對於完成任務興趣缺缺。

同時，巴黎科學院做了一項關於公尺制的重大決定。集會的院士們決定召開一次全世界頂尖科學才士的會議，檢討經線數據資料，並且準備做公尺的最後確定，用意是要讓全球都能承認公尺制，好證明這不僅只是法國的改革，更是眞正的「世人同享，世代共有」。一七九八年一月做此決定，會議預定在九月舉行，這意味探查隊的資料必須最慢要在九個月裡交齊供檢視。這次會議將會是有史以來第一次的國際科學會議。

會議要能成功地讓「暫行」的公尺成爲「確定」，梅杉必須在這一年完成他的三角形，而德朗柏要測量兩條基線：一在巴黎的北邊，一是梅杉已經在南方準備好了的。春天即將到來，梅杉又在做出承諾了，他不需要特杭蕭完成測量，他的朋友找了當地一個名叫阿古斯坦的男孩來協助他。今年他會從羅德茲開始，往回朝南方的卡卡頌量過去，如此他就可以在春天測量羅德茲附近的溫暖台地，而在夏天回到冰冷的黑山。然而到了六月，他還沒有離開卡卡頌。

探測多年以後，時間卻縮短了。德朗柏急忙趕去測量北邊的基線，這是國王公路靠近梅倫的一段筆直道路，今天稱作N6。在拉普拉斯和總工程師陪伴下，他偵測了這一帶地形，並要求建造兩座磚石的地標座，每座地標座都有一個銅栓，代表確切的終點位置。在每個石造的基座上，他再豎起一個六十一英尺高的木塔。然而就算是從這麼高的平台上看去，路兩旁的美麗法國梧桐還是擋住了他的視線。之後六個星期，他要工人修剪了大約六百棵樹，而同時他在附近瑪瓦辛的一戶農舍屋頂上以基線的兩端進行三角測量。六年前，農舍的主人讓他將他們的煙囪升高，好讓他能夠目測到達西的鄉間城堡，而將他的生平故事穿插在無關個人的公尺的產生上。那以後，他的贊助人被處死，而世界已經混亂顛倒。如今再回到同樣的一間農舍屋頂，德朗柏和貝勒做了最後的大地測量[19]。

四月二十四日上午十一點，探查隊拿出他們第一支高度精準的量尺，測量經線。這四支量尺每一支都是兩丈（十二英尺長），也是巧思的極致表現。勒諾瓦的作坊用地球上最新也最昂貴的金屬——純鉑，特別打造而成。波爾達將每支量尺用一個一秒的鐘擺校準，然後把量尺放在一個木質套管裡，量尺旁邊擺了一段銅條，這樣一來，兩段金屬的相對膨脹情形就可以非常精準地讀出。操作情形是這樣的：貝勒將四支量尺呈直線擺放，特杭蕭檢查它們是否筆直及水平；德朗柏讀出溫度計的刻度，個人在各自的工作日誌上記下自己的結果。另外還有一個日誌，由一個高個子、灰色眼睛的十七歲青年負責，他叫查爾斯，是德朗柏那位孀婦密友的兒子。等到第四支量尺也放好之後，再拿走第一支，接在第四支的末端，然後同樣過程繼續下去。第二天整天，他們前進了五百二十八英尺；到了夜晚，他們要把前進到的點做記號，就把一根鉛頂的木頭柱子打進地上一個洞裡，用一條鉛垂線標出最後一支量尺的末端。接著他們用厚重的木板蓋住地上的洞，不讓路過的車馬破壞了記號。他們從清晨到黃昏，不停工作，總共用了四十一天才量完這六英里路[20]。

名流政要紛紛前來觀看他們辛苦而緩慢的在地面推進。拉蘭德從巴黎騎馬過來，待一個下午；一群科學才士在六月三日前來，讚頌這最後的測量工作，布甘維也在其中，他是七十歲的環球航行者，也是第一個發現大溪地的歐洲人；還有年輕的德國地理學家洪堡，他即將進行一次世界之旅，而此行將會使他成為最有名的探險家。這兩人對於德朗柏的方法都大為折服，「德朗柏的個人性格不只激發出精良的儀器，也激發出信心。」洪堡寫道，「要面對這麼多實際上、道德上和政治上的障礙，還能完成這麼個任務，探查隊的領隊必須要有這種心平氣和與毅力[21]。」如果你對使用者沒有信心，高度精準的儀器是一文不值的。洪堡弄到了勒諾瓦的珍貴的複讀儀，供他自己的世界之旅使用，他的第一站是巴塞隆納，他希望能在那裡做緯度測量，再把數據寄給德朗柏。信任歸信任，不過還是要證實才行。

下一個任務是南邊的佩皮尼昂的基線。這裡原本是梅杉的基線，和他的三角形鏈相連，所以德朗柏邀他的同事加入測量團。梅杉拒絕。三年前，委員會不信任他自己去測量基線，還堅持要他先完成他的三角形。好啦，他的三角形還沒有量完。況且還有另一個原因，他不願意和特杭蕭有任何關係。委員會讓特杭蕭去協助德朗柏，就證明他的同事們信任特杭蕭，不信任梅杉。那就讓他一個人出盡風頭吧！梅杉早就該把南方探查隊的指揮權交給他的。結果他卻搞砸了他的任務，辜負同事的期望，還污損了他的名譽。如今他只剩下羞慚，痛苦、強烈、罪有應得的羞慚。「發生了這些事之後，」他哀嘆道，「我再也不敢在任何地方露面了，我唯一的希望是被徹底毀滅[22]。」

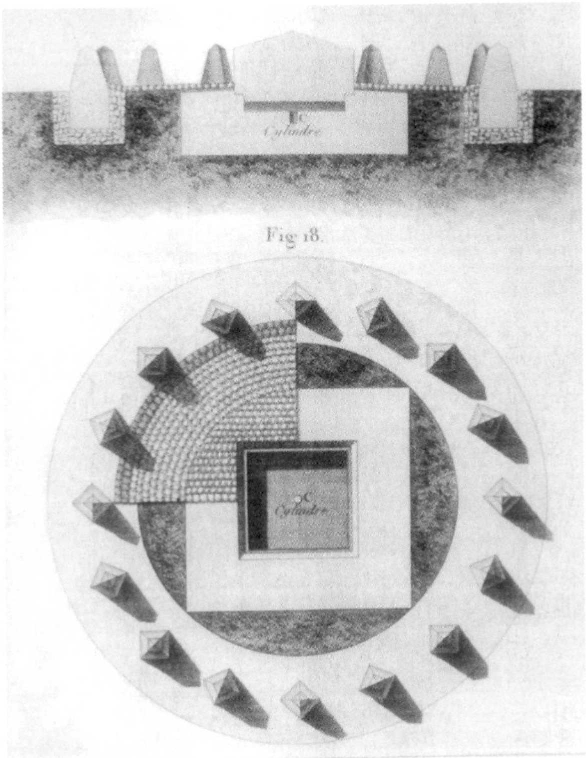

梅倫基線標示　梅倫基線兩端安放磚造的角錐，梅倫基線是一段六英里長的路段，位於今天稱做N6的巴黎——梅倫公路上。角錐在一七九八年完成，正好供德朗柏做測量之用，而後在一八八〇年代在測量基線時安放。後來在一次路上意外事件中受損，日後全毀。

梅杉夫人同意幫忙讓丈夫恢復神智，既然他不肯到巴黎來看她，她就去法國南部去找他。而她向德朗柏保證，一旦她找到他，她會說服他到佩皮尼昂加入他的同事們去測量基線[23]。她會跟他在一起，直到他任務完成；她會協助他觀測，就像在大革命之前那些太平歲月裡。而她只有一個請求：巴黎科學圈充滿了八卦流言，別人不需要知道梅杉這位科學院院士和測量世界任務的共同負責人，非要靠一個女人的幫助才能完成任務，即使這女人是他的妻子。她祕密修書給德朗柏：

一七九八年五月三十日，寄自巴黎

先生：

您請我勸我丈夫，將為由您與他二人聯合負責的重要工作做些最後的潤飾。沒有人比我對這件事更有興趣了，而我本人早已考慮要去找他，帶給他安慰與平靜的言語。直到最近，多種情況始終使我無法實現這個計畫。現在我立刻前去羅德茲。我已通知我丈夫此次行程，但不等他回信，使他沒有機會勸阻我。由於我猜測他已不在羅德茲，所以我請他說出一個我們可以見面的地方。別擔心我會浪費他的時間，相反的，我的用意是加速三角形的測量。

我一再向他強調，不須特別為了我的住宿，而選在一個適合女士居住的城市會面。我將不會浪費他甚至一刻鐘的時間，因為他沒有時間可以浪費。我告訴他，我會很樂意在山頂與他會面，睡在帳棚或馬廄裡，靠乳酪和牛奶維生，和他在一起，我在任何地方都滿足。我也告訴他，我們將可以白天一起工作，而夜晚讓我們開懷暢談。我希望他對我的敬重和絕對的信任，將使我能消除他那些不健康的想法。它們吞噬他的精神，也使他偏離了目標，而這是他千萬個不願意的。等我將他整頓好，我會等到您加入我們，才將他交給您。而我們可以一起重振他的精神。先生，您對我的盛情，我自當感恩銘謝以回報，您可以自做判斷。

遺憾的是，我的能力只能做到這些，這是我為這項任務的利益、為我丈夫的利益及榮耀所做的最後努力。無庸贅言，這一切只有您、我和全力贊成這計畫的波爾達先生知道。我請求您千萬要守住這個祕密。我對外宣稱要到鄉下探望別人，沒有人知道我此行的目的，這樣就沒有人可以說，「她是去接她丈夫了」。

自從「花月」十六日（一七九八年五月五日）的信之後，我就沒有他的消息了，他在那封信中說他正要前往羅德茲。我一直等到最後一分鐘，要知道他有沒有繼續量他的三角形。只要我一見到他，我就會告訴您確切的情況。我也會問他為什麼沒有寄出開除特杭蕭的文件。這些將很快會結束。

我有幸成為您最謙卑的僕人，懷著最高的敬意

梅杉太太[24]

一個月之後，一七九八年的七月七日，梅杉先生與夫人終於在有紅色大教堂的城鎮羅德茲見面，這是六年來他倆頭一次見面。

六年裡第一次重逢，梅杉夫婦乍見彼此，說了什麼話，我們無從得知。我們沒有他們的談話紀錄，如同在他旅行期間兩人往還的數十封信件，也沒有任何蹤跡。我們當然想知道，他有沒有

對她透露什麼事在折磨他，而我們仍然不得而知。我們只知道，他是個沉溺於懺悔的人，而他也已經向至少一個人（斯洛普）承認了他的錯誤；我們也知道，他的妻子具有足夠的天文知識，可以理解他錯誤的涵意。我們可以推測，既然她走了這麼遠的路，要勸他不再放逐自己，要治癒他的病痛，說道理讓他聽進去，她理當聽到一些解釋，所以，他極有可能告訴她了。的確，梅杉夫人或許有足夠的天文知識，可以對梅杉的錯誤有透徹的看法。畢竟，這種知識並不靠奧妙的數學，而是對觀測科學的危險和子午線任務的實際目標的理解，而梅杉夫人正是個務實的女士……

為什麼在六、七年裡他一次也沒有回家？路其實並沒有那麼遠，乘坐馬車，只要一星期就到得了巴黎。德朗柏就回去了十幾次，雖然他這北邊的部分離巴黎比較近，但他也曾到羅德茲那麼遠的地方再回家，再往佩皮尼昂。而在漫長的六年裡，梅杉卻找不出兩個星期回家探望妻子與孩子們（孩子們幾乎都不認識他），或是與同事們商議，即使是在所有大地測量工作都已停擺的灰暗冬天裡。想想看，他回家要比她去探望他容易多少啊！

如今她好不容易走了那麼遠的路來到這裡，他卻只想談他們如何不找他就去測量**他的**基線；特杭蕭又是如何密謀推翻他這個南方探查隊的領隊地位。而特杭蕭到底做過什麼壞事了？這個工程師是正人君子，是個稱職的大地測量人員，在這次探查中鞠躬盡瘁。在一年的共事之後，德朗柏對他讚不絕口。根據德朗柏的說法，特杭蕭工作認眞，測量精確，聰明理智，又沒有傲氣；簡言之，是個理想的共事者。況且特杭蕭不曾在德朗柏面前說過梅杉一句壞話。說實在的，他不像梅杉受過的專業教育，也沒有他的計算技術，所以更應該對他寬容。他侮辱過梅杉嗎？曾經想對他動粗嗎？（梅杉曾經罵特杭蕭是個暴徒，並聲稱他曾經威脅過他。而特杭蕭承認，有那麼一、兩次，在熱那亞和馬賽的時候，他曾經對梅杉的脫延和錢管得太緊表達過他的挫折感——或許表達得「過於激烈」了）唉！就算特杭蕭堅持要梅杉繼續任務，也無可厚非。再這麼陰陽怪氣下去，梅杉會永遠失去他應得的尊敬[25]。

至於梅杉不停憂心的這個錯誤，又有誰能說究竟是誰的錯呢？有可能是儀器出了問題（不管波爾達怎麼說），或者是方程式或校正表的瑕疵，甚或是大自然的原因。就某方面來說，梅杉要背起所有罪名，未免太自負托大。這項任務的責任，就像它的成功一樣，是重大到要所有人共同分擔的程度的；沒有人事情可以做到完美，相對來說，一個微小而且是不經意的錯誤，不是什麼羞恥的事，他的同事們不會因此就責怪他，就連拉普拉斯也不會。他們倒不像有時看來那樣地愛批判別人。他們並不打算撤換梅杉，也不想另外派人完成他那部分，假設他堅持要完成的話；他們只是急於讓這個工作在國外的科學才士抵達巴黎之前完成，也急著討好答應出鉅資從事這項任務的政客們。

或者呢，梅杉不肯回巴黎和他的自責，只是他想怪罪別人的一個迂迴方式。沒錯，爲如此一個微小（而且不經意）的罪過自責，他正可以強調其他接受「大革命」的人士的罪名，彷彿那些住在巴黎的人，也是那些黑暗年代各種犯罪的同謀。但這一點並不成立。一七八九年，梅杉夫人的父母雙亡，暴民侵犯他們在天文台的家，不過梅杉一家倒是倖存下來；梅杉本人沒有遇上一七九四年的恐怖風潮，當時有那麼多正派的人們不是入獄就是遇害——謝天謝地，他沒遇上，否則誰曉得他會不會也在其中？不過到頭來，梅杉這家族的際遇還算不壞；雖然離開他們的小房舍，但是他們搬到天文台的寓所（卡西尼對於他在隍里的房子十分滿意，他親口說他再也不要和科學有任何關係了）。如今通貨膨脹已經穩定下來，梅杉的薪資要比梅杉夫人繼承的遺產還要多，而他們新的權利和自由更未減損。那麼梅杉爲什麼還要繼續躲在這些遙遠的外省城鎮裡，好像巴黎被玷污，或者他還能夠讓時光倒流一樣[26]？

她看得出他在受苦，他因爲長途的跋涉，與沉悶而可怕的罪惡感重擔而疲累不堪，但是即使他不能完成自己的未來，他也必須爲子女的未來著想。他總是從每一個角度分析每一件事，在心裡把事情翻來覆去地想，把自己弄得精神緊張，這些全都只會有反效果。誠如他寫給德朗柏的信上所說，他們所受的苦和數百萬人的恐怖命運比起來，實在不算什麼。那「數百萬人會情願付出所有財產，只求換作我們，那些發生在我們那麼多同胞身上的不幸，我們沒有片刻嘗到」[27]。想想他們受的苦，把任務完成，回家吧……

當然我們並不知道他告訴她什麼，或者他有沒有把他的祕密告訴她，他「全部」的祕密，因爲什麼樣的男人離開妻子六年，還不會累積出許許多多的祕密（而她的祕密呢？這個做妻子的，竟然和丈夫的同事密謀要把他「交出去」）！

我們所知的一切，都是從三角關係中得到。我們對大自然、歷史、彼此或甚至（有些人或許會說）我們自己的知識，都是輾轉而來。德朗柏和梅杉調查地球的形狀，用的方法是測量一部分地表的角度；我們調查他倆的關係，是從他們寄給對方、贊助者，以及第三者的信件中做一些「角度測量」：一個同事從不同角度推斷丈夫和妻子的關係；一個妻子從不同角度推斷丈夫和他同事的關係；一個丈夫從不同角度推斷同事和自己妻子的關係。我們了解自己，靠的是將自己和其他人比較，有時候甚至是和十八世紀的某人比較英里。

我們只知道一件事，就是梅杉夫人之後五個星期都待在丈夫身邊，而當兩人在希奧佩霍斯陰沉的村莊分手時，他仍然不肯到佩皮尼昂去找德朗柏。她說，她丈夫責罵她，甚至還騙她，在信裡她這麼告訴德朗柏。她在經過卡卡頌要回家的路上，如先前所言寫信告訴他：

一七八八年九月十日，寄自卡卡頌

先生：

任務完全失敗，我的心懷著萬分哀痛回到巴黎。我因有事必須經過卡卡頌，法柏先生將您最近的信給我看，這封信再度讓我困擾。我會盡一切努力消除您的憂慮。我曾在五月間通知您，我將很快離開巴黎，陪伴我先生。當時我向您保證，一等我到他那裡就會給您稍信。但是許多重大意外卻使我們無法在羅德茲見面，直到七月七日。從那時起，我就一直求他給您寫信，並且同意和您共同測量佩皮尼昂的基線，但卻沒有成功。他因為不希望我不高興，所以總是含糊回答。這是我丈夫頭一次有事相瞞，由於不知道他的意圖，我能夠告訴您什麼？我明白自己有負於您，但是情況使我非如此不可。我只知道特杭蕭先生——他非常清楚自己在做什麼——通知我丈夫在此地的所有朋友，說他會獨自去測量基線，而不是梅杉。

我跟我丈夫說，只有酩酊大醉的科學才士才會以為特某某可以取代梅某某，任何人都知道誰最適合這個工作，而這件事必須由科學院來裁決。最重要的是，我勸他不要為了這麼蠢的事情，而拋棄他這些年來受苦和犧牲換來的果實。我決定要逼他，我堅持除非他完成他所有的三角形，並且和您再一起工作，否則我絕不離開他身邊。而他卻永遠放棄基線，還發誓說他願意將所有光榮讓給那些幸運之神眷顧的人。他說，除非把特杭蕭撤掉，否則他永遠也不露面；況且他在佩皮尼昂露面，根本不受歡迎，他寧死也不要去佩皮尼昂。我已經無意再去反對他了。而請原諒我，現在我更沒有勇氣再去提到這個簡直要我命的話題了。

最後，我好不容易要他答應，由他親自告知您他的決定，我再也無法承受這對我內心的可怕打擊，於是寫信給波爾達，解釋我的情形。我知道我丈夫是個才德兼備的人。我可以肯定，也敢發誓，他的能力和身體機能未曾有絲毫減損，只是他的心卻被一個人所殘害，這人誓言要把他打倒，要把他全家打倒。在我心中，我曾看到我丈夫滿載光榮和眾人的稱羨。您說得好，先生，他生命中最快樂的時刻，或許我們尚未遺忘。我並不抱怨，也不怨怪任何人，更不會責怪我丈夫。他極度敏感的靈魂毀了他。不該怪他，他只是太不快樂了。

梅杉向我保證，除非他的三角形完成，把結果寄交給您和波爾達，否則他的工作不會停頓。我只能做到這一點，我的家人要我回巴黎，而我也不能在這兒待到任務完成才走。當我在本月一日離開他時，羅德茲、希奧佩霍斯和拉格斯等觀測點均已完成，而我相信只剩下聖喬治山、蒙特頓、康巴猶和蒙塔雷。目前他的地址是塔恩河的拉考。

法柏先生將會很高興與您會面，這是您希望的。我衷心希望您二人能見面，我也會勸我丈夫到那裡與您二人相見。

懷著崇高的情誼，有幸成為您的同胞

梅杉太太

她失敗了，她說，她無法勸丈夫到佩皮尼昂加入德朗柏；她說，她無法陪在他身邊到他的三角形全部量完；最悲慘的是，她無法恢復他的清明神智；梅杉仍然憤世嫉俗、抑鬱寡歡。不過在主要任務上，她倒是成功了，雖然她的預言很悲觀。她即將到來的消息使他感到羞愧，於是他離開卡卡頌，到羅德茲與她會面。她既已到羅德茲，便要他恢復他的任務，梅杉再度做起三角測量了。雖然她的名字未曾出現在探查日誌中任何地方，隱身幕後無疑是她所希望的，但是很可能夫妻二人一起在羅德茲的大教堂和希奧佩霍斯觀測角度。這兩個觀測點將梅杉南方的三角形鏈和德朗柏北方的三角形鏈相連[29]。

那麼，梅杉夫人是否對德朗柏有所隱瞞呢？她是否掩飾自己在丈夫重返工作一事中的角色，甚至不讓德朗柏知道呢？要她躲在丈夫背後工作，和他認爲是迫害他的人聯手，不是件容易的事。她告訴德朗柏，梅杉是因爲特杭蕭才不肯去佩皮尼昂；梅杉寫信給德朗柏時大致也是這種說法。但是梅杉寫信給他在卡卡頌的朋友時，卻暗示原因不完全如此。梅杉認爲佩皮尼昂的基線是「他的」，如今要到那裡去加入他的同事，無異自己甘願服從「德朗柏先生的權力和監督」[30]。

德朗柏答應梅杉夫人，不論怎樣，他都會把她丈夫帶回巴黎[31]。

國際會議召開還有兩個月，梅杉尚有五個觀測點要測量，時間差不多來得及。在康巴猶峰，他從一處作物繁茂的山頂觀測，這處山頂當年和現在都種著作物；在蒙特頓，他從一座長滿樹木的城堡遺址觀測，這裡如今是青少年情侶的「情人道」；在聖喬治山，他從一座中世紀修院遺址觀測，修院有單獨的哥德式拱門，至今仍然通向空曠的空中。雖然此處在一九〇七年安放了一座怪異的方位表，十分周到地讓你知道巴黎（五三五公里）、東京（一四五〇公里）、馬達加斯加（九二八五公里）和紐約（七三五〇公里）等地的方位。

量了三座觀測站，還有兩座。一切還算順利，只是現在已經是九月中旬，科學才士們開始抵達巴黎，而剩下的兩處觀測點——蒙塔雷和聖朋斯，卻坐落在朗格道險阻的黑山上，而那裡的「惡徒」已經把特杭蕭在去年立起的信號柱推倒[32]。在整個探測季裡，他都在和當地民眾及天氣作戰；一支信號柱被鋸斷，一支燒了，一支拆了，另外一支被暴風雨吹倒。在一座城鎮裡，一個愛開玩笑的村人告訴農民說，附近那個信號柱是一種新式斷頭台，所以農民們把那支信號柱也拆了；即使當地官員，似乎也害怕這些信號柱會是暗助共和敵人的東西。至於梅杉，他害怕的是人們的「盲目狂熱」[33]。

他的恐懼並非沒有理由，三十五年前，一名為卡西尼三世工作的製圖員在不到五十英里外的黑山一座教堂鐘塔測量，就被聲稱他的「巫術」正在村中散布死亡種子的群眾從梯子上拉下來，幾乎被砍死。他好不容易逃掉，鮮血從他頭部和雙手上流下，但是鎮上的官員都太害怕，不敢去救他，他在路上遇到的少數陌生人也一樣不敢伸出援手。直到夜晚來臨，他才跌跌撞撞走進附近一座小鎮，在由一個名叫茱麗亞的寡婦開的小酒館找到住處，他的傷也在這裡得到醫生的治療。所有大地測量人員都熟知這個故事，可悲的是，它也描述出這份工作始終存在的危險。問題不在於這名年輕製圖員是個巫師，而是他的巫術是一種數字魔術，當測量員前去測量地表時，農人們是有理由害怕的。法院調查這次攻擊事件時，一個村民解釋說，製圖員是「前來害他們的巫師，也是稅務士到此是為了加稅，要毀掉他們，讓他們餓死」。法庭命令這個村民付賠償金，並且讓禍首下獄，還要當地神父命令會眾不要去招惹製圖員。但疑慮仍然存在。而長久以來那以土匪聞名的荒郊野外，如今窩藏了許多新的亡命之徒：不服管教的神職人員、頑冥不靈的保皇黨份子、軍隊逃兵、逃避兵役者，還有各種叛徒，這些人全被冠上「土匪」的惡名[34]。

身為這個地區「進步」的代表，梅杉不得不尋求官方的保護，以確保他的安全。在當地流氓第四次弄倒他在蒙塔雷的信號柱後，他要求民兵衛隊派一組七人的守衛保護他的工作地點。鋸齒狀的「蒙塔雷山岩」屹立在松樹林之上，像是一座破敗的大教堂，周邊是藍莓樹叢。這裡有塊牌匾，紀念梅杉的造訪，並且驕傲地記錄了他和當地民眾交手遇上的麻煩。梅杉在蒙塔雷待了十天，在岩石邊的一個帳棚裡睡覺、每天寫信，他的手指凍得僵硬。在武裝衛兵保護下，他又陷入灰暗的愁緒中。他把靈魂深處的想法全宣泄在紙上，「我要拋開一切，」他告訴在卡卡頌的朋友，「只要我一完成我的任務，如果可以，我會放棄一切，去尋找一個可以遁世又平靜的地方，那是我撕裂、破碎的靈魂可以忍受的唯一藥膏[35]。」他害怕自己快要瘋了。當地面就在你腳下轉動時，你要怎麼去測量這個世界？他告訴德朗柏：「我所有的時間都處在最殘酷的焦慮當中，無法專注於我當前所做的事，一再自責過去的事，因為現在叫人無法忍受，也因為未來令我戰慄[36]。」

這時候，德朗柏正在黑山的另一邊等待，直線距離不到六十英里。他和他的隊伍在七月底來到佩皮尼昂，為基線做準備。特杭薾在這裡幫了大忙，他早在一七九六年就已經沿著「大道」安放了地標座，也用鏈索測出距離。「大道」在一條古羅馬道路——度米西安路的西邊，兩千年前，度米西安路是漢尼拔入侵的路徑，中世紀佩皮尼昂的加泰隆尼亞統治者們，將這條路略略移動了一些；之後在十八世紀中葉，舊朝的工程師將它變成國王的宏偉大道之一，將它從佩皮尼昂到薩爾西斯拉成筆直的一條線，路的左邊是乾爽的葡萄園，右邊是鹹水潟湖。就在德朗柏抵達時，共和的工程師們已經開始爲了預期車馬雜遝而加強它的結構。又過了一百年，現代的工程師會先用碎石再加上柏油來鋪路。今天這條路叫做N9，仍然是條筆直的路，除了偶爾偏向一旁，讓購物中心建立[37]。

大地測量或許是一門自然科學，測量地球的大小和形狀，但是它也是一種依賴人類歷史和人類作品的科學。要爲測量人員的三角形量出一條基線，他們需要一片平直的地形，而有什麼地方會比一條羅馬人建造、中世紀測量員調整、舊朝工程師修正過、理性的共和時期人士完成的路更爲筆直？

八月六日，德朗柏、特朗蕭、貝勒和波瑪放下第一根量尺。由於他們付不起錢請守衛整夜看守量尺（畢竟這些量尺是用世界上最貴重的金屬做成），德朗柏就把梅杉的馬車從倉庫中取出，每天載運儀器和探查隊員來回工作地點。他們的目標是薩爾西斯的城堡，這是一座堅固的赭色要塞，與多石子的紅色地形融成一片。一位英國旅行者曾經說，這裡是「世界上最荒涼的鄉間」[38]，令人窒息的高溫和熱風輪番襲來。量尺必須避開陽光，以免過熱膨脹，陣陣乾燥的強風將量尺吹得不成直線，一陣暴風雨迫得科學才士們找地方避雨。而後在第三十六天的黃昏時分，一群野狗攻擊他們的營地，把量尺給打亂了，讓一整天的工作也報銷了。助理在烈日炎陽下辛苦工作時，德朗柏坐在有篷頂的馬車裡，把那些計算重新演算一遍。他必須爲一號和二號量尺上溫度計的缺失校正、為路線的些微缺陷、為亞格利河上的橋、為從一端到另一端地面上升的四十八英尺校正。精準的代價是不停地警戒提防[39]。

南方的基線比北方基線測量時間多兩天，兩項結果可以互相證實到驚人的程度——科學才士們說，這足以證明他們測量時有多麼小心謹慎。九月十九日，繁瑣的作業完成，特杭蕭和貝勒開始把儀器收拾好，裝上梅杉的馬車，準備要回巴黎。「只有一個阻礙使我無法前去……」德朗柏寫道，「就是梅杉[40]。」

拉蘭德也料到是這樣，「我們可憐的梅杉無法完成，」他寫信給德朗柏，「如今要仰賴您去修復他的疾病造成的傷害，否則，再過兩個月我們仍然不會比去年前進多少。」國際會議召開在即，現在已經沒有時間去顧到同事的感覺了。拉蘭德要德朗柏接下梅杉的三角形，並且替他完成。「您不斷告訴我說您不願意讓他沮喪，但是當你否認他生病的時候，就像是某個瘋子四處否認說您是個天文學家一樣[41]。」

沒錯，梅杉似乎是走上一條科學才士在一項以完美為目標的任務失敗時唯一光明磊落的路：他的精神崩潰了。他的信已經變得幼稚、前後不一、執迷不悟，每天他都舉出另一個理由，解釋他何以尚未完成、何以無法從山上下來、何以他再也不願回到巴黎。「實情是，」他寫道，「任何一個人，如果不會為失去心愛的人流淚，因為他害怕失去自己的生命和自由，那麼他根本不會為了要離開這個悲慘的人生劇場而難過，除了那些擠在斷頭台周圍的病態人們以外[42]。」

德朗柏前往納邦，再到卡卡頌，希望盡可能的靠近他的同事。梅杉的最後一個觀測點是聖朋斯，這是個偏遠的山間信號柱，要從一座狹窄的山谷辛苦爬上三個小時才到得了。這座山谷還有個古老的修院城鎮，也叫聖朋斯，要是乘車只要一天就可以到。德朗柏說，如果梅杉願意的話，他願意過去協助他測量，晚上就可以到他那裡了[43]。

梅杉回函警告德朗柏別去，外國的科學才士正在巴黎等他，他不應該浪費時間去聖朋斯。「事實上，」他說，「您幾乎沒有足夠的時間很快來回走這麼一趟。只要我做完，我會立刻把結果寄交給您[44]。」

德朗柏既沒有回巴黎，也沒有衝上山去完成三角形。他很有禮貌的要求兩人見個面，他會靜候他的同事完成，他說[45]。

他正在儘快工作了，梅杉回答：「可是我無法透過雲層觀測，也無法抗拒襲捲一切的風暴[46]。」他在十月初抵達聖朋斯觀測點，在荒廢的木里內莊園屋舍住下，這裡離他的信號杜要走半小時。木里內在大革命前屬於大主教轄區。周遭景色絕佳。山坡上是茂密的樹林，十月間的落葉在長滿青苔的岩石四周鋪成一片潮濕的葉床，狐狸、鹿、野豬在樹林間倏然閃過。視野清晰的時候，你可以從山頂上看到四分之一的法國領土：從南邊大片參差不齊的藍白兩色庇里牛斯山，到北邊黑綠兩色的奧佛涅山脊。如果世局容許的話，這裡倒是退隱的最佳居處。

日子一天天過去，十天、二十天、三十天、四十天……德朗柏仍然堅持等下去。梅杉在十月四日答應第二天要把所有數據資料送過去，但一個星期後卻仍然只送過來摘要，他等；十月十三日，梅杉答應第二天就會完成，結果在十月十九日寫信說他正在寫摘要，他等；當梅杉在十月二十二日寫信說後天會到卡卡頌，然後在十月二十八日寫信說騾夫取消行程，因爲一場三天的暴風雨把路給淹了，他仍然等；雖然外國的科學才士們已經在等著，而他們的法國主人們此刻名聲岌岌岌可危，他仍然等。他堅持等下去，因爲梅杉握有資料數據，而若沒有這些資料，確定的公尺是不可能完成的[47]。

梅杉的藉口用盡了，「能與您相見將是無比的樂事，」他寫道，「只是我會害怕那場面[48]。」他不斷勸德朗柏離開。「您要錯過屬於您光榮的時刻了，」他提醒同事，「這是您交出您辛苦七年的成果的機會。」這正是梅杉最後終於下山的理由。他可以冒著自己名譽受損的風險，但是不能冒著德朗柏名譽受損的風險，不能讓德朗柏爲了讓他一起分享光榮時刻，而甘冒失去自己光榮時刻的危險。德朗柏讓梅杉獨自完成他的任務——就這個意義來說，他倆是合作完成的。這眞是友誼的偉大表現。德朗柏的克制，終於讓梅杉下山。

他們在一七九八年十一月初在卡卡頌見了面，地點是法柏的家。法柏是刑事法官，以西尼加的名言「受苦的人是神聖的生物」作爲自己的座右銘。照法柏的看法，世上沒有人比梅杉更委屈，「但我們不見得總是能掌握我們的感情」[49]。而梅杉當然是個充滿感情的人。

德朗柏苦勸了整整三天，要說動他的同事和他一起回巴黎。梅杉找盡各種理由逃避，「我這個冬天不回巴黎的決心並沒有動搖，」他說[50]。這話他已經重複說過不知道多少遍，也不知道用多少種方式說過了。「世界上任何事情都不會使我改變決定[51]。」他提出六、七種另外的選擇；他或許會去羅德茲過冬，蒐集更多的緯度資料；他可以把自己關在山上小屋裡，修正他的計算，「到了春天，我們就會知道我的存在是不是在別的地方還有點用處[52]。」他也可以回到巴塞隆納，證實他的緯度資料；他還沒有放棄將他的三角形延伸到巴利亞利群島的想法。他告訴在卡卡頌的朋友，如今他很後悔當初拒絕海外邀請的工作，而他或許還是可以「到別處尋找自己的前程」[53]。任何情況下他都不會回巴黎，除了「責備、鄙視和鄙夷」之外，他還可能會受到什麼樣的歡迎？他可恥的行爲已經是全法國皆知的了，現在還非得在全世界所有的科學才士面前展現嗎？「我不會讓自己面對這最後的羞辱的，」他說[54]。就讓特杭蕭去接受所有的讚美吧（這時他以「我的主管」稱他的前助理）！他願意接受科學院給他的任何懲罰，他絕對是罪有應得。至於他的家人，他的回返只會增添他們的麻煩：「就像我承受自己的負擔一樣，他們也已經有沉重的負擔了[55]。」

然而一旦下山，他還能有什麼選擇？沒有南方探查資料，德朗柏絕不會回去，梅杉不肯交出他的資料，卻又不能讓德朗柏的離開時間再耽擱下去，所以梅杉非走不可。

如果公尺是一種社會習俗，那麼這社會習俗就必須遵守。如果兩位科學才士肩負測量世界的任務而出發，他們就必須回來——一起回來。科學是集體的工作，它最高的成就是「做出貢獻」，如果德朗柏想要聲稱他有貢獻，他需要讓梅杉也能做出他的貢獻。他需要梅杉帶著資料，跟他一起回巴黎。德朗柏還藏有最後一張王牌，第三天他就打出這張牌了——經度局的信，信中一再要求他回來，並且答應等他回來後要讓他擔任天文台台長[56]。

他們在十一月初動身。德朗柏總共等了五十天。

他們雖然在梅杉從巴黎出發的日期上撒了謊，但是他回來的日子卻無法隱瞞，外國科學才士們已經等了兩個月。拉蘭德在十一月十四日將消息向同事們宣布：他剛收到一封郵件，德朗柏和梅杉已經抵達石楠堡的達西鄉間宅邸，明天就會到首都。最後一個三角形已經完成了[57]。

第九章　科學帝國

最華美的獎賞保留給
為數學效力的對象。
耗鉅資畫出的三角形，
不論對錯，絕不放棄……
他們頒布新的度量衡制度了嗎？
要讓老人家接受最新的折磨了嗎？
為了舀起一品特啤酒、剪一碼的布，
或是調整家裡時鐘的指針，
經線地弧果真值得嗎？
用不著測量地球，我們也可以剪布，
而如果我們的計算難免有誤，
雖破除舊習卻仍然精準不足[1]。

——梅西耶，《諷喻天文學》，一八〇三年

回到巴黎，梅杉受到英雄式的歡迎，幾乎來不及梳洗就和德朗柏被帶進一場正式宴會，宴會主人是總理、內政部長、外交部長以及科學院全體成員。他們全都排成一列，對於他們浪跡天涯的探查隊領隊和來訪的科學才士表達全體（也遲來的）歡迎之意，並且要梅杉接受他們的衷心道賀，「他們認爲我是當之無愧的，」他說，「因爲我完成了任務。」承認這件事幾乎讓他痛苦，但是他的同事們甚至要給他「一份證明，證明他們最最眞摯的友誼，同時表達他們對過去成就的滿意，和對未來的信心[2]。」還不只這樣噢。在後來的日子裡，他們更證實了他地位之崇高，足以擔任天文台的主任，這是法國天文學界最高的殊榮；他們又選他擔任「經度局」的臨時局長，他們把桂冠高戴在他頭上，使他根本不敢往身後看去。

「最初的日子總是榮耀而充滿歡樂氣氛的，」梅杉向他在卡卡頌的朋友透露心裡的話，「接下來就會是試煉的時刻了……我能夠不負他們對我的期望嗎[3]？」

他不在的時候，巴黎變了。就算那些建築還能辨認，它們內部的使用目的也不一樣了，巴黎的居民也是同樣情形。先賢祠已經變成一個國家陵寢，舊貴族被新貴族取代。梅杉一家搬出花園邊的小房子，住進天文總台重新裝修過的卡西尼寓所；梅杉現在已經取代卡西尼，成爲天文台的總管。他的孩子都已長大，他離開時么兒才六歲，現在已經十三歲，並且也想和父親一樣，成爲天文學家。他的長子在拿破崙遠征埃及的軍隊中擔任天文助理，已經離家進行自己的大地測量工作了。梅杉離家遠行的七年中，他離開的那些人走得比他更遠。

幾個月的延宕後，全世界第一次的國際科學會議終於可以召開了。西歐所有國家，也就是因為戰勝或戒慎中立而與法國結盟的國家裡，最負盛名的科學才士已聚集在巴黎，要共同確定公尺的眞正長度。這些人可不會輕易被愚弄，而且誰會想去試[4]？

最初倡議要開這場會議的是拉普拉斯，他是這些人當中地位最崇高的。他說，這樣可以保證公尺制的普遍性；就讓公尺最終由一場國際會議來確定，這樣可以驅散任何徘徊不去的「嫉妒」，嫉妒的形成是因爲決定公尺的基礎，是一條僅僅通過法國境內的經線[5]。就讓外國的科學才士認爲，公尺制是他們自己的心血吧！他們就會確使這個制度傳到外國土地上。私底下呢，當然，拉普拉斯向德朗柏保證，這次會議「只是個形式」，由於公尺制度的基本範圍已經全都事先訂妥，外國的科學才士來到巴黎，也只是追認預定的結果罷了[6]。

不是所有法國人都以爲他們的客人會乖乖就範，指揮官波爾達（經線探查幕後的主要推手）就反對這場會議。如果經線探查之行已經發現一種基於大自然的公尺，爲什麼還需要全歐洲科學才士的許可？眞理並不在乎出自誰人之口。

但是拉普拉斯的提議卻找到兩個有力的支持者。塔雷朗部長——永遠的法國外交政策大師，仍然深信公尺制改革是國際外交的一項工具，即便今天法國的地位而言，已經可以發號施令，不必低聲下氣了。雖然塔雷朗曾經提議英、法在新的度量衡上合作，但是他的外交部如今卻只邀請「不只關心藝術與科學的進步，也準備以此合作爲榮的諸國」的科學才士。英國明顯被排除在外了[7]。

拉普拉斯的另外一個盟友，是科學院最資淺的成員。通常一個年輕院士不會敢在才入選一個月，就介入比他資深的院士們之間的重大爭議，但是拿破崙卻是個很特別的院士，原因有幾個：

且說他從沒有發表過一篇論文。他的科學名聲，主要來自他曾是拉普拉斯在砲兵學校的應試學生；他並不矯飾自己會有創新的發明或是研究的可能。其實是拉普拉斯提名他爲院士候選人的（還將他排在勒諾瓦及其他人前面呢），希望將科學院與法蘭西正在崛起的政治明星連成一氣[8]。

而這位將軍本就有政治野心，科學也是他戰略的一部分；他不只在培養科學上下功夫，也爲培養科學才士下功夫。他從義大利的征戰後回國，帶回文藝復興藝術，也帶回最新的理論；他大步走進科學院會場，走向男士的鼓掌和仕女的喝采中。他可不是那個沮喪的梅杉，唯恐別人讚揚他。會議之後眾人群集，德朗柏對於將軍這麼快就回來表達了驚訝之意。「的確是回來了，而如果您願意，我願意明天與您共餐[9]。」在餐宴上，他把餐巾鋪在桌上，解說一個來自義大利的新的幾何證明。「我親愛的將軍，」拉普拉斯皺起了眉，「我們來這裡，對您有萬般猜想，就是沒有料到您會上一堂數學課[10]。」他是個萬能的人，兼具思想和行動、科學和浪漫情懷、靈感與計畫。被選進科學院，讓他像孩子般地雀躍，而他也立刻就介入科學院的事務。針對公尺所召開的一場國際會議，與他對於統一在法蘭西之下的歐洲的看法不謀而合。

邀請函在一七九八年六月寄出，寄給荷蘭、丹麥、瑞士、西班牙和義大利等國的科學才士，換句話說，寄給可以組成對抗英國的「武裝中立聯盟」核心的國家。英國、美國或德國的科學才士，無一受到邀請。

從一開始，法國就希望他的兄弟之邦——美國能率先加入公尺制。當傑佛遜偏向以緯度三十八度（靠近）作爲鐘擺標準，取代以緯度四十五度（緬因州班格市附近）做鐘擺標準，而爲法、英、美三邊合作清除障礙時，法國十分高興。一七九二年，美國參議院一個委員會，甚至還建議用這個鐘擺標準作爲全國的長度單位。但是，當法國的科學才士換成一種只通過法國的經線標準時，傑佛遜開始相信，法國所展現的那種國際性只是騙人的把戲。國會延後任何立法的考慮[11]。

然而法國卻沒有這麼輕易就放棄美國，在一七九三年通過公尺法後不久，他們就派遣博物學者兼探險家唐比，去把新的（臨時的）標準送到美國，那是一支銅質的公尺棒和一公斤的砝碼。一七九四年一月，唐比從哈佛港搭乘美國船隻「迅捷號」出發。不幸地，一場暴風雨把他吹到加勒比海，到了桀驁不馴的法國殖民地瓜達路普，他的任務從這裡開始雪上加霜。當地農場老闆認爲唐比是激進的雅各賓政府的特使，將他囚禁；在效忠巴黎的人們威脅要以武力對付後，他才終於被釋放。釋放後不久，他化裝成西班牙水手，登上一艘瑞典多桅帆船，卻又被英國海盜抓到，送到蒙瑟拉監獄島。四月間，他因病去世[12]。

奇蹟似地，唐比的文件和珍貴的黃銅公尺棒及公斤砝碼卻安抵美國（至今仍在「國家標準與科技院博物館」中展示），而法國大使熱切的接下的任務。佛謝大使說，他很高興得知公尺的改革，也表達了他的信心，深信「一個開明且自由的民族會樂於接受一項人類心靈的發明，這是理論上最美麗、最實用的一種發明」[13]。他指的民族是法國人民，也希望美國採用公尺制會「鞏固兩國的政治與商業關係」。報紙社論也反應他的希望，力勸所有美國人，至少是所有受過教育的美國人，都能自動自發的採用理性的法國式度量[14]。

一時間，成功似乎已經在望。佛謝和華盛頓總統交情不錯，而華盛頓總統對法國也很友善，他請國會重新考慮公尺制。華盛頓曾在他三篇最早的「聯盟國家」演說詞中，強調統一的度量衡有多重要；雖然這種一再強調，幾乎總是不祥的兆頭，佛謝仍然懷抱著希望。他在一封以密碼寫回巴黎的信中說，美國人採用公尺制，很可能會是對法國有利的事，「如果這裡的人分享我們的知識，他們不是會更像法國人嗎？如果他們採用我們的度量衡制，不是更會將他們與我們的商業關係緊密相連嗎？」不過他倒是憂心美國國會知道這些度量只是「臨時的」，就會慎重考慮，並且延後，「他們一向喜歡這麼做」[15]。

就在國會猶豫不決而美國開始和英國恢復親善之際，佛謝率爾支持威士忌酒反抗，這是美國境內一次很大的雅各賓革命序曲；此舉惹怒了華盛頓總統，也促使佛謝被召回巴黎。六個月後，眾議院表決要採用根據修正版的英制英尺和磅，來確立國家標準；這種英尺和磅不同一般，而是由科學實驗確定的標準，可以再分成十個次級單位。眾議院議長力勸同仁通過，只要每個前殖民地都各有度量衡標準，國內的商業就仍然會不可靠。這次是參議院不加理會，而將這項立法案封殺[16]。

如果德朗柏和梅杉在一七九四年就按照計畫完成任務，而公尺被宣布定案，情況會有幫助嗎？或是佛謝謹慎一些？幾乎沒有一件事能讓美國人免去兩百年的徒勞無功的爭辯，傑佛遜就對此心知肚明。他承認，美國國會受到商人階級的掌控，他們對法國懷有敵意，也害怕放棄他們已經習慣的英國單位。在對他們商業利益如此切身的問題上，他們的看法總是主導一切[17]。

說到英國，就像法國，長久以來也一直想改革其度量單位，只是費盡心思卻成效不彰。大憲章對於統一的度量衡的高度保證，得到國會命令的堅定支持，也受蘇格蘭與英格蘭之間的「聯合條款」的保證，卻無法遏阻一種紛雜歧異。這種歧異混亂一如巴別塔上的語言；旅行者到每個教區或是市集城鎮，都需要學一種新的語言，而這種語言是「沒有一本字典可以教會我們的」。藥商、銀匠、布商，全都口操不同的度量方言。單單漢普郡一個郡，就有三種不同的「畝」，再加上每個市集城鎮都有一種不同的「蒲式耳」，這種分歧產生了「陰謀、延誤、詐欺、焦慮，以及一切有礙誠信和信賴的現象，而誠信與信賴是應該永遠存在於買方和賣方之間、代理人與本人之間的[18]」；「惡徒與騙子」強迫窮人以較大的蒲式耳賣出小麥，再以較小的蒲式耳買回麵包；憤慨的行政官痛斥這些行爲不公不義，依透明交易的規矩而言，無疑是如此，只是當地人民無疑的認爲這些行爲是公平經濟的一部分，而這種行爲也盛行在英國大部分地區[19]。

英國的科學界人士和他們在歐陸的弟兄一樣，也爲統一度量衡的呼籲發聲。從洛克和華倫開始，皇家學會的成員就倡議根據大自然訂定的標準，例如一種新的「碼」，其定義是一支鐘擺在倫敦塔以一秒的間隔擺動的距離（等於三十九・二英寸）。而十八世紀，以「經濟學家」自居的新思想家也支持統一的度量衡，認爲這樣可以激勵商業的發展[20]。

之後在一七八九年，一個並不出名的國會成員——米勒爵士，力促下議院與法國的國民公會協調合作其公尺改革。米勒說服塔雷朗，要讓鐘擺在一個由英法兩國科學才士共同決定的地點測量，他以歐洲古老的通用文字（拉丁文）表達了這個古老的普遍的夢。

一種信仰，一種重量，一種度量，一種錢幣，
但願世人和諧結合一起[21]。

和諧的困難部分，當然是要讓每個人同聲一氣。既然幾乎任何標準都一樣，那麼只要大家同意，誰都希望改變的是別人。米勒在國內和國外都面對這種障礙，而那些在英國境內的博學盟友，對於哪種標準最好，又各有獨到的見解。整體而言，國會希望法國能聽從英國，尤其現在法國實施君主立憲，很快就會使他們「從民族偏見中解放」[22]。

因此當法國人改採經線標準時，甚至最有同理心的英國科學才士也被澆了一盆冷水。布雷頓（和梅杉在一七八九年進行格林威治—巴黎的探查合作）認爲敦克爾克—巴塞隆納計畫，是要阻止其他國家在新的度量衡上發言的機會，居心太明顯了。雙方既已開戰，英國報章就開始嘲弄公尺制，說這是共和理性主義失控的又一例。米勒的提議在國會就被封殺了[23]。

同樣的問題使日耳曼躊躇不前。日後成爲眾公國的德國，各有紛雜繁多的度量，但因統治權迥異，也拒絕任何中央集權式的解決方法。況且，日耳曼的科學才士也同樣希望要有一個根據鐘擺而訂的標準，而不是根據一條經線，而經線的價值，是依賴誰進行測量、在哪裡測量、用什麼儀器測量而定。這場國際會議要平息的，正是諸如此類的不滿[24]。

戰爭使英、美、德等國的科學才士留在各自國內，但是法國在歐陸的勝利，使得其鄰國若拒絕邀請就顯得很沒有禮貌了。拿破崙使義大利半島聽令於法國；法軍的占領重建低地國爲巴塔維亞共和國；西班牙被迫成爲一個不情願的中立國；瑞士被法國重設爲瑞士共和國；萊茵河左岸被改名爲**復合行政區**：先是軍事上與法國「復合」，緊接著政治上，現在更是經由特杭蕭工程師的大地測量工作，在製圖上也「復合」了[25]。

法國人用公尺棒和地圖可以治理一個帝國，以取自地球尺寸的大地測量之公尺形式，結合了商業力量和軍事力量這兩種工具。跨國的公尺制可以將歐洲經濟打造成一個歐陸集團，而裝配有複讀儀的「一隊天文學家」，將可以把所有歐洲國家同化到一個座標方格裡。誠如德朗柏所言：「如今複讀儀的使用既已遍布歐陸，全歐洲可望很快就會布滿了三角形。」的確，法國人打定主意要將他們的新公尺繞著地球延伸[26]。

拿破崙沒有在巴黎參加他協助召開的會議。這位征服世界、教化世人的現代「亞歷山大大帝」已經離開法國，去進行最有異國風味的公尺探查：進攻埃及。在他五萬四千名戰士和水手的精銳武力中，有個以一百六十七名科學才士組成的「學院」，這其中包括數學家、博物學家、化學家和大地測量人員。帝國主義和大地科學是他們的雙重目的：以法國開墾教化任務征服英屬地中海沿岸地區，並用現代科學工具重現古文明。二十歲的傑侯姆艾薩·梅杉也在這些科學才士當中，他是曾在天文台受過梅杉訓練的還俗僧侶——努埃特神父的天文學助理；勒諾瓦之子也在這支隊伍中，以便在隊上的複讀儀需要修理時派上用場。當梅杉在法國南部測量三角形時，兒子也在爲一個帝國繪製地圖：從馬賽到馬爾他到亞歷山卓，再北上尼羅河到開羅；當父親在黑山目測木製角錐時，兒子在吉薩大金字塔和尼羅河三角洲做三角測量；當父親在聖朋斯的修道院痛苦不堪時，兒子正隨著一支遠征軍出發，追尋一切科學知識之源[27]。

一七九九年夏天，一隊拿破崙的科學才士沿著尼羅河出發，要前去賽恩尼（亞斯文），探查隊領隊指出，亞斯文以「與北回歸線十分接近以及埃拉托色尼在該處做的地表測量[28]」而出名。在非雷島上，尼羅河的急流從紅色花崗岩的崖頂上傾洩而下，科學才士在艾西斯神殿的牆上刻下他們在地球上的位置：

R. F.

新曆七年

經度　距巴黎三十度三十四分十六秒

緯度　北緯二十四度一分三十四秒

在這些字下方刻的十六個科學才士的名字當中，就有一個是小梅杉[29]。

大地測量不只開拓了空間，也建立了時間。探查隊在附近埃勒芬丁島的堤岸裡，發現了建在裡面的「水位計」，這是一種古代的長度標準，可以用來測量河水的高度。比對古代和現代這兩個尺度數值，似乎顯示埃拉托色尼對大地的估算和現在只差〇．四個百分點。而當他們再往前溯，回到三千年前埃及文明起源時，法國人發現了更爲驚人的事：證據顯示，古埃及人也是從大地測量得出他們的標準度量，再將這些度量加入吉薩大金字塔的設計中。太陽底下果眞沒有新鮮事。有些王朝的天文學者推測，埃及人是從金字塔塔基得出他們的長度標準單位的，據說金字塔塔基是地球圓周一度的五百分之一。如今探查隊發現了證據，也就是大金字塔的周長有一八四二公尺，這個數值和地球經線的一分只有微小的〇．五個百分點的差異。回溯古代，科學才士卻赫然和源頭打了照面，至於這是不是巧合，誰也不敢說[30]。

這次進攻是帝國的一次慘敗。納爾遜在阿布可灣摧毀法國艦隊，拿破崙垂頭喪氣回巴黎，留下他的大地測量人員溯尼羅河而上。不過這次敗仗卻是科學上的勝利，探查隊繪製出一條穿過蘇伊士地峽的可能的運河地圖；法國考古學家發掘出「羅塞達石」。經過與英國的協議，探查隊其餘的人——年輕的梅杉也在其中，在一八〇一年十月帶著他們無比珍貴的工作日誌，乘船返回法國。

在這同時，法國人正把他們的公尺延伸到更遠的陸地上。雖然度量衡的歧異曾阻礙了殖民地的貿易，但公尺制卻組織出一個新的海外帝國。舊王朝時期，當時法屬紐奧良居民會抱怨船長經常將他們運送的麵粉、牛肉、油脂和酒偷斤減兩，船長們總回答說，不是斤兩不足，只是度量不同；不甘吃虧的殖民地居民也以其人之道還治其人，從美洲來的貨品也經常斤兩不足，而美洲是「他們說欺詐和背信會傳染的地方」[31]。法皇命令各方都要使用標準桶量，與眞正的重量相差十六分之一，但是爲了徵稅和防止走私的官方度量局，對於殖民地的貿易監督卻是微乎其微。公尺制可以將加勒比海的殖民地與祖國整合，使大西洋兩岸間的貿易合理，就像公尺「馴服」了地表一樣。

法國派出的環球航海家，已帶著波爾達複讀儀繪出的地球海圖。在一七八五和一七八八年之間，王室派拉培霍斯去探測從阿拉斯加到加利福尼亞的太平洋沿岸，然後渡海到亞洲和澳洲；他寄回大量珍貴資料，最後在印度洋失蹤。一七九一到一七九四年間，共和政府派恩特卡斯圖去找尋拉培霍斯，他製出印度洋和太平洋一些群島的海圖，最後因病身故。法國公尺帝國暫時受阻，但是它還會捲土重來[32]。

全球一致的計畫，有賴公尺的定案；要使公尺定於一尊，意味國際委員會必須保證它的精準。因此，委員會就將焦點放在德朗柏和梅杉這個七年任務的精確上。

但是德朗柏和梅杉尚未準備好交出他們的數據資料，或者說，至少梅杉尚未準備好。而在同時，爲了要保證他倆的精確，法國人提議要在委員會的監督下，安排一場「精準秀」，好讓德朗柏和梅杉進行一場友誼賽，確定巴黎的緯度。巴黎是「多餘的」緯度之一，之所以中選，乃爲了展示從敦克爾克到巴塞隆納之間的地表曲度。兩位天文學家從各自的地點測量這個首都的緯度：德朗柏從天堂路一號的屋頂，梅杉則從他現任主任的國家天文台屋頂。之後兩人都要校準他們的測量結果，集中在「先賢祠」：如此可以提出「眞正的證據」，證明複讀儀的優秀和科學才士的操作技術[33]。

巨大的圓頂基本上沒有改變，足以證明皇室的工程技術之卓越和投入的龐大心力，但這座建築的意義卻已再次轉變，而其裝飾風格也有些微差異。德朗柏那座舊觀測台被拆了，那重達五萬兩千磅的「聲譽女神」的雕像被宣稱太重，圓頂無法負荷；第一位入祠和取消資格的米拉波，如今又應該再入祠了，只是沒人找得到他的遺體；笛卡兒這位法國最偉大的科學才士，現在也正被重新考慮獲此殊榮[34]。

德朗柏和梅杉兩人均從十二月七日開始觀測，只是他們接下任務的熱忱並不相同。除了忠誠的貝勒，德朗柏還有一個助理德波瑪，他的母親依麗莎白是德朗柏多年密友，也是一個有見地、天分高的拉丁學者，「有學問但不迂腐」[35]。她和兒子現在都與德朗柏同住在天堂路，德朗柏很疼這孩子。他已經有六英尺高，栗色頭髮襯托出灰色的雙眼，而德朗柏認爲他結合了「極高的智力與對工作的熱愛」[36]。這位年輕人希望成爲天文學家，至少德朗柏如此殷切希望。那年冬天，他們每晚都爬到沼澤地上方的屋頂去觀星，每天早晨，德朗柏都把夜晚的觀測結果交給國際委員會。

梅杉可不這樣做，他緊緊抱住自己的資料不放，一如他向來的作風，而這些資料卻也一如往常地讓他飽受折磨。在二十個夜晚和五百次觀測後，他宣布他必須重新開始。他的資料不一致，這回顯然該怪北法的冬寒，而不是加泰隆尼亞的高溫了；他的助理似乎無法保持儀器的水平，也可能是折射率修正有誤。總而言之，這些讓他難以消受，他消沉、沮喪、慌亂。他對德朗柏抱怨，如果不能儘快得出可接受的結果，他就要「放棄這一切」[37]；他對波爾達承認，他的結果不能讓人接受，而「德朗柏得出的結果，絕對是要多一致就有多一致的」[38]。

自我懷疑亦步亦趨，跟著梅杉走遍南法山區，也跟他回到巴黎。悶悶不樂的對比吸乾了他的信心；每個清晨，他聽著德朗柏的結果已經送到委員會的桌上；每個夜晚，他都在資料中和內心裡搜索著「隱藏的缺失」[39]。他開始閃躲同事們，也避開科學院和經度局的開會，他還是後者名義上的局長呢！他甚至停止參加國際委員會的會議。他聲稱忙著蒐集新資料，沒時間討論舊結果。

於是委員會開始把會議訂於天文台舉行，這樣子梅杉就躲不掉了。德朗柏只得採拖延戰術保護同事，爲了拖延時間，他重新檢視早已完成的觀測紀錄，但是梅杉仍不肯交出資料讓別人整理。不管有多苦惱，他堅持獨自挑起精準的重擔，否則就是放棄屬於他的重責大任。他可不是被派去檢栗子的侍從，而是受委託去做極精密判斷的科學才士；他可不是個低賤的技術人員，而是科學院的使者，而科學院的正派足以保證他的觀測。他比誰都清楚哪些值有效、哪些值沒有效。

他的責任是要挑出……可是他要挑哪一個呢？是如意山或是金泉旅店？是和盤托出或是承認失敗呢[40]？

延宕日久，謠言四起，外國代表可不像拉普拉斯想的那麼客氣。丹麥皇室天文家布格是第一個抵達巴黎的科學才士，在等待德朗柏和梅杉的三個月裡，他一直被禁止做自己的計算。在正式報告出爐前，科學院明白禁止所有科學才士公開發表他們自己對公尺的估算。布格開始覺得自己被利用了，他聽到拉蘭德私下埋怨這整個計畫是「波爾達的騙局」[41]，而現在，德朗柏和梅杉都回來三個月了，法國人卻還不交出他們的測地資料。私下耳語的人中傷他們：那些數據資料很糟，任務弄砸了。布格宣布，如果會議不能在一月完成，他就要回國繼續自己的工作。

謠言在全世界的科學界裡，流傳得既遠又快。一個德國天文學家以一種顯然對「新度量醜聞」幸災樂禍的心態寫信給拉蘭德；他聽布格說，探查隊關於地表曲度的數值不可信，而他們的大地測量是「沒有價值、奇差無比、不足採信、不值一哂——而這讓我很難過」[42]。「這些天文學可恥面最好是藏起來[43]。」他用不太掩飾的歡喜說。較近一點的國內呢，一位來自法國鄉間名不見經傳的業餘天文學家寫信給德朗柏，慰問他的「熱誠和技術並未產生令人滿意的結果」，他雖然不認識這位天文學家，但卻安慰他說：「您被人拙劣地超越了[44]。」

當一月結束，德朗柏和梅杉無一交出資料，布格果然實踐了他的威脅。他才剛離開巴黎回哥本哈根，就被巴黎的媒體攻擊說他「嘲弄」公尺制計畫[45]，不過他的離去也刺激了法國人行動。德朗柏不再掩護同事，而在一七九九年二月二日，正式向國際委員會提交他自己的資料數據。這是一整天的嚴酷考驗，委員會審核他工作日誌的每一頁、詢問每個觀測點的情況、檢視每一次的觀測，他們幾乎接受他全部的資料，包括一些連德朗柏本人都懷疑的結果。但是正如他說過，資料一旦記錄下來，就成爲一件神聖的事了。到了這個階段，距離觀測的時間和地點都已久遠，要分辨結果是否正確並不容易，委員諸公只能取信於工作日誌，並接受上頭白紙黑字的主張，無論記錄者現在怎麼說。到這天結束時，德朗柏從敦克爾克量到羅德茲的三角形全都獲得正式的承認，他在敦克爾克的北邊緯度資料也獲認可。下一個是梅杉了[46]。

幾天之後，拉普拉斯本人私下前往天文台。他是來送最後通牒的：限梅杉十天內交出他「全部」的資料。他們不能容忍他任何進一步的拖延了。

想像梅杉的反應並不難：他的眉毛高高揚起，充滿哀求的神情；眼睛在對方臉上搜尋同情的跡象，彷彿這人的目光明察秋毫，一眼望穿宇宙的奧祕。現在他已經無處躲了：每個藉口都用完了，每種學院禮貌也用盡了。梅杉的考驗時刻已經來到，所以他同意「必定」會在十天內交出他的資料，但有一個條件：由於日誌非常凌亂，他不願交出原始的工作日誌，而是每個觀測點經一般公式修正過的摘要結果。對於這一點，拉普拉斯偷偷同意，委員會需要梅杉資料之急切，由此可見一般[47]。

在這十天中，梅杉發現他的低鏡筒上有一根鬆了的螺絲釘，這是造成他數據有誤的原因，至少他是這麼告訴委員會的。現在他的結果可以開始收尾，而他答應十天後公開說明。的確，這些結果與德朗柏的只差〇．一三秒，驚人地展現了觀測手法的高明。將他的位置安放在地表距離不到十三英尺的地方，梅杉證明若是使用得當，複讀儀的精準只受限於觀測者的耐心。當然，委員會同意等他[48]。

十天後他仍然沒有準備好交出資料。又過了十天，他又延後會期。而後，終於在三月二十二日，梅杉交出南方探查隊的測量結果。

他帶著用漂亮的抄寫體謄寫的結果來參加這一整天的會議，委員們讓他接受德朗柏曾面對過的同樣嚴酷的考驗，從如意山到羅德茲的每個觀測點角度都個別加以核對，才能正式接受。梅杉偶爾會認爲這種複審「有點嚴格」[49]，但是最後，委員會倒是不得不爲了梅杉三角形驚人的一致性而向他道賀。至於他在如意山和金泉旅店的緯度資料，委員會也認爲非常有條理，「並且」彼此驚人地相符。的確，它們太一致了，所以在梅杉的請求下，國際委員會同意拋開金泉旅店的資料，認爲那是多餘的，只採用如意山的資料[50]。

就這樣，噩夢煙消雲散。他的焦慮、他的恐懼、他的遺憾，全都如幻影般蒸發了。國際委員會承認他的成果是具有天文精準的傑作。確實，外國委員之一還私下去找德朗柏，問他爲什麼結果沒有梅杉的正確。情勢改變，梅杉勝利了[51]。

如今剩下的工作，就是將這些彼此連結的結果，濃縮爲一個單一的數據：公尺。在接下來幾個星期中，每位委員各自利用自己喜好的方法去計算。數學家勒讓德運用橢面幾何做出精密的計算；荷蘭天文學者史溫登使用傳統大地測量技術；德朗柏則採用自己最近剛發表的改良方法[52]。波爾達並未參與這些最後的計算，複讀儀的發明者兼經線計畫幕後的指引力量，來不及看到公尺成爲定論。在梅杉最後耽擱期間，這位老指揮官久病不癒，撒手歸西。滂沱大雨中，一列由國際科學才士組成的送葬隊伍，抬著他的遺體走在一條泥濘路上，將他安葬在蒙馬特下方。他的遺產是個謎[53]。

每位科學才士完成自己的大地測量計算後，這件事也愈來愈清楚了：謠言其實不無道理，也就是，有些地方不對勁。經線的結果十分驚人，令人意外，也無法解釋。最不可能的事發生了：經線探查產生一個始料未及的結果：**眞正的科學新鮮事**。

這從來不是他們的目的：德朗柏和梅杉被派出去，不爲了發掘新知識，而是爲已知事物求得更上一層樓的精確性，但他們發現的這個世界，要比任何人以爲的離奇古怪！這是個醜聞？或是項發現？

根據五十年前在祕魯和拉普蘭蒐集到，進而被卡西尼三世在法國證實的資料，地球的離心率大約是三百分之一，也就是說，地球在兩極間的半徑比在赤道間的半徑要短三百分之一（或是百分之〇．三）。相較之下，德朗柏和梅杉從敦克爾克到巴塞隆納的地弧資料，卻暗示離心率是一百五十分之一，也就是兩倍之多。更驚人的是，當委員會將路途中「多此一舉地」在敦克爾克、巴黎、埃佛、卡卡頌和巴塞隆納緯度量測的行跡，以連結點畫成曲線後，他們發現地球表面甚至不是一個規則的弧，而是隨各部分而改變。這眞是石破天驚的發現，可是這意味著什麼呢？

這個轉折顯然令梅杉大樂，這可以算是還他一個公道了。他的同事們現在可會後悔沒讓他做三角測量到巴利亞利群島，或是多做一些額外的緯度測量了。他對於讓理論派同事困惑，尤其是拉普拉斯，有種實驗者的不懷好意的喜悅。他幸災樂禍地說：「地球拒絕符合我那些數理同事們的公式，直到現在，他們都還斬釘截鐵地認爲，地球是個十分規律的運轉球體[54]。」這或許是整個探查工作中眞正開心的時刻，這也是重大發現的一刻，如他寫信給卡卡頌的朋友所說：

> 我們的觀測顯示，地表的曲度從敦克爾克到巴黎近乎圓形，從巴黎到埃佛比較橢圓，從埃佛到卡卡頌更為橢圓，之後從卡卡頌到巴塞隆納就又恢復之前的橢圓。那麼為什麼「祂」用雙手塑造我們的地球時沒有更用心一些……？這是他們無法理解的。怎麼會這樣呢？依照造物主也許在開始工作前已先訂好的運動、重量和引力等法則，祂怎會容許這個外觀不佳的地球有這種不規則的形狀，而這種情況又是無可救藥，除非祂要重新再造一個[55]？

這種情形時常發生：進步總在最出人意料的地方偷偷溜進來。經線計畫意外地產生了全新且令人困惑的知識；地球不是個像柳橙的球體，或甚至是像番茄的扁圓體，如今大地測量人員發現，自己生活在一個如南瓜般表面起伏的土地上。

每個人都知道地表並不平滑，不是每個地方都和海平面等高。一百多年以來，科學才士知道地球的形狀不是正圓，而是兩極附近比較扁；過去幾十年，他們開始懷疑它的形狀甚至不是橢圓，而是某種更複雜的卵形。現在他們發現它的形狀，甚至還不是一個在有軸的轉盤上均勻旋轉的明確形體；他們發現我們生活在一個坍塌的星球上，是一個翹起、彎曲、起伏不平的世界。他們因追求完美而察覺這一點。從夠遠的距離檢視，地球看似一個球體；近一點看，兩極有些扁平；再近一些——以德朗柏和梅杉驚人的準確度觀之，地球根本不夠對稱，無法用曲線在太空中旋轉模擬。德朗柏和梅杉發現經線並非全都等長，通過巴黎的經線和通過格林威治或蒙地切羅或羅馬的經線，長度都不一樣。

總而言之，就連這個驚人的發現，也不完全令人意外。頂尖的大地測量理論學者拉普拉斯本人，偶爾也會懷疑地球是否眞如他一貫假設的，是個完美的旋轉球體。而十八世紀中期，測量過教皇國的耶穌會士大地測量人員博斯科維奇也早就提出主張，通過羅馬的經線和通過巴黎的經線曲度不同。確實，這項疑慮也就是經線探查最初的祕密動機之一，也正是科學才士又增加「多此一舉的」緯度的原因。不過科學才士從未承認這些，「有時候爲民服務」，一位科學才士私下承認，「就是必須打定主意欺騙他們」[56]。

只剩一個問題：這項重大的發現推翻了整個任務的指導前提。德朗柏和梅杉被派出去測量世界，是根據一個假設，即他們的經線可以代表地球上所有的經線，可以提供一個不變而且普世的尺度。如今他們發現這個世界太不規則，無法作爲它自己的尺度。說起來，德朗柏和梅杉只測量了一條經線，但是單這條經線就不規則得足以暗示其他每一條經線也都不規則，而且各有不同的不規則方式。不管怎麼樣，要從他們這一小部分的經線去推算出整體，可是項大工程，而這就是他們此刻所面對的任務。

就這種意義來說，他們的探查結果「確實是」醜聞。但話又說回來了，眞正的新知幾乎總是醜聞。

國際委員會的成員現在面臨一項無情的選擇：他們要從敦克爾克—如意山的地弧推出全部的經線，要用新的一百五十分之一的離心率，還是用舊的三百三十四分之一的離心率。他們絕對有理由相信一百五十分之一的離心率可以爲地弧提供最佳描述，因爲它通過法國；但是他們也知道，舊數據可爲地表的總曲度提供更爲合理的面貌。他們在「一致」和「合理」中二選一。經過一些熱烈的討論之後，他們選擇「合理」和舊數據。德朗柏和梅杉被派出去，要最正確的重新測量這個世界，而到頭來，對於公尺最後決定有最大影響的唯一因素，竟然是根據他們要汰換掉的數據作出[57]。

這個決定把公尺的長度削了一小點，暫行公尺長四四三・四四法分，確定的公尺長四四三・二九六法分（大約〇・三二五公分或者〇・〇一三英寸）的差距看起來或許沒什麼，大約三張紙的厚度，但是這已經比波爾達預期的不確定更爲嚴重。紙張可以堆疊，這種差距也可以堆疊：在整條經線中，這些差距累積起來就有大約兩英里（三・二五公里）的改變了。而我們現在知道，這也是朝錯誤方向跨出的第一步。這種確定的公尺和暫行公尺比起來，對於地球的大小的測量有兩倍的偏差。七年的辛勞，只換來公尺更不正確的結果。

最後的步驟則是以一種永久的實際標準具體表現公尺，臨時公尺用銅已經足夠，但在確定的公尺上，只有最頂級的金屬才行。長久以來，白金（或稱爲鉑）被南美洲探礦者視爲污染物，而受盡鄙視；它既不可能融化，又難以精鍊，也幾乎無法摧毀。單單這個原因，就在科學才士間獲得響亮的名聲——它得以永久長存。大革命之前不久，已經有人發現一道加入砷的程序，可以讓白金具有可鍛性而塑成鼻煙壺和裝飾用花瓶。大革命之後，這種新金屬找到更偉大的用途：創造永久的測量標準。度量衡委員會用去五分之一的預算，購買大約一百磅的純白金加以精煉；即便如此，委員會還是幾乎用光了配額。最後一批從西班牙運來的白金少了百分之十五，委員們只得四處張羅，彌補損失[58]。

最後的切割落到勒諾瓦手上，這位矮小的藝匠如今已五十五歲，他的複讀儀使他揚名全球，可以和倫敦最好的儀器製造者平起平坐。一七九九年四月，他拿到計算過的確定的公尺值和四條純白金的棒子，要做出四根各長整整一公尺的標準尺。爲達這個目的，他運用自己發明的「精密值測量器」，這種儀器可以測量物體到一百萬分之一「丈」（〇·〇〇〇〇七二英寸）差異的準確度。這件工作是「殘忍的艱苦」。在四根白金棒子當中，最接近的一根與正確長度只差百分之〇·〇〇一，最後被選作確定的公尺[59]。

一七九九年六月二十二日的盛大儀式中，這根白金棒被呈獻法國立法會議，讓人民選出的代表爲大自然法則，加上人類法律的神聖性。這場莊嚴的儀式，是適合全球性的演說的場合。拉普拉斯提醒他的聽眾，一個根據地球大小訂定的公尺，會使每一個地主都成爲「世界的共同擁有者」[60]。荷蘭天文學家史溫登表達了感激之意，因爲每位外國科學才士都獲贈公尺的鐵製複製品，以便帶回母國，協助歐洲人民「以兄弟之情團結在一起」[61]。

不用說，沒人提到地球離心率的意外發現，也沒人提到這個七年計畫的失敗，更沒人提到儀式過後，白金公尺棒和公斤砝碼必須再丟回勒諾瓦的作坊，做進一步的加工，而要再過九個月才能回到它們放在「國家檔案局」裡三道鎖的盒子裡。科學的開創，就像法律的創制和臘腸的製造，最好不要讓一般大眾看到[62]。

但是在這些冠冕堂皇的發言底下，很容易發覺出一絲若有似無悲哀的恫嚇。當天室內每個人都知道，法國人民尚未接納新的度量；他們全都同意，問題不在於人民私底下仍然效忠王朝，而在於依然固守舊的習性。會議主席感傷地引述盧梭這句雋語：「人總是喜歡一種差勁的了解方式，而非一個較好的學習方式[63]。」

接下來的幾個月，立法院命令百姓開始學習。教育百姓的任務主要落在度量衡處，這裡的主管包括優秀的數學家勒讓德，還有志在自由市場經濟的行政官員們。好幾年來，他們一直以自己對新度量的熱情去激發自己的同胞，即使官僚們也深信他們在做的事，「現在我夢裡只有度量衡，」其中一人說[64]。

過去五年裡，度量衡處散發成千上萬本小冊子，要讓市民知道新規則有多簡明易懂：有些小冊子長達一百多頁，其他的則是大型廣告單，讓店主放在商店櫥窗裡；金丘普里鄂為看得懂圖表的人設計換算表；商業性質的出版社也出版新度量衡的指南，包括年曆、紙盤式換算盤，和教育用的紙牌。度量衡處也在巴黎重要建築物的牆上嵌入用大理石覆住的公尺（最後一個現存的例子，可以在盧森堡宮對面的佛吉哈街看到）。它甚至還雇一個名叫杜佛尼的盲人在羅浮宮門廊下演講公尺制。他傳達的訊息很簡單：正義是盲目的，天秤必須維持平衡，而且公尺制很簡單[65]。

最後，為了幫助市民跨入新公尺的世界，度量衡處下令，法國每個**行政區**都要做出一個新舊制轉換表。這些圖表雖然洋洋灑灑，卻忽略了舊王朝度量衡的紛歧，地方行政官員承認，他們一直無法找出所有舊的主要度量，根本沒有提到繁多的土地度量，也必然不提人體測量實情，而舊王朝的度量大都是由人體測量法定義的。從這些上百個左右的圖表中，度量衡處再編纂一份簡略的全國摘要，而「終於法國人不再會是法國的陌生人了」[66]。但是眞正的危險是，他們在自己的教區裡也不再感覺親切熟悉。過去，市民需要有本字典才能從一個城鎮旅行到下一個城鎮，如今他們卻需要一本字典，讓他們旅行到未來。

度量衡處也知道光是印製小冊子、製造大理石覆著的標準尺和數字表是不夠的，兩千五百萬的法國男女也需要能夠親手接觸到一般的尺。單單巴黎一地就需要五十萬根尺棍。然而，在公尺成為這裡唯一合法標準後一個月，度量衡處卻只有兩萬五千根尺的存貨。為刺激生產，它和民間工廠簽約，將教堂變成了工廠。他們還保證要獎賞能夠發明出機器，「以精確和迅捷[67]」切割尺棍的人。若是有任何東西可以大量生產，那就非一模一樣的標準莫屬了。可是當市民們終於找到公尺棍購買時，他們卻發現同一家商店賣的尺都還會有一公釐或更多的差異[68]。

到目前為止，公尺制只運用在巴黎市。但就算在這首善之都，便衣警察依然看到商人還在用巴黎尺賣布，只是因為客人比較喜歡用稍微長一點的度量單位。要嚴格執行是不可能的事，每次警方沒收一把巴黎尺，並且把違犯者送到刑事法庭，刑事法庭又會把案子送回警方，而警方也只能以小額罰款了事[69]。

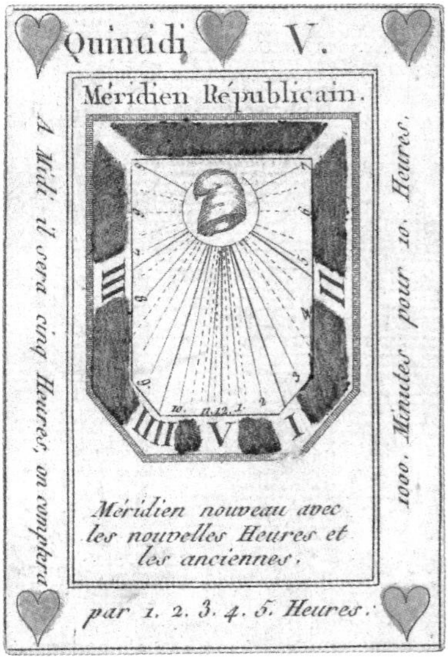

紅心五　這張大革命時期的紙牌紅心五，根據一周的第五天而叫做「旬五日」。這張牌告訴我們，當太陽在正南方的經線上時，時間不再是十二點，而是五點。他的解釋是：「我們是以一、二、三、四、五點鐘來計算的。」這些紙牌是貝蘇在一七九二年在堤里堡鎮製造，該地當時稱作瑪恩河的平等鎮。

有一個流傳的故事倒是前述情況的例外，也證明了這種情況。情形是這樣的：巴黎皮貨區的一個婦女買布回家，她以爲買了一尺的布，卻發現她拿到的是一公尺的布，她就到法官處申訴。

婦人：先生——

法官：（打斷她的話）你說什麼？我可不是什麼「先生」。

婦人：請原諒，「公民」！上個星期天——

法官：（不耐地）你說的「星期天」是什麼？我們現在已經沒有這種東西了。

婦人：那好，就是——是——一星期的「旬五日」。

法官：（憤怒）你淨說些胡言亂語使我厭煩！我可不知道什麼「星期」。

婦人：可是，先——公民，我是說——四月裡的——的——「旬日」。

法官：又在胡說八道了！四月！

婦人：是「花月」，我是說。我買了兩「厄爾」。

法官：（大怒）夠了！你說的是公尺。你走吧。你還在說你的星期日、你的星期、你的四月、你的「厄爾」和你的「先生」！滾出我的法庭！你是個貴族[70]！

一七九九年九月以後，也就是立法院將公尺制引進巴黎周邊地區時，市場大亂。警官堅持要用新度量衡標準，顧客喜歡舊制，而店老闆兩種規格都有。如此倒引發出新制原本要消滅的種種弊端，給商店老闆多一種欺騙客人的方式了。巴黎市首屈一指的餐廳及高檔雜貨店指南《饕客年鑑》就警告讀者，肉商和麵包商，尤其在聖歐諾赫港旁邊的那些，都會利用新制去欺騙顧客，價錢以少報多，貨品偷斤減兩[71]。

然而科學才士仍然不明白，一般百姓爲什麼會拒絕接受新制。新制源自大自然和理性，整個制度形成一個合乎邏輯的整體。度量衡處的成員警告它的批評者不要對新制吹毛求疵：

你們攻擊一個制度的一部分，難免會危及其整體，除此之外，許多其他反對意見也會隨之而來：有些人會想要一種新的名稱，其他人會希望公尺是根據地球圓周而訂，還有一些人會喜歡用鐘擺，更有一些人會重新檢討十二進位制的觀念，使除法比較容易等等……如今法律既已頒布（在長久的考慮之後），最好不要去攻擊它，而是要給予它應有的尊敬……對於這法律的優良應該不要再有任何疑慮了[72]。

不管進展多麼緩慢，科學才士仍然懷著希望，智慧開明者永遠抱持著的希望，希望下一代能見到光明。他們推動公尺制教育在各級學校中成爲必修課程，包括師範學校，這裡是訓練全國教師的地方[73]。他們向同胞保證，公尺制絕不會以武力強迫實施，也不會成爲暴政的工具。他們說公尺制，「只是警方爲確保社會秩序的措施……『我們的美好歡樂』和『我們完整的權力』都不是一個有理性民族的語彙，只有在這個民族獲得啓蒙且深信不疑時，他們才會長久的服從」[74]。

不過呢，這自由派的信條確實會產生這種可能性：民意是國家領導人可以詮釋和指導的。因此，內政部長同時保證「度量衡的統一向來是人民所渴望的」，又誇耀說公尺制既是由國內數一數二的科學才士所設計，「將會是塑造大眾理性的最佳利器」[75]。他並不覺得兩句話有任何矛盾之處，目的仍然不變：公尺制將會使法國經濟轉型，使國家便於經營管理，因爲它改變法國人民的思想方式，他們將以一種新的方式去思考他們的利益，因此成爲理性的計算者。無怪乎這種轉型姍姍而來，它極易受到詭譎萬千的政治所傷害，因爲歷任的法國政府都會重新考量政府在國內經濟生活中扮演的角色。

新度量衡的使用法　這些快活的共和時期市民們正在示範（左上起，順時鐘方向）公升、公克、公尺、立方公尺、法郎和雙公尺的正確使用法。

弔詭的是，國家施行公尺制的唯一方式，就是重新規範全國的市場。一七九九年，就在公尺被公布後幾個月，政府授權各主要市場城鎮設立各自的度量衡局。就像國家發照給藥劑師，預防有人中毒一樣，國家也應該特許度量衡局的成立，以免對度量衡的猜忌毒害了商業。每個民間局處也可以收取一些服務費。對有些人而言，此舉顯示被痛恨的封建費似有還魂跡象，而對於在哪裡、用什麼方式交易的絕對權利，似乎也要加以限制了。巴黎的度量衡局由「布希亞公司」經營，派出好幾百名政府軍進到市場，把舊制的秤重器具丟出去之後，被人痛罵「專制」和「暴虐」[76]。批評者警告，如果百姓是在刺刀下被迫使用公尺制，公尺制休想立足。至於布希亞公司，他們聲稱這些行動是必要的，這樣才能恢復對商業的信心、使交易公平，也免得公尺制成爲笑柄。如此一來，新的度量衡便成爲一道界線，政府用以恢復舊有規範的公眾市場（時間地點都有限制，使所有人都有相同機會走進）和未加規範而且所謂「自由」的市場之間的區別（這在舊王朝並不陌生）[77]。

公尺制本身並不是自由商業的保證（雖然某種統一的度量制度通常是先決條件），公尺制也同樣容易用來推行國家對貿易的規範。但是在這兩種情況中，公尺制的設計都是要打破舊的人體測量和舊有的「公正價格」經濟的控制。

法國的科學才士始終一致忽略的是，一般民眾拒絕公尺制的合理動機：它會造成社會常規的破壞，加上對於開放本地市場給予外界競爭的恐懼。在很多例子中，舊單位甚至無法適當的轉換成新的名稱，因爲這樣子你只能把物品與製成它們所需要的勞力和材料分開來看。可想而知，許多農人和工藝匠可不願意這樣，不管他們以消費者身分時，自商業交易的透明中得到什麼好處。

的確，排斥公尺制的不只是共謀的商人和無知農夫。國內受最多教育的百姓，也同樣堅持舊有的度量衡。舊單位早已滲入「所有」法國人民的日常工作中，包括政府官員和專業人士。對於使用數目字的人來說，不妨再說一次，數目字可是茲事體大的。許多法國醫生才從藥用磅轉換成商用磅，他們擔心必須重頭學習他們用藥的劑量；一七九六年，各省公證人必須改換成新制；一七九七年，國家測量員沒有使用公尺就會受到斥責；一七九八年，財政部的會計師們仍然不肯把十進位制用在金錢總額上；而在一七九九年，巴黎的行政官員仍然在官方文書上使用舊制，就連國家的立法委員們也繼續以舊制頒布法律，而違反了他們自己的法律。最大的諷刺是，中央度量衡處運送一套新度量標準到各省分局，通知他們說包裹的總重量是「舊制六十磅」[78]。

至於度量衡改變，在要重建機器或改變官僚實務的經濟領域中，抗拒更是頑強。砲兵部隊是最重視統一性精準和現代化製造的軍隊（也是拿破崙的舊部隊），最初曾計畫出版公尺版本的加農砲藍圖，但戰爭部卻說出版太昂貴。到了一八〇一年，情勢逆轉，換成戰爭部請求砲兵部隊採用公尺單位，但是砲兵部隊卻抱怨了：公尺制單位會毀掉加農砲重量和其口徑之間的數學精確比率，也會消滅了他們費盡苦心建立起的材料一致性[79]。

至於拿破崙呢，他拒絕學習公尺制。在視察埃森一家火藥工廠時，他詳細詢問工廠經理其中的化學過程。但是每當經理以公斤告訴他重量時，他都堅持經理用舊制磅再說一遍公式，他說用新單位無法思考[80]。

面對頑強抵抗，政府暫且姑息，但是仍然堅持下去。公尺成爲確定之後一年，政府做出第一個妥協。一八〇〇年十一月四日，公尺制終於被宣告成爲全國唯一的度量衡制度，而複合字的名稱：十分之一公尺（即公寸）、千公尺（即公里）等也廢除。公尺仍然是公尺，從一八〇一年九月起，全國都必須使用公尺。但是「那些嚇壞老百姓的」希臘與拉丁字首就用「平常名字」取代了。在與拉普拉斯和德朗柏商議之後，「公寸」重新命名爲palme（手寬）；「公分」命名爲

doigt（指寬）；「公釐」命名爲trait（少量）等等[81]。

這種妥協的指使者，正是從埃及返國的拿破崙本人。科學院爲了歡迎同事返國，用製造公尺剩下的白金打造了一面紀念獎章。他們說，這樣一來，這枚獎章將會流傳「與您的榮耀一般長久」[82]。接受這枚獎章後十三天，拿破崙在「霧月十八日」的政變中奪下絕對權力，並且持續執政了十六年。他上台後的第一個動作之一，就是任命他昔日的數學考官拉普拉斯爲內政部長，以便施行國內法律和公尺制的重任。看起來科學才士押對了寶。因此當他們得知他的妥協後，你可以想像他們有多麼驚慌。拉普拉斯試圖向同事們保證：名稱的退讓並不意謂整個制度會失敗。拉蘭德得意地笑了：「拉普拉斯先生無能爲力了[83]。」才上任四十天，他已經因爲偏向拿破崙的兄長而失寵，其他敗相也將隨後出現。

法國不只是第一個發明公尺制的國家，也是第一個拒絕公尺制的國家。

第十章 中斷的弧

事實上，近來不管在哪裡，沒有人是真正快樂的，而在「理想」所呈現的無數面貌中，或者，若你不喜歡「理想」這個詞，就說是某種更好事物的概念罷——「旅行」是最動人也最虛偽的一個面貌了。公共事務全是腐敗：拒絕這個事實的人甚至比堅稱這件事的人，更深切而痛心的感受到這一點。然而，神聖的「希望」卻依然追尋自己的目標，以輕聲低語不斷安慰我們備受折磨的心靈：「還有一些更好的東西，那就是，你的理想[1]！」

——喬治桑，《馬約卡之冬》

梅杉從偏遠的黑山上充滿自殺念頭的憂鬱中解脫，被擢升到全國總天文學家的最高職位，國家領導人爲他在科學上的奉獻給予殊榮，他也受到深愛的家人和令人尊敬的同事們的誠摯歡迎。無怪乎他良心不安。

爲了贖罪，梅杉全心投入他新的行政角色中。他抱怨天文台在他離開時都被疏忽了，並誓言要把它轉變成全世界最好的天文設施。他購買望遠鏡，決定放置的位置。他又繼續自己的天文觀測，而分別在一七九九及一八〇一年發現兩顆彗星；他還加入那搜尋天體最新成員——小行星的行列。但是他卻痛苦不堪[2]。

朋友和同事對此全然不解。他享有一個科學才士所期望的一切：一個能幹的妻子、一個溫暖的家庭、這行業中頂尖的地位、同僚的尊敬，還有（畢竟這裡是巴黎）卡西尼的豪宅，以及全權使用的天文台花園。有些同事發現他緘默、嚴厲，甚至刻薄；有些人則以在他背後痛罵他的性格爲樂。但是任誰都同意，他是一個正派得無可指責的科學才士[3]。

眾人交相稱頌只讓他的祕密更難忍受，他是虛有其表的冒充者，科學界中的說謊家，特別在此事關重大的時刻。他在最基本的科學數值上犯了錯，而這個數值將要永遠作爲所有科學和商業交易基礎的度量單位。於是他躲避同事，只要有同事來到天文台，他就避到自己家中[4]。

在此同時，他從前的夥伴也獲得編纂正式探查報告的殊榮。挑上他是可以理解的。雖然德朗柏是後進（比他小五歲，科學院年資也少十年），他卻兼具人文背景和必要的技術知識，再加上他也實質參與這份工作的絕大部分。德朗柏計畫出版事情始末：他們的探查故事、數據資料的完整清單、所有的公式和技術設備；這部作品將命名爲《公制之基礎》，有兩千頁，分成三巨冊。這本書可以讓世人見識他們工作的嚴謹，而爲了要在年底完成第一部，他需要梅杉的數據資料[5]。

也難怪他們憎恨彼此，他們的任務結束了，卻依然互相牽制。德朗柏需要對方提供完整資料，偏偏這個人出於惡意，決定盡可能不提供數據，而且還要配合他的時間。至於梅杉，人人都知道他是在德朗柏的幫助下完成任務，只憑這一點，就足以讓他對於德朗柏的成功懷恨在心了；尤有甚者，德朗柏還是「第一執政」拿破崙的寵信之一，而「第一執政」卻幾乎不認得梅杉是何

許人。梅杉痛恨德朗柏用字遣詞的輕鬆自如，和矯揉做作的古典學問，他鄙視布商之子輕鬆自如

地往新法蘭西最高層爬升[6]。

同志反目，情何以堪，兩位科學才士為了大地測量走過高原，先是背向而行，最後再返向會合。這樣走了七年，始終保持一種同事的競逐精神，但是在首都只待一年，就把他們變成器量狹窄的競爭者了。巴黎是會對人造成這樣的影響的，這裡距金錢和權力都太近，讓人變得斤斤計較。一八〇〇年底，德朗柏被選為經度局局長，成為梅杉名義上的上司；接下來是一場帳目掌控權的爭奪，有人質疑梅杉正式掛上天文台主任的頭銜的權，梅杉寫了許多語氣惡劣的信，指責他「極度迂腐和野心勃勃的」同事，在經度局局長的任期過長[7]。梅杉被降級到（他抱怨）還得向同事乞討柴火和蠟燭的地步。私底下，他不屑地稱德朗柏是他「絕對的主人」；公開場合，他威脅要辭職，除非正式成為天文台主任[8]。

更深的不滿也悄悄滋生，梅杉此時覺得，德朗柏故意奪去理當歸他的榮耀；在經線任務上把他貶低到一個次要角色，搶去三分之二的三角形，硬占巴黎的緯度測量，還奪走兩次的基線測量，包括在佩皮尼昂的一個，而這明顯是在梅杉的區域內。梅杉握有證據：一七九九年底，他成為波爾達遺產的科學執行人，因此得以接觸到他所有的文件。在這些文件中，他發現一批德朗柏、波爾達和他自己妻子之間的往返書信。當梅杉看到信裡揭露的針對他的陰謀：他們誘使他從黑山下來的計畫、他妻子前往羅德茲的祕密任務、他們互訴祕密、他們誓言對外保持緘默，你可以想像他的反應，對於一個慣於捕風捉影的人。他們操縱他、把他當成下人，還耍弄他直到最後[9]。

等到梅杉正式成爲天文台主任時，德朗柏也已經升到更高的地位了。一八〇一年，拿破崙又爲自己加上科學院院長一個頭銜，使他不但是這個國家的統治者，也是這個國家總體知識的統治者。拿破崙當上院長的第一件事，就是將科學院重組，而任命德朗柏爲永久祕書。此舉使得這個布商之子成爲法國科學界最有權力的人物：孔多塞的繼任者、最高政治權力的聯絡人、爲最高政治掌權者歌功頌德者，因此也是他同事聲望的守護者[10]。

這多少可以解釋何以在一八〇一年九月六日，經度局一名成員（可能是梅杉）提議要將經線測量延伸到巴塞隆納以南，遠至巴利亞利群島。延伸經線的測量本是梅杉最愛的企圖，而他堅持自己有權爲此事的可行性提出報告。延伸經線測量可以增進我們對地球形狀的了解，因爲將地弧南邊的緯度固定在一座島上，附近的高山不可能扭曲讀數。這新的弧將跨過第四十五道緯度線，而使任何從部分地弧推定四分之一經線的結果，比較不受地球離心率的影響。這些理由可眞是冠冕堂皇，而梅杉同意爲這些提出報告，唯一的條件是由他擔任領隊[11]。

爲什麼一個艱苦旅行七年，好不容易才回來和家人團聚的五十七歲男人想要從事這樣一個任務？德朗柏和其他同事主張把這工作交給年輕人去做，巴黎需要梅杉，他才剛開始在天文台有些建樹。此外，他也才剛從一場幾乎要了他的命的重病中復原，而他自己曾把這場病怪罪到「在我任務中，以及在我回國後接踵而來的長時辛勞和萬千煩惱」[12]。但他的同事們愈是抗議，他就愈是堅決。身爲天文台主任和全國最資深的天文學家，梅杉當然有權指派人選，而他要派自己。

梅杉要證明幾件事：他要證明自己不需要特杭蕭就能量測大地三角形；他要證明自己也能像德朗柏走過那麼大的地弧；他要證明自己不需要妻子來協助他完成任務。最重要的是，他要證明自己是可以信賴的。在同事們的交相讚揚背後，梅杉可以感受到他們的懷疑（他們是職業的懷疑者），他尚未交出測量巴塞隆納緯度的所有數據資料，也沒有把工作日誌交給德朗柏。只有一次新的探查可以挽回他的名譽，而名譽是他最珍視的一樣東西。

他還有一個祕密動機：將地弧測量延伸到巴利亞利群島，他就可以跳過矛盾的巴塞隆納緯度，而爲經線新訂穩固的南段。這可不是件能交給別人去做的工作，若有另一個科學才士在巴塞隆納做三角測量，或許會發現那裡的緯度和已發布的結果不符。洪堡在往南美洲途中，曾在巴塞隆納停駐，並且住進了金泉旅店，還在旅館陽台架上了自己的複讀儀；他說，在那裡進行緯度量測，是爲了要追隨傑出的梅杉的腳步。地球上就沒有一個安全的地方，沒有這些愛打探的科學才士了嗎？大自然就沒有一項眞相是得以不受他們干擾的嗎？幸好這位年輕的德國人只用一個晚上去觀測，而他的結果也沒有和梅杉的發現衝突。不過他私下把他的數據寄給德朗柏，德朗柏注意到有一些細微的歧異處[13]。

不過最後，光是爲了一個眞正值得科學努力的動機，這些理由都無足輕重了。要把三角測量延伸到巴利亞利群島，就需要測量一個各邊長達一百二十英里的三角形，而一般的三角形邊長都只有三十到四十英里。這是一項艱鉅的挑戰：是一項跨越無人探測過的地形的探查。梅杉早就「心心念念[14]」想把三角形延伸到巴利亞利群島，這是一項使他無法抗拒的挑戰。

這並不是說這項任務不具備實質目的，誠如梅杉有技巧地在寫給拿破崙的提案中指出，這項探查可以強固法國與西班牙之間的「親密聯合」[15]，巴利亞利群島占據西地中海一個戰略位置。確實如此，英國海軍在一七九八年占領梅諾卡島，以攔阻拿破崙進攻埃及，然而直到一八〇二年英、法簽訂亞眠合約時，西班牙才收復該島；這項條約結束十年的戰爭，也爲法國開放了世界的海上航道。然而在英法探尋利益的情況下，和平並不穩定。在一八〇二年九月，聽從德朗柏和拉普拉斯主張後，拿破崙同意了這項深入西地中海的科學探測。

所以，科學的歷史也是一再重演：第一次是史詩，第二次就是不切實際的鬧劇了。探查適時地開始於梅杉周期性的興致高昂期。他以一八〇二年一整年招兵買馬，這次他打算完美地達成使命。爲了維修複讀儀，他召募一位年輕的海軍工程師，名叫迪鄒區；爲了拿外交做幌子，他請以前一個學生——才從馬德里待了一年回來的謝瓦利爾加入，表面上擔任公尺制的鼓吹者，實際上比較可能是間諜。至於精神支援，梅杉帶著小兒子奧古斯丁同行，奧古斯丁如今已是個高大的十八歲小伙子，他是在天文台出生，天文學是家學[16]。

梅杉也爲這次任務改造儀器，他用更強力的鏡頭重新安裝他的波爾達複讀儀，好讓它能遠遠越過地中海測量三角形；他也拿到特大的拋物反射儀（有些還是從倫敦特別訂做的）好在夜間測得正確讀數。到一八〇三年年初，所有的人員物資都已備妥。他提醒隊上成員牢牢記住：「如此浩大而且重要的任務是前所未見，也絕無僅有的，既有全歐洲科學才士的監視，也將受到他們及幾世紀後科學才士們的批評[17]。」

和從前一樣，梅杉在前往西班牙之前的最後一個動作，是交出一份文件：這回不是委任書，梅杉夫人已被授權在他不在時處理這次任務的兩萬法郎預算，並且管理天文台；而是德朗柏已經等了三年的出版資料，包括他以漫不經心的散文描述的觀測點，以及他已經提供給國際委員會的那些摘要結果[18]。

梅杉預計在六個月內完成任務，而十個月內回到巴黎。他計畫在二月初動身，在夏季塵霾出現之前測量好三角形，冬季到伊比薩島上觀測新的最南邊緯度，來年春天再回到天文台，重掌管理大權。他計畫這次要做對每件事，但是一貫的延誤（雖然延誤不爲人所期盼，但卻總是免不了），使得他一直要到四月二十六日才從巴黎出發。走過佩皮尼昂後，他和他的隊伍在一八〇三年五月五日駛進巴塞隆納港，來到這裡，每件事都走了樣[19]。

西班牙那裡完全沒準備。他走到哪裡，都會發現阻礙、無能與陰謀。他在巴塞隆納的第一天，總督告訴他，馬德里還沒有準備好他前往各島所需要的通行證。接著，他得知「測試號」快速艦的船長恩利爾被擋在卡塔熱那港，他已經同意要載運梅杉到島上，並且協助進行測量，顯然是馬德里下的命令[20]。

這些阻礙，據梅杉的西班牙朋友所言，並非意外。馬德里皇家天文台台長柯若納度神父討厭法國，痛恨法國大革命，並認爲公尺制是一個「玄之又玄的謊言」[21]，意圖敗壞西班牙的美德。前來協助梅杉的天文台副主任恰斯警告說，柯若納度「無知、惡毒，是科學和所有科學培育者的死敵」[22]，他從馬德里擋下對探查任務的任何協助。梅杉最後還得面對一場眞正的陰謀。

這些小動作背後，籠罩著英法再啓戰事的可能。西班牙希望保持中立，但卻很可能會被捲入爭奪地中海航道的爭端中。梅杉在巴黎的同事請英國同行情商英國海軍，給予和平的科學任務在戰時的安全通行權[23]。在此同時，梅杉延後他的海上航行，帶著隊伍沿著加泰隆尼亞海岸南行，在巴塞隆納南方山區偵測新的觀測點。

梅杉希望以經過蒙瑟拉和瑪塔斯兩個觀測點，將新的三角形鏈與他的舊三角形鏈相連，而繞過他在如意山和金泉旅店所做的測量。在七、八兩月，在足以毀滅一切的加泰隆尼亞夏季，他測量觀測點南到蒙西亞，這是一座高二二〇〇英尺的孤峰，也是加泰隆尼亞與西班牙瓦倫西亞省的邊界。他和恩利爾在此會合，在伊布羅河三角洲滿是粉紅色火鶴的沼澤上方灰濛濛的山上，開始往回朝北方的巴塞隆納測量。整個秋天，他們不停地工作，在傾盆大雨中，在猛烈強風中。只怪梅杉運氣太差，一向溫和的加泰隆尼亞秋天突然變得狂暴。到了十月底，他又回到了蒙瑟拉修道院，享受這裡千年之久的好客傳統，他也再次登上聖母教堂，在風管般的石造尖塔頂測量（五年後，這所修道院在拿破崙入侵期間燒毀）。而後在十一月初，他回到巴塞隆納，爲渡海之行再做準備[24]。

在西班牙的六個月中，他測量了五個沿海的三角形，但他還不確定他的任務能否完成；目前爲止，情況令人洩氣。任務要成功，必須要能夠越海測量，完成他的地弧最後一段，也就是南方的伊比薩島的三角形。戰戰兢兢沿著加泰隆尼亞海岸來回，梅杉用盡所有望遠鏡的本事拚命要看到這座島。他的西班牙東道主發

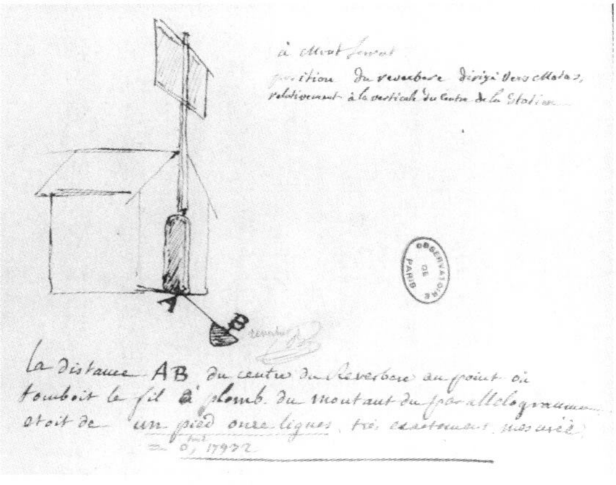

蒙瑟拉上方的反射鏡　梅杉手繪的這幅圖，說明他在聖母教堂門廊前方放置的反射鏡位置，教堂位在加泰隆尼亞的蒙瑟拉修道院上方高處的石造尖塔上。

誓，他可以從蒙西亞山頂清清楚楚看見伊比薩，但是截至目前為止，他和恩利爾船長都無法透過秋天的霧氣和雨水看到這座島。梅杉擔心西班牙人騙了他[25]。

現在他應該渡海到群島，反向觀測，親自看看能否從那裡看到岸上的山脊了。馬德里的法國大使終於為他弄到通行證，但是「測試號」才剛駛進巴塞隆納港要載送船長和這位博學的乘客渡海，就有半數的船員死於黃熱病。港務當局在驚恐中命令這艘船進行檢疫，恩利爾還英勇地自願重掌這艘有傳染病的船隻的指揮權。梅杉求他的朋友不要走，和他一起待在巴塞隆納，「他在這裡對我有幫助」[26]。恩利爾堅持自己的職責是船隻和他剩下的船員。

南邊的安達魯西亞也有黃熱病，單單在馬拉加一地，一天就死了三百人，而疫區還在擴大。沿海一帶謠言四起，人心惶惶，巴塞隆納的有錢人紛紛在城市被封鎖以前逃往鄉下地方。法國政府在邊界布下一道軍隊警戒線，以防疾病入侵。梅杉困在巴塞隆納，再次滯留金泉旅店進退不得，六個月的資金也已用盡，開始漸漸失去了勇氣。

這簡直像是一場噩夢，十年前一個十二月初的晚上，就在如意山的塔上，他看到馬約卡島上一道烽火，當時的戰爭和自己的傷勢澆熄了他的雄心大志；此刻戰爭和疾病的威脅要再次截斷他的路，而他親自挑選的隊伍也離棄他。隊伍回到巴塞隆納後三天，梅杉過去的學生謝瓦利爾匆匆動身往西班牙南部，說是要去尋找古物；接著恰斯也走了，回到安全的馬德里。這不只因為害怕疫病，兩人都抱怨說，梅杉甚至連他們往複讀儀鏡頭看都不准[27]。

梅杉從不了解領導藝術：何時該分擔責任？何時該扛下責任？對他來說，追求精準就像是一趟煉獄之旅，每個科學才士各自背負自己的原罪；而梅杉又太沉溺於自我批評，根本不容他人出鋒頭。對於別人最微不足道的過錯，他也毫不留情；只要他打開一箱沒有整齊擺放的反射儀，即使一次，就足夠使他深信不該相信別人。當然，追根究柢，是他能不能信任自己[28]。

在這個自我懷疑的時刻，他能向誰求救？正是他最痛恨的老夥伴德朗柏。於是一封又一封可憐兮兮、哀怨憂愁的信從他筆下寫出。冬天的酷寒、西班牙人沒有室內保暖的觀念，他該怎麼做？他該採用哪個計畫？經度局可不可以供給他額外的資金？他甚至還提議回巴黎，如果經度局認為他「虛弱的心智」在首都有所發揮的話。「這確實是我目前的處境，我親愛的同事，我告訴您這一切，並非抱怨……[29]」

彷彿重現上回的旅程，他也似乎沒有學到任何教訓。他的兒子和忠心的迪鄂區會跟隨他直到最後。為了取代他那些叛離的助手，他接受一名三一教派僧侶的幫助，此人名喚卡內亞斯，自稱是天文學者，對自己的本事很有信心，也急於在一項歷史性的探查中擔任一個角色。更可貴的是一位當地大公的支持，他是普艾伯拉男爵，是來自瓦倫西亞的一位業餘天文學家。男爵向梅杉保證，在瓦倫西亞省南方的海岸高山上可以看得見伊比薩，更順利的是，他主動說要在山頂上建立一個信號柱，好讓梅杉從島上觀測[30]。

終於，到了一八〇四年一月初，梅杉安排自己和兒子搭上「海波曼尼」號前往伊比薩，這是一艘西班牙的快速帆船，根據希臘神話中一個青年命名，他和善跑的亞特蘭大賽跑，故意丟下金蘋果使對方分心而獲勝。但是他們的航行可沒有這種迅捷，梅杉的厄運在海上依然持續：簡簡單單一天的航行，卻成為一場足足三天的無風、逆風和外海的折磨。因為無法進入伊比薩城的主要港口，「海波曼尼」便向東繞著島緣駛到潘托葛羅薩外的一處小海灣。然而因為害怕黃熱病散布，船才停泊，就有一隊武裝島民聚集在岸上，不准他們上岸，甚至連送封信都不肯。船上只剩下兩天的存糧和用品，食物和飲水眼看要用盡。任憑如何努力，船也駛不出海灣。「海波曼尼」的船長懇求島民將他們的情況告知在島上另一頭的省長。兩天後，岸上人喊出了回話：船員可以在一個孤立的地點砍柴、汲水，省長要看這趟任務的正式公文。於是這些文件先放進醋裡浸過，再及時傳送出去。省長得到這些旅人未受到感染的保證後，便傳話說梅杉和一名海軍官員可以在島上找一個適當的觀測點[31]。

今日的伊比薩已經是「國際度假聖地」，最早是腓尼基人移居此處，而這座城圍繞著它角錐形的山坡，就像一條白色的摩爾人頭巾，它那些方塊形狀房屋的窗眼朝南邊的非洲張望。島上多山，人口稀疏，貧窮和伊甸樂土般的豐饒並存：無花果、杏樹、葡萄、甜瓜、橄欖，產量豐富。棕櫚樹沿著海岸點綴，松樹覆蓋了高高低低的山坡。但是，梅杉的不幸仍然一路跟著他來到這座島嶼樂園，通往洛斯梅森山頂的一條崎嶇小徑上，他從騾背上摔下，傷到頭部，也扭到手腕。他不肯暫停，「這沒什麼……」他寫信給仍然在巴塞隆納的迪鄒區，「你可以在金泉旅店的桌旁或任何你喜歡的地方，對這件事一笑置之[32]。」然而，比任何身體上的受傷更糟的，卻是在洛斯梅森山頂上等著他的失望。之前人家告訴他說，在這個山頂上有內地海岸的最佳景觀，確實，他可以看到西邊一片山脈和北邊的大島馬約卡。不幸的是，他卻找不到蒙西亞的山頂，而那裡是他完成的三角形鏈中最南端的觀測點。西班牙人果眞騙了他！「我鄙視他們[33]，」他寫道。這迫使他面臨兩項選擇，每種選擇也都有各自的複雜後果。他可以回到海岸，將他的內地三角形鏈往南延伸到瓦倫西亞，再隔海到伊比薩做三角測量，雖然這就意味著他的三角形鏈會暫時偏向經線很西

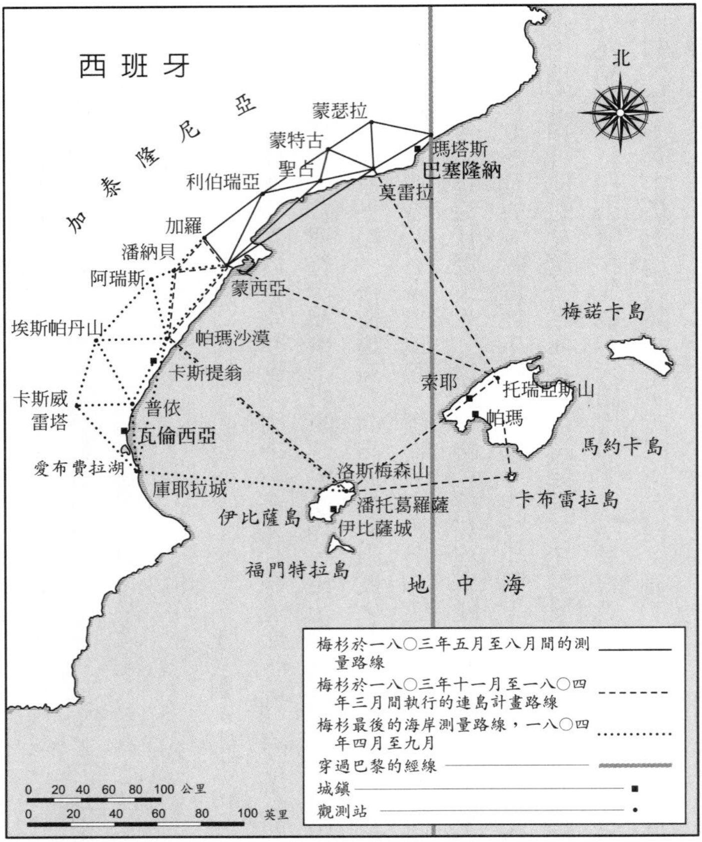

梅杉前往巴利亞利群島的探查路線　一八〇三至一八〇三四年間，梅杉數度試圖將他的三角形鏈往南從巴塞隆納延伸到伊比薩島，這是巴利亞利群島中最南端的大島。他成功地在加泰隆尼亞海岸測量了一連串三角形，一直到蒙西亞（圖中以實線表示），但是他發現無法跨海到伊比薩繼續三角測量。這種情況下，他有兩個選擇：一是經由馬約卡島的「連島」方式（以虛線表示），這種方法就必須進行許多越過海峽的長距離三角測量。另一個方法（以點狀虛線表示）是梅杉必須將他的海岸三角測量，繼續往南到瓦倫西亞，之後再試圖跨海做三角測量。

方；再不然他也可以用「連島」的方式建立他的三角形鏈：從巴塞隆納經過馬約卡到伊比薩做三角測量，雖然這意味著，得在馬約卡島上測量幾個巨大的三角形和一條基線。不管選擇哪種方式，緯度測量的季節都要結束了，而他的預算也幾乎用盡。

不只這件事，當他從山頂細看伊比薩的全島周圍時，他的心更是沉到谷底。他看不到「海波曼尼」號！這艘船不在外海的小海灣中，也沒有停在伊比薩城的主要港口中。船已經消失了，他的兒子和他的器材也一併不見了，這已經足夠使一個科學才士詛咒自己的命運了。他為「最後一次與家人和朋友的分別竟成永訣[34]」的可能性做了心理準備。

他再次提筆寫信給德朗柏。他的同事可否建議一個行動的方向？經度局對他的兩種選擇有何看法？「連島」計畫能成功嗎？沿海岸的偏西路徑會扭曲結果嗎？既然寫到這裡，他可不可以發抒一下他的挫折感呢？「地獄以及降臨在地球上的所有災厄——暴風雨、戰爭、瘟疫和陰謀，全都朝我而來。還有什麼樣的惡魔在等著我？但是無益的勸慰無濟於事，也不能讓我完成任務[35]。」

不久後，他在伊比薩城得知，「海波曼尼」號駛往馬約卡增添補給去了，因此他一邊等巴黎的回音，一邊預定前往大島一趟。一八〇四年一月二十七日，他乘船來到馬約卡首府帕瑪，這裡有居民三萬人，是座忙碌的港市，一座巨大的象牙色澤大教堂俯瞰市區。他在馬約卡島與兒子團聚，住了將近兩個月，這座島自羅馬時代就以「幸運小島」著稱。

馬約卡島人口比伊比薩島多，面積為其四倍。北邊的高山高達海拔五千英尺，當梅杉在一八〇四年冬天到達島上時，山上覆著白雪。但是在雪白的山頭下方，島上的平原卻屬於熱帶性，有各種柳橙、杏、棕櫚、椰棗、無花果、角豆樹、芭蕉樹林，毀損的寺廟散布島上。十三世紀時，巴利亞利群島曾統治一個大陸王國，包括滬西隆和南法的大半。本地的加泰隆尼亞方言表現出千年來的文化交流和征戰的影響，其詞彙來自敘利亞語、希臘語、拉丁語、汪達爾語、阿拉伯語以及卡斯提爾語。

這確實是一座迷人的小島，是個不受時間推移影響的化外之地。帕瑪城的作息受制於一座機械「太陽鐘」，這座鐘自哥德式市政廳發出叮噹聲響。傳說太陽鐘是由猶太人從耶路撒冷帶到這座島上，比較可信的是，這件傳說中的儀器是十世紀道明會修士設置的。這座鐘把一天分成十二小時，而這些小時會在夏天白晝增長時按照比例也變長；而在冬天的陰暗使白晝變短時，按照比例縮短。十八世紀的評論者認為，這座鐘不適合理性施政時期使用，但是他們也承認，帕瑪城的人民發現鐘聲有助調節他們美麗的花園澆水時間。標準化存在於從業者的眼中，可惜的是，梅杉造訪後幾十年，這座太陽鐘就失蹤了，和它的出現同樣神祕[36]。

在等待山上積雪融化之時，梅杉和他兒子在帕瑪進行天文觀測，包括一次十分戲劇性的日蝕。一直到三月，他才橫越島上，前往坐落在長滿柳橙樹的肥沃山谷中的北岸城鎮索耶。梅杉從那裡和他的隊員——他的兒子、恩利爾船長和一群水手，騎騾遠到最後一座莊園房舍，然後徒步走到托瑞亞斯山頂。山徑很陡，距海岸不到兩英里，山徑就可以爬升到近一英里之高；較低的山坡上種著橄欖樹，這些樹因為幾世紀的風吹和果農的修剪變得枝幹糾結，外觀齊整。石頭堆疊在樹身周圍，以防土壤沖蝕；再往上方，松樹林被人砍伐，為西班牙海軍建造船隻；更高處，在峭壁中間是白尾鷹和有鬍兀鷹的窩巢，兀鷹不安地在海流上方繞圈飛翔。在山頂上，他們發現梅杉十年前派去在山上點信號燈火的探查隊遺跡，包括標明經線的木棍。下方遠處，鏡面般光滑的地中海有淡藍色的水帶，悠悠滑向地平線，像是海中的河川；往北他們可以看到巴塞隆納，往南可以看到伊比薩。這表示他們確實可以將三角形量測延伸到巴利亞利群島，如果巴黎經度局同意梅杉的「連島」計畫[37]。

梅杉去信詢問後三個月，德朗柏的回信終於在三月中送到他手上。這時候梅杉基本上已經決定了「連島」方案，然而經度局建議採「海岸」方案。德朗柏用數學向梅杉證明，往西的偏差並不會歪曲結果。此外，這個「海岸」方案只需要一個大的海上三角形，而「連島」的方案卻需要至少三個三角形；最後，沿著內地海岸量基線要比在島上量容易得多。說實在的，德朗柏承認，他人在遠方，而梅杉就在當地，因此梅杉必須自己決定哪個方案可以得出最正確的結果。他寫道：「我十分好奇地等待，並且深感興趣地期待您在馬約卡旅行的精采報告[38]。」

梅杉接受同事的建議。至少海岸的鏈還有把握，而每當他踏上一艘船，災禍就隨之而來。不過這也意味他在馬約卡島上的兩個月，只是浪費時間。他命令他的隊伍振作精神，沿南方海岸再做最後一次進攻。雖然前途茫茫，但他警告下屬不要鬆懈，不斷自我檢視是避免犯錯的唯一保障。

就連我這堪稱（在大地測量方面）頗有一些經驗和能力、對該使用什麼方法以及何時要做預防略有所知的人，就連我都是在始終不斷的恐懼中工作。我不信任我自己。我不停地要向科學院和經度局的同事請教他們的看法，借助他們的智慧，而讓我痛苦的事莫過於他們回覆說，他們完全依賴我，而沒有人比我更適合判斷什麼事該做、如何選出正確方法並且執行。

在這種時候，我覺得他們好像朝我臉上吐口水。當你要追尋精準時，沒有一件事是容易的，沒有一件事是簡單的，你只要自己做點觀測，就會相信這一點[39]。

一八〇四年四月初，他搭船往回駛過海峽，前往瓦倫西亞，希望在這裡能拿到通行證，好沿著海岸探尋觀測點。在整整六周的大地測量最佳季節裡，梅杉都在一位尊貴的朋友艾伯拉男爵的家，在這座充滿俗麗教堂尖塔和刺鼻黃沙的城市中等待通行證，在此同時，他的西班牙朋友正在和那個討厭的管理人柯若納度大打官僚仗。梅杉迫不及待想要開始。陽光使海上水氣蒸騰，使海岸平原生出瘴氣，高溫一天高過一天，疾病季節正在逼近。如果梅杉不能很快測量海岸的觀測點，他就只能等到來年冬天，才能夠做三角測量一路到伊比薩[40]。

一等到通行證在六月中發下，他立刻動身。十八天之內他騎馬在擔任副指揮官的恩利爾陪伴下，走過曲曲折折的山谷和山脊，共走了大約三百英里路。當時正在建造的通往馬德里的皇家道路筆直貫穿平原達三十英里，然後遇到山區，轉爲一條窄路，馬車無法通行，馬匹走起來也很危險。

到了海邊，漁人將他們三角形的有帆漁船拖上岸，放在棕櫚樹下的沙地上。平原上，可以上溯到摩爾人統治時期的灌溉系統給水供應棉花田、柳橙樹和桑樹（供蠶食用）叢。兩邊的山坡是梯形的橄欖樹園，岩石上爬滿蜥蜴，有些長可達一英尺半，長相凶惡，足以把狗都嚇壞。梅杉總共選了十四個觀測點，包括一條沿著愛布費拉湖的基線的兩個端點。愛布費拉湖是一座淺淺的鹹水湖，周圍是稻米田，湖裡滿是火鶴、蒼鷺，和許許多多的水鳥。這座湖以水閘和海相連，並以其水氣和害蟲而聲名遠播，每天早上，旅店的牆上都是黑壓壓的一片，全是吸飽了血的蚊子[41]。

梅杉寫信給妻子說，陽光活活生地烤炙他們，把他的臉烤得像非洲人那麼黑，只是他的皮膚會脫皮。夏天的高溫直到現在才達到最強，白天，視野被水汽遮住。這意味他們必須使用烽火，如此就得在夜間進行三角測量。爲事先防範，他去找瓦倫西亞的大主教，大主教是一個高大的方濟會修士，穿著有煙草污痕的長袍，請願者彎身親吻他的戒子時，他都會在他們臉上賞一拳。可不可以請他命令他的神父們警告各自教區居民，不要去騷擾那些帶著奇怪儀器、夜晚在山上升火

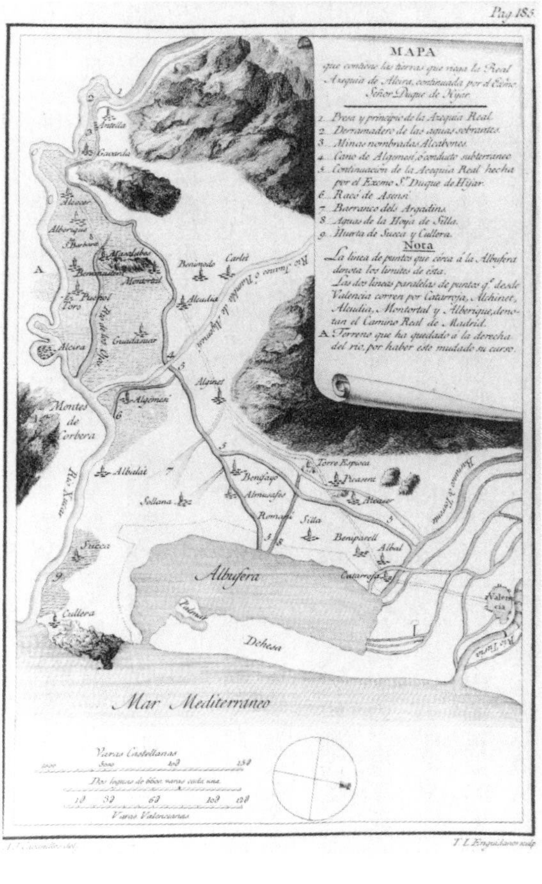

瓦倫西亞附近的愛布費拉沼澤　這幅地圖顯示梅杉感染瘧疾的地方。圍繞愛布費拉沼澤的地區有稻田耕作，湖裡有許多火鶴和其他水鳥。湖水高度由通往地中海的一道水閘控制。梅杉最南邊的觀測點，就在左下角庫耶拉附近一處突出的山岩上。瓦倫西亞城在右下角。（注：在這幅地圖中，北方在右。）

的的奇怪男人？當地人對這些法國人的敵意十分強烈，雖然有卡斯提爾的官員在場（或許正是因爲他們在場），梅杉這夥人還是三番兩次受到威脅[42]。

七月初，這支隊伍分散開來，進行夜間的三角測量，一開始是在愛布費拉沼澤南邊的庫耶拉城。梅杉在稻田上方七百英尺高的一處山岩上架起複讀儀，他的同事們——恩利爾船長、卡內亞斯神父、忠心的迪鄒區以及年輕的奧古斯丁，帶領各自的水手群到周遭的山頂觀測點，將反射儀對著梅杉的方向。

兩星期後，梅杉已經逐步往內陸前進至卡斯威雷塔山，並在羅馬時期的導水管旁設立了新的信號柱，他的合作者也在周遭的觀測點重新安放他們的反射儀。又過了兩星期，當他們再往回朝海岸前進，在普依這座城外一座小山丘上架好複讀儀時，他的合作者也再次調整反射儀的位置。時序已是八月，氣溫達到頂點。梅杉決定搭帳篷露宿山頂，位於海邊熱浪上方兩百英尺之處，而不住在十五分鐘路程可及的小城鎮。

黃熱病開始再次奪走人命，而其中還混雜著十八世紀醫生們稱作「間日熱」的病，這種病已經奪走一名被徵召去運送儀器的水手的性命。這名水手正在普依城外觀測點加入梅杉等人的途中，他在瓦倫西亞入院，四天後病死；探查隊還有幾名人員也都因染病而身體虛弱。一名在普依城外山頂上睡在梅杉隔壁的海軍軍官，夜裡突然害起熱病，而不得不在隔天早晨送到海邊一座修道院，再移往一個更有益健康的地方。恩利爾船長也病倒，不過後來康復了。

更令人洩氣的是，卡內亞斯這個僧侶無意中浪費梅杉兩個星期的辛勞。他錯誤的計算造成信號柱錯放，這些測量現在就得重做，更進一步證明（如果還需要證明的話）梅杉無法信賴別人替他做事的想法。這位僧侶也病倒了，是一種每日和間日都會發作的熱病，而且還被放了三次血。由於這些延誤，在八月底時梅杉仍然在普依城外，他才剛滿六十歲。山腳下這座城裡，疫情正在緩和，不過一英里外的普索爾城，每天都還有三、四個人死亡，他們在工作時都還能聽見喪鐘。梅杉之子仍然在卡斯威雷塔山頂上，附近的奇瓦城一天病死五人[43]。

在梅杉寫給德朗柏的最後一封信裡，他那緊密而潦草的字寫滿了十頁信紙，他承認他已經筋疲力盡。「因爲直到此刻，我還是沒有證明已經成功，而我的不祥之星，或者可以說是我的命運，我親愛的同事，您自己也說過，它似乎籠罩在這次任務上，這不祥之星幾乎不容我懷抱任務能圓滿達成的希望。」然而他並不怕辛苦的工作或是炙人的高溫；除了失敗，他什麼也不畏懼。他會繼續下去，直到他不行，這一點倒是很有可能，因爲他身邊的人一個個病倒，而「我不比他們更強健，我不年輕，也不健壯，更不適應環境」。他甚至準備回家，只要經度局能找到一位科學才士取代他，一個「比我更有才幹、更靈巧、更幸運[44]」的人。他認爲找到這個人並不是件困難事。他只有一項安慰，雖然是非常微不足道的安慰：他沒有什麼可以自責的。他爲完成任務已盡了一切努力。如他寫信給一位友人所說：

> 至於其餘，我告訴你，雖然我並不會企求死亡，但我也毫不怕它。我會毫無遺憾地看著它逼近，而以目前狀態來說，我甚至會認為這是上天賜給我的禮物……不，從來都沒有……雖然我生命中許多時間是在受苦，並且為我心愛的人和我自己流許多淚，但我要說，我從來沒有發現自己處在如此無望、糟糕、悲痛的情況中，這項可怕的任務很可能是我的末日，它的成

功看來如此遙不可及，更糟的是，是我家人、我自己和我榮耀的墳墓[45]。

好像是他第一次去西班牙沒有死成，這時準備痛下決心，再次努力一樣。在大受挫折的情況下，他將在普依的最後一次測量交給迪鄒區——這是他首次將複讀儀交給別人，以便準備下一個觀測點。他命令兒子往北移六十英里，在阿雷斯高山上設置反射儀。他自己要往內陸的埃斯帕丹山去，這是一座三千英尺的高山，山頂上覆滿松樹。

在埃斯帕丹山紮營後三天，梅杉感受到熱病第一次的震顫。夜裡他正等待信號柱的亮光時，突然一陣冰冷爬過衣服底下，他的身體隨著繁星閃耀的節奏打著冷顫。他的胃口全失，那一整個星期，他未進任何食物，只喝熱茶。夜間，高空乾燥的空氣中瀰漫著野生藥草的氣味：迷迭香、百里香、薰衣草和牧豆。有一個

瓦倫西亞海岸一景　梅杉從埃斯帕丹山上下來，前往卡斯提翁（圖中有b字處）之時，最後看到的就是這片瓦倫西亞海岸的全景。

晚上，他累到反射儀還沒點亮就睡著了，而當燈火終於出現時，守夜人員也不敢叫醒他，第二天早上，梅杉爲這次失敗破口大罵[46]。

九月十二日，雖然觀測還沒有完全完畢，他的同伴還是說動他必須離開埃斯帕丹山。他已經形容憔悴，而他的發熱雖然是間歇性的，卻愈來愈強烈。他同意被送往省會卡斯提翁，這是一座有八道城門的城市，居民有一萬一千人，距海岸一英里，也是新朋友普艾伯拉男爵的家鄉。他從肥沃的甘蔗田和大麻田間騎馬過來時，可以看到城市那孤伶伶的八角形鐘樓。到了城裡，他就住進一間旅店。起初病況看似不嚴重，但是當晚的情況很可怕。一封急信召喚年輕的迪鄒區前來，第二天早上他就從他的觀測點匆匆趕到，尋找他的探查隊領隊。就在這時候，男爵也從瓦倫西亞抵達，於是兩人一起將他轉往男爵當地的宅邸，他在那裡度過生命最後幾天。迪鄒區私人日記以清晰而同情的筆調記錄下這段時間的情形[47]。

一八〇四年九月十四日，星期五：我去探望梅杉先生，發現他精神很不錯，但是非常虛弱，因為他不肯吃任何東西，連雞湯也不喝，已經八天沒有進食了。

一八〇四年九月十五日，星期六：我見了梅杉先生短短一面，發現他精神不錯，甚至很開心，只是仍然虛弱。

一八〇四年九月十六日，星期日：早上九點，一名僕人請我快去男爵家。在男爵家，聽說梅杉先生昨晚情況很嚇人，從早晨精神就錯亂了。我進房去看他，他張大眼睛，卻不認識我。

一八〇四年九月十七日，星期一：早晨七點，我去看梅杉先生。我發現他發著高燒，心神錯亂，腦筋空洞，不知道自己說了什麼，做了什麼。照顧他的人很難讓他乖乖躺在床上。九點鐘，兩位醫生來到，但都沒有帶來信心，他們開了金雞納。我寫信給他兒子，要他立刻趕來。中午時，醫生回來一次，下午又來了一次。病人因為早上的狂亂發作而軟弱無力，醫生們同意說他得的是神經性的間歇熱，我不太了解他們的意思。他們要男爵和我進到前廳，說這熱病已經成為致命的病，當晚如果熱病再發作，他們無法擔保病人撐得過。接下來，為了安心，他們請梅杉先生做懺悔。這個消息把我嚇呆了，當我們告訴梅杉先生這件事時，他表示他自己不覺得有那麼糟。我整天都陪著我的病人，為他翻身，讓他小解，在他需要時抱他去廁所。從醫生那裡聽了他的病情後，我決心整晚陪他，因為我不希望把他交給僕人照顧。他們是鄉下人，不了解他。下午四點三十分左右，我發現他好多了，他神智再度清楚，說話也有條裡了。晚上九點，我給他服金雞納，十點半一份湯，就這樣輪流餵他吃，一直到清晨三點。我的病人愈來愈好了。他已經沒有燒，只是仍然非常疲倦。最後，到清晨六點半，我在他情況良好時離開，把他交給男爵去照顧。

一八〇四年九月十八日，星期二：七點半，我回去看梅杉先生。他的情況很糟，意識也不清。我請來的四位醫生全都說他得的是惡性間歇熱。中午時他們說他發了一陣高燒。當天晚上，因為害怕他隨時會過世，我為他敷油（爲臨終者塗油，爲一種宗教儀式）。之後醫生們將班蝥（一種用來起水泡的藥劑）塗在他的腦後，又在他兩腳上各放一塊壓布。我請人找來在瓦倫西亞的法國商務幫辦拉努斯先生，麻煩他找一位外科醫生和一些金雞納，因為這裡的量不夠。

一八〇四年九月十九日，星期三：我整晚沒睡來照顧病人。他不肯喝水，什麼藥都不吃。他已經失去意識，他那雙半闔上的眼睛是黃色的，和他的皮膚一樣。早晨六點，醫生們回來檢查病人。他兩隻手臂抖動著，他們斷定他是中風了。他仍然意識不清，他的眼睛圓睜，眼神空洞，仍然不肯吞嚥東西。上午十點，他們除去起水泡的藥劑，藥劑頗有效果；他們在傷口敷上含有梨樹葉和蜂蜜的濕布。中午，醫生們開了退燒藥以減輕他胸口的熱度。他有些清醒，清醒到當我對他說「我親愛的朋友，喝下去，這對你有好處」時，他用半睜的眼睛看著我，張開嘴唇，讓我可以用湯匙餵他一些金雞納。一點鐘，有人召喚我回去吃午餐，懷著他會好轉的希望，我便走了。

一吃完飯，我就回到病人那裡。時間是兩點。我很驚訝地發現他處於極度痛苦中，支氣管發出濃重的呼嚕呼嚕聲，雙眼完全閉起，嘴卻大張，舌頭非常乾燥，正處於未曾出現過的高燒中。我立刻叫來四位醫生，他們趕到，並且同意已經沒有更進一步的療方，他已經快死了。

晚上十點，我和男爵、拉努斯先生在前廳討論後事，突然看見奧古斯丁走進來。他一一擁抱我們，我是最後一個，然後問起他父親在哪裡。我告訴他目前他不能見父親，因為他已經發燒一整天，現在很累，正在休息。他再強調一次他的請求，我也再告訴他說，不可能讓他去見父親。聽到這話，這個憂心的青年撲向一張床。大喊：「我父親在哪裡？我可憐的父親！我要見我父親！噢，我知道你們想做什麼：這是他的床，原來他躺在這裡，現在他死了。我可憐的父親，我再也看不到您了！」我們向他保證，他父親並沒有過世，只是病得很重。這個青年想要睡在這裡，但是我堅持要他去畢格涅的家，並且請畢格涅先生送他去。

之後我回到這位父親的病房。醫生們同意他的時間已經不多，不過為了拖時間，他們把一塊浸酒的壓布放在他的肚子上，偶爾用酒和水浸潤他的嘴唇和舌頭。這個晚上其餘時間我們都照這個程序做。午夜時分，死前喘鳴停止，他的脈搏減弱，而在一八〇四年九月二十日星期四清晨五點，他在我懷中過世，我看著他嚥下最後一口氣。

歐洲最偉大的才學之士之一，一個對我非常好，而勢將受到全歐洲哀悼的人，就此生命走到了終點。

奧古斯丁當天晚上就生病了。他夜不成眠，終於在早晨倒下。他的熱度不高，不過神經過敏發作，使兩隻腳無法控制的抽搐，在床上啜泣。當天後來他又嚴重發作了一次，哭喊著要找父親和母親，要五個人才能把他按住。在手臂放血之後，他才稍微緩和下來。當晚迪鄒區就睡在這個青年旁邊的一張便床上。

葬禮在第二天早晨舉行。迪鄒區穿上海軍制服，送葬隊伍由省長、普艾伯拉男爵和探查隊成員率領，之後是西班牙貴族和軍官、法國僑民以及三百名僧侶。隊伍走到大教堂那有雕飾的門廊下，再與穿著喪服的貴族及僑民的妻子會合。彌撒過後，梅杉葬在大教堂的墓地，遺體用鉛殼包住，以便萬一法國政府或是他的家人希望將遺體領回時方便處理[48]。

今天我們稱作瘧疾的，十八世紀的醫生們稱作「間歇熱」，因爲病人的高燒是隔日發作。這種病是瓦倫西亞特有的病，尤其是在愛布費拉沼澤一帶，而梅杉才剛走過那裡。這種疾病從古代就已經被診斷出，十七世紀末醫生就發現一種緩和劑：南美洲金雞納樹樹皮的萃取物，他們給梅杉的，就是這種東西。但是樹皮裡的有效成分——奎寧，卻占金雞納的六十分之一不到，因此這種藥水就不會像今天的那麼有效[49]。

在梅杉最後的昏亂囈語中，他念念不忘他的任務，以及他的文件之命運。在從事大地測量旅行這些年來，他的手稿總是裝在一個皮箱中隨身帶著，這些計算、工作日誌本和筆記是從事科學勞苦一生的總和。它們是他持續的參考點，每一次有新的發現都要核對、調整。由於梅杉吝於發表他的發現早出了名，這些文件就更顯珍貴。他的屬下推想，怪不得他在臨終前那麼常提到它們[50]。

如今梅杉已死，他們別無選擇，只能放棄任務回巴黎。不過他們特別小心地帶回這些手稿。他們把一些較大的探測儀器存放在瓦倫西亞，以供替代他的人使用（如果經度局指派人的話），然後收拾部分文件運回巴黎，奧古斯丁則帶著其餘的文件，踏上哀痛的返家行。

梅杉的死訊在十月八日傳到巴黎。幾星期後，奧古斯丁本人也返抵巴黎。他毫不遲疑地親自把文件交給德朗柏，他父親昔日的夥伴。其餘郵寄回來的文件，則在大約四個月後由梅杉夫人交給德朗柏。文件總計有好幾千頁的公式、評論和計算，有潦草寫就、修正過的和重新寫的。作爲梅杉的科學遺產執行人，德朗柏的工作是要翻閱這些文件，盡可能利用這些知識[51]。

梅杉剩餘不多的科學書籍和儀器收藏，很快就拍賣掉了。他的兩個兒子都沒有追求科學事業的意圖，看過父親的命運之後，誰還能怪他們呢？而丈夫去世後，梅杉夫人也不得不搬出她在天文台的家，她在巴黎第九郡住下，靠一筆微薄的年金度日。梅杉的科學王朝只持續短短五年[52]。

奧古斯丁爲父親寫了一篇簡短的訃聞，他寫到這個人「遠離他的國家、他的妻子和他的友人」而身亡，但是他在最後的時刻也「……在陪伴他的人的懷抱中找到對純眞的愛所期待的慰藉」。「他們的淚水將浸浴他，」他寫道，「他們是他的朋友，他們理直氣壯地稱他爲大師。」他的父親擁有最重要的品德，他「品德高尙、坦白、和藹可親、謙遜，是個好丈夫、好父親、好朋友。他愛他的國家、他的同胞，愛好藝術。他的友人和科學界將會哀悼他的去世，也會記錄下對他的回憶，留給最最遙遠的後代」[53]。

在一篇更短的訃聞中，拉蘭德說起這位他帶進天文界的年輕人，說他是爲這門科學殉身的烈士[54]。

這些感人的悼文之後，是一篇洋洋灑灑的頌詞，由德朗柏在科學院集會時發表，喪家也在場。德朗柏致這篇悼詞，不只是以梅杉的夥伴身分，更是以永久祕書的身分。在一項可追溯到十七世紀卓越演說的傳統中，科學性的頌詞在當時可不只是對死者專業成就的讚揚，而是一種對於一位自然哲學家道德特質的世俗布道，而這位自然哲學家的生命就和他的工作一樣，充滿了自我犧牲、無私克己的率眞。這些德行使得這位科學才士對於眞正知識的累積有所貢獻，因而爲國家，也爲全人類效力，也使他像政治家和軍事將領一樣，值得永遠的懷念。頌詞可以撫慰家屬，向其同事保證其職業的神聖，也激發年輕人加入其行列。使死亡有意義，是生者的特權，也是生者的負擔。

德朗柏敘述梅杉的生平，是一個勤奮工作者無比犧牲的故事，驅策他的不是過度的野心，而是執意服務的心。他提醒聽者，梅杉出身寒微，但卻憑藉努力崛起。有耐心的觀測和不辭繁瑣的計算，使他發現了十一顆彗星。這些同樣的特質爲他贏得測量世界這艱鉅任務的一角。德朗柏並沒有將梅杉的辛勞說得光彩燦爛，相反地，他強調這些工作的瑣碎。

這些相同的特點使梅杉完成他偉大的任務。德朗柏帶領聽者走過梅杉通往殉職之路上的各觀測站：離開巴黎第一天被捕，走過加泰隆尼亞山區的毅力，在抽水站不幸的意外，在被封鎖的西班牙被拘留，欲返回法國的漫長奮鬥，和拆毀信號柱的無知農民的戰爭，凱旋回到巴黎；緊接著，當他的生活眼看終於可以安逸了，他又自我犧牲地重返科學辛勞的領域。德朗柏並未斷言梅杉的成就是由於他的才氣或是知識的創造力，這種說法是不可能的，但他將其成功歸諸於一種頑固，是梅杉的堅持才產生天文學歷史中最爲精準的測量。至於證據，你只須看他一再努力要去證實他在巴塞隆納的緯度測量就可以知道，「從沒有一種證明更爲徹底、更令人滿意、更沒有必要」[55]。

德朗柏承認，梅杉有時候似乎會延誤他的任務。他不時會想要丟開他的負擔，這都是一種憂鬱情緒打擊所致，而這種憂鬱，一部分來自他受傷，一部分來自發生在祖國種種不幸的精神創傷。在梅杉最陰鬱的時刻，由於想到要回到巴黎是如此痛苦——因爲他有幾名同事淪落不幸，他甚至曾考慮移民，但是推動他完成任務的那份執著，也同樣驅使他回國，使其研究更加完善。他是個無止盡追求精準的烈士，德朗柏做這樣的結語，並不是因爲梅杉追求個人的榮耀，而是因爲謙遜和強烈的自我懷疑。梅杉一向不滿意自己的成果，他會增加新的觀測，修正他的公式，求計算的更加精良。因此之故，他避免印刷紙頁的確定性，即使是關於他倆對經線所做的共同努力，「他從不認爲這些觀測——在這個範圍中有史以來最正確、以無法超越的確實和精準從事的觀測，他從不認爲它們稱得上完美，因此他不斷努力去使之更精確完美」。這種審慎大大延誤了《公制之基礎》的出版。而如今梅杉所有文件都在他手上，德朗柏允諾要做個忠實的監護人。

> 從今天起，我最珍視的事將會是從這份檔案中，摘取每一樣可以增進我有幸與之長期密切共事的同事光榮的事項。如果今天我無法描繪這位故世的天文學者，那麼至少我很確定，不論我出版他哪些心血成果，對於他的回憶，都會比最生動的演說更有力量[56]。

這是一篇誠懇而動人的悼詞。雖然對於某些尷尬的細節有些掩飾，但是對於死者的精神倒是表達得很眞實，它說明梅杉的性格是他的勝利和限制的來源。喪家表達了感激之意，在他們的請求下，德朗柏也將他的悼詞出版，好讓他們分贈友人。不過沒有人要求領回梅杉的遺體，所以他一直躺在卡斯提翁市的墓園裡[57]。

一八〇六年一月，悼詞出版的同一個月，《公制之基礎》的第一冊也出版了。在這本書中，德朗柏向他故世的夥伴致上最高的敬意，即是將梅杉的名字以探查隊領隊的身分列在第一個。書中有一篇長序，說明經線探查的歷史，接著是從敦克爾克到如意山的所有三角測量數據資料紀錄。緯度測量則延到第二冊。

但是就在德朗柏發表那篇悼詞與它的出版之間，也就是在《公制》第一卷寫作和出版之間的空檔中，他發現一件事——這是一項可恥的發現。出版商急著要德朗柏將書第一卷手稿送出，他就把梅杉文件的審查延後。而現在，當他仔細審查這些文件時，他發現，巴塞隆納與如意山緯度測量結果有所矛盾，而且更糟的是——比糟糕還糟，有一種有系統的努力，要掩蓋這項矛盾，隱瞞觀測結果，重寫科學結果。這是一項發現，也是一件醜聞，因為雖然它澄清了許多德朗柏巧妙地在悼詞和《公制》序中掩飾的謎團，卻也讓他嚴重地進退兩難。鉑尺已經製造，公尺制也已經頒布並立法，公尺棒如今安置在國家檔案局一個三道鎖的盒子裡。這根公尺棒不僅和公尺相等，它「就是」公尺。用以製造這根棒子的數據錯誤又如何？德朗柏該揭發什麼[58]？

第十一章　梅杉的錯誤，德朗柏的心安

錯誤哪，親愛的布魯塔斯，不在我們的星辰，
我們成為下屬，錯在我們自己。

——莎士比亞，《凱撒大帝》第一幕，第二場[1]

歷史家虧欠前人的，只是事實真相而已[2]。

——德朗柏，《現代天文學史》

錯誤是什麼？有誰能對滔天大錯做出決斷？

德朗柏終於明白了這個事後看來十分清楚的實情：梅杉騙了他，騙了所有人，而且也在無數的信件中坦承，如果他們讀出字裡行間的含意。在探查任務那些年裡，德朗柏再三向他同事肯定：你的測量是最好的，你的測量和我的一樣好。他根本不把梅杉的憂慮當一回事，認爲那不過是憂鬱症的自責，或許稍稍帶有一絲嫉妒；之後，當梅杉將他最後的結果交給國際委員會時，德朗柏認爲自己的看法有了佐證：梅杉在金泉旅店和如意山緯度的測量，果然一致得十分漂亮。誰

都知道梅杉就是愛操心、悲觀、鑽牛角尖，也就是這些特質使他成爲一個正直得無可指責的人，他的那些「假警報」則更加證實了他們的判斷。

除了梅杉捏造了數據這件事。

德朗柏曾誓言要「毫無刪改，絕無保留地[3]」記錄下他們探查的每一項細節。當德朗柏將《公制》一書呈給拿破崙時，這位皇帝慷慨大量地宣稱，「征服者來來去去，」這位征服者說道，「但是此一成就將永垂不朽[4]。」他現在正在編寫第二冊，內容是緯度測量。這次德朗柏不會將他夥伴的摘要抄錄下來，他決定直接從梅杉最初的工作日誌裡節錄資料數據。

但是梅杉沒有工作日誌，只有一堆鬆散紙頁。

從西班牙運回的梅杉手稿，可以證明他的痛苦。他一次次地重新整理數據，希望它們符合期望，或者說，符合他認爲別人對他的期望，而這數據和巴塞隆納的數據差得太多了。他把所有的觀測都記在單張的紙頁上，而非記在裝訂並有頁碼的筆記本上，而他也都用鉛筆書寫。誠如德朗柏嘲弄地說：「零散的紙張可能弄丟，鉛筆筆跡則會消褪[5]。」說得更清楚些，零散的紙張可以撕掉，鉛筆印可以擦掉。有時候，梅杉重新將觀測數據抄錄在紙頁上，假裝是原先寫的，其實原來的紀錄已經不見了。在其他例子裡，他甚至擦掉數值，或是擦掉下面的鉛筆字，重寫一個不同的數目[6]。

德朗柏的工作是把這堆亂七八糟的東西做成一份永久的紀錄。他用墨水筆將鉛筆印重新描出來，又把紙頁按照時間先後貼到有裝訂的本子上，在頁緣上加注，以解釋它們的出處。他像個史家般重新建構出梅杉的旅行，做出一本根本不存在的工作日誌，而成果就像經線旅行一樣，揭發

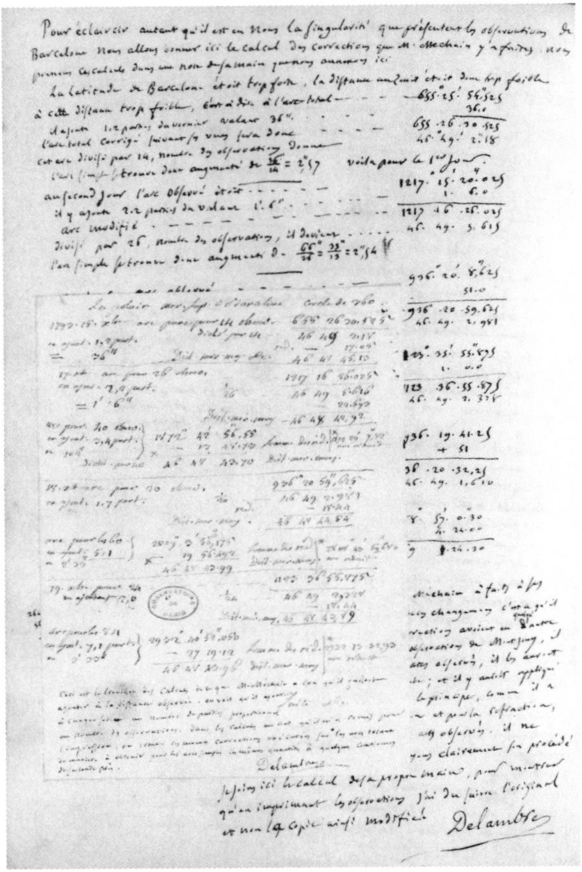

重整過的梅杉工作日誌（附德朗柏旁注）　在一八○六到一八一○年間，德朗柏將梅杉記錄數據資料的鬆散紙頁一一貼在記事簿裡，重建了梅杉的工作日誌。德朗柏以時間先後排放這些紙頁，又以墨水筆描出梅杉用鉛筆寫的數據，並且指出每種文獻的出處。在這一頁上，德朗柏貼上的是梅杉在一七九三年十二月十五日從如意山做的天體觀測。在頁緣空白處，德朗柏注明：「此處梅杉對於角度測量做了一些改變，難以想像這些改變有合理的理論基礎。」他繼續解釋說，無疑這些訂正並不合理，只是要使得數據看起來比實際更精確。

了某些事情。

梅杉隱瞞並改動了數據資料。有時候，爲了掩飾一項異常的測地讀數，他把一組不符的數字塞進一組更長的數字中，看來就像同一天做的觀測，而使結果看來更爲一致。更常見的是，他索性把不同於先前計算結果，或是使他的三角形無法完成一百八十度內角和的某些組數字丟棄；在某個例子中，梅杉丟棄一組在他看來是不合常理的數字，結果德朗柏發現，梅杉只是計算錯誤，數據其實是正確的。

德朗柏重建原始數值時，也在自己那本《公制》的書頁邊緣，記錄下這些數值（原書現存於加州聖塔芭芭拉的卡普斯博物館），卡普斯版本中，一頁頁記錄下梅杉隱匿或是改動的數據。總之，捏造的情況隨著梅杉與國際委員會見面的日子逐漸接近，而日益嚴重；然而，在這個欺騙手法中，德朗柏卻也注意到有一種自相矛盾的正直作用於其中。在每個例子中，梅杉的竄改都不曾和最後的結果相差達兩秒以上，也就是說，和觀測者無力校正之光線在地球大氣中的折射所造成的不確定相比，他的調整還算是小事呢。他修改觀測結果，不是爲了改變最後的結果，而是使自己看起來很行，比同行對手高明。在卡普斯版本第五一〇頁的印刷文字下方，德朗柏以墨水筆寫道：

> 我根據梅杉手稿所提出的這些變動，全是任何觀測者都無法解釋的數值。梅杉不公布原先發現的觀測數值，反而修改它們，使它們看來更精確、更一致，毫無疑問是犯了錯。不過在挑選最後數值時，他總會確保平均值不變，所以其行徑並沒有造成真正的傷害，只是讓另一個

公布了未竄改數字的觀測者顯得比較無能、也比較不謹慎而已[7]。

在無可依靠的情況下，梅杉緊抓那些看起來比較有自信的人。如今看來，梅杉似乎也修改了先賢祠緯度測量的數據，以接近德朗柏的數值。那驚人的「符合」原來是騙局，而道德劇乃用鏡影演出。諷刺的是，梅杉和德朗柏都不知道，那些被梅杉隱而不宣的數據，其實更接近今天公認的天文台緯度[8]。

巴塞隆納的緯度數據更糟。由於梅杉已經將原始結果寄回巴黎（即使其中的觀測數值也已被調整），他不得不讓許多部分和如意山的數據相符。不過他並沒有留下金泉旅店數據的紙頁，所以可以任意重新編篡這些結果。在德朗柏認爲在其他部分均無可指責的最早版本中，金泉旅店和如意山的緯度之間有殘餘的三點二秒的不符，這就是折磨梅杉十年之久、隱匿未報的差距。然而在之後的版本中，梅杉卻有系統地把金泉旅店的觀測值增加三秒，照他的說法，這是他的瞄準鏡視線的寬度，如此一來就把兩處緯度拉成對齊。但就像德朗柏在重新還原的工作日誌頁緣所注明的，梅杉這種**事後**調整很不一致：調整某些星星的數值，維持其他星星，又完全忽略要去「校正」他的如意山數據。用意很明白：梅杉採用這種「似是而非」的調整，是爲了要使委員會同意，確實該把他的金泉旅店測量結果刪去，並不是因爲它們有錯，而是因爲它們**看似**正確——因此顯得多此一舉[9]。

在這個騙局當中，德朗柏卻一再發現一種矛盾的正直隱藏其中。如果梅杉對委員會有所欺瞞，他也是爲了要使他竄改過的數據，不致加入公尺最後的決定考量中。他運用欺騙的手法，免得委員會做出令人痛苦的選擇。他欺騙（即使只是用刪去的方式），是為了使他的測量結果誠實。

梅杉的目標是不切實際的空想，因為太幼稚：他想要消除自己為任務所帶來的混亂。他想回到測量出現矛盾之前、回到他的意外之前、回到戰爭之前；無疑地，如果他能找到方法，他會讓整個大革命倒退回去。就某種意義而言，大革命是從培根時代以來，科學給予的救贖允諾的顛覆。人類吃下「知識之樹」的果實（你可以說這是最初的錯誤）之後，如今可以運用這種知識努力重回伊甸園。梅杉犯罪是為了重拾他的純真。他想要刪除過去。

德朗柏可不願意跟著刪除過去。他已向全世界的科學才士保證，要公布公尺探查的所有數據資料，他也（大抵）實現了諾言。於是他從自己謹慎的雙手中過濾過去、除去改造的紀錄、重新計算梅杉的數據，做出一組新的表格，這組表格相當可信，足以發表。一八〇七年十一月，他在《公制》第二冊中提出如意山數據，就寫在金泉旅店的數據旁。至於剩餘的三．二秒的不符，德朗寫道：「這是一件值得天文學者關注的事實[10]。」他甚至在外國報刊上這麼說。德朗柏已決定不把梅杉的「錯誤」當成醜聞，而是當成一項發現。

然而德朗柏並不希望大家知道，這個故事當中的某些部分。外行的大眾不必知道梅杉捏造數據，或者欺騙同事。太多科學才士已經開始懷疑公尺的準確性，公制的敵人已經夠多。德朗柏的解決方法，是將經線探查的原始手稿存放在天文台的檔案室裡，並且在《公制》一書中宣布它們的處置。一八〇七年八月十二日，在天文台的八角形會議室中——如今德朗柏和梅杉的畫像懸掛在此，一份由三名天文台成員見證的法律議定書，詳細地描述寄存物[11]。在梅杉被重建的工作日誌的一條注解中，德朗柏解釋了決定公布哪些內容的理由：

> 我已謹慎壓下任何有一絲可能會改變梅杉先生名譽之事。梅杉先生謹慎進行所有的觀測及計算，理當享有這份令譽。如果他怕遭受不夠嚴謹或技術拙劣的責難，而掩飾少數不符的結果，如果他受到誘惑而改變幾組觀測結果……至少他是為了要讓已改變的數據絕對不要加入經線的計算中[12]。

三年後，在出版了《公制》第三冊也是最後一冊之後，德朗柏更進一步：將他與梅杉之間所有的私人通信，也存放在天文台的檔案室。不過，他認爲這些信最好是用火漆封住，這樣一來，除非對於這整件任務的正確性有嚴重的疑慮，否則沒有人能看到這些信[13]。

不過，既然德朗柏說巴塞隆納的矛盾不是醜聞，而是一項發現，他就有義務予以解釋。有幾種可能性：你可以怪罪恆星或是地球；可以怪儀器或方法，或者，可以怪觀測者。

梅杉曾經怪過星辰，至少一開始的時候。他要重新在金泉旅店觀測巴塞隆納的緯度，最初動機就是他的如意山數據當中，有因爲開陽星而不一致的現象。他擔心光線折射表對於低緯度的城鎮並不正確，尤其是像開陽星這種貼近地平線的星的折射。德朗柏當然也有同樣的憂慮，所以從來不用開陽星。不過，即使拿掉梅杉的開陽星數據，如意山的緯度和金泉旅店的緯度仍然不一致。至於後來天文學家猜想，梅杉會弄錯是因爲開陽星其實是顆「雙子星」這件事，其實梅杉很清楚這點，所以他一直把注意力放在較大的星體上，「以免某人認爲我沒有小心謹慎」，因此錯不在星辰[14]。

至於德朗柏，他寧願怪罪地球。如他所指出，經線計畫證實了地球的形狀是不規則的，而且並非所有經線都等長。此外，出版《公制》第三冊時，他已經可以引述英國一項新的經線調查，證實了這些不規則性。德朗柏假設梅杉在鄰近兩處地點的讀數有偏差，是受到當地地殼不平或是附近高山的影響，他猜想，這些不平造成科學才士遺漏了星球通過天球子午線的垂直線時，所造成的鉛垂線偏斜。然而，鉛垂線的垂直定義卻很模糊，因爲鉛垂線在當地重力的拖曳，會受鄰近高山或不規則地表的影響，這表示鉛垂線不必然指向地球中心；況且，波爾達複讀儀這樣的設備，校準的是重力垂直面，卻不一定校準地球上某一點的曲率（或者更精確地說，這一曲面最精確的曲率値），所以天文學定義的直線並不能對應出精確的地理測量直線，使用儀器觀測時應該要修正這個差異。這種擔憂並不新鮮，牛頓本人就曾想估算高山的重力引力，而法國的科學才士還特意挑選一條從敦克爾克一直到巴塞隆納的經線，只是爲了要避免任何庇里牛斯山而造成的偏差。德朗柏現在推測，如意山本身或許就是測量偏差的原因[15]。

今日的大地測量學，主要是要標示出這些重力影響。彈道工程師會估計高山對他們火箭產生的引力；有些標出大地水準面輪廓的地圖還被歸類爲軍事機密。地表之下，深沉的各種過程翻攪著這個星球。然而，這些重力的差異似乎不可能解釋相距僅一英里的地方，竟會產生如此大的測量分歧。地表的不規則並沒有這麼細微。

當然，波爾達那具神奇的儀器也可能是罪魁禍首，然而梅杉架設儀器時小心翼翼地繁瑣程度，可是遠近知名。也沒有任何證據可以支持某位加泰隆尼亞歷史學家極其有趣的說法；他認爲有一個愛國志士在搞破壞，假裝是一名天文助理，破壞梅杉的儀器，不讓他獲得巴塞隆納防禦的數據資料，然而，梅杉一向霸占所有觀測工作。雖然梅杉的確採用一種很費功夫的計算方法，德朗柏卻發現，即使重新計算梅杉的數據，分歧仍然存在[16]。

到最後，梅杉把永久的羞恥和折磨全怪罪到自己身上。但是，德朗柏可不同意這個結論。在大規模的檢視之後，他宣布金泉旅店的數據和如意山數據同樣可信[17]。

不過，還有一種可能，萬一無法怪罪到任何事或任何人，那該怎麼辦？確實，要是這當中根本找不出有價值的歧異呢？也就是說，萬一這錯誤既不在大自然，也不在梅杉觀測的方式，而是在於他對錯誤的理解呢？梅杉過世後二十五年，一個名叫尼可耶的年輕天文學家證明，或許正是這個原因。

尼可耶以一連串步驟重新分析了梅杉的數據資料。首先，他摒棄梅杉對開陽星低空通過時觀測的數據，這顆星在靠近地平線低空通過時，確實受到光線折射的過度扭曲。其次，他使用正確的「恆星赤緯表」重新計算梅杉其他的星高度，這個表是在梅杉生命將盡前完成，而且避開了梅杉和德朗柏在估算緯度時，所一再重複採用的方法。然而，和尼可耶重新處理梅杉數據的概念相比，這兩種改變都算小[18]。

梅杉和他同時代的人並未將**精準**（內在一致性）和**正確**（接近「正確答案」的程度）做有原則的區分。二者並不相同：精準的結果也許看起來很可靠，因爲當你再次測量，結果幾乎還是一樣，但是它們卻很可能欠缺正當性，因爲它們一致地背離「正確答案」。當然，實際上要區別兩者極爲困難，因爲我們並不知道「正確答案」爲何。

當初設計要重複使用波爾達複讀儀之目的，就是希望減少由於觀測者不完美的感官知覺或是儀器建造的不完美所產生的錯誤，也就是今天我們歸類爲「隨機分配」的錯誤，進而提高**精準**。然而，波爾達複讀儀卻仍會因儀器的基本設計而產生誤差，這種錯誤我們今天稱作經常性（或系統性）錯誤，造成結果**不精確**，無論它們的精準度有多高。當然，這些經常性錯誤只要一直保持恆常，多半不會有人察覺。而梅杉和德朗柏，就像所有舊王朝時期的天文學家，都是以直覺地明白這一點，這也正是他們何以對於在不同觀測點，維持一致儀器設置如此警覺的原因，但他們不了解的是，一再重複可以提升精準度，卻也可能減少正確性。舉例來說，經常操作複讀儀可能會磨損儀器的中央軸，而一段時間後，複讀儀就會多少不夠垂直。尼可耶猜測，這種未曾預期到的經常性錯誤，就是梅杉數據不符之源。這種情況使每個冬季的地點作的結果多少是內在一致（亦即精準）的，但卻使得接連兩個冬季地點的結果不協調（亦即不正確）。由於沒有一種「錯誤」的概念幫他找出這個矛盾之源，梅杉飽受折磨。

奇怪的是，尼可耶注意到，正是梅杉自己的執迷，使我們可以證實他測量結果矛盾的原因，並且更正。要訣是將通過天頂（午夜天空的最高點）北邊的諸星數據，與通過天頂南邊諸星的數據平衡，如此彌補了儀器垂直性的任何變動。由於梅杉測量了許多額外的星球，這種方法才成爲可能。

爲了計算緯度，梅杉先計算他量測的每顆星所表示的平均緯度，使每顆星有相同的重要性，再將所有平均數值平均。沒有比這更簡單，或者更天眞方法了。相反的，尼可耶先是分析了梅杉對通過天頂北邊諸星（他對北極星、右樞星以及帝星和魔羯星做過多次觀測）的觀測數據，將各星的平均緯度再加以平均。然後，尼可耶分別對梅杉所測星的天頂以南的星（對北河三和五車五觀測次數較少）做同樣的處置。用這種方式將結集所有數據一起解讀，這些結果似乎不夠**精準**：在如意山，朝北行進諸星所暗示的平均緯度，與朝南行進的諸星所暗示的平均緯度相差一．五秒。在金泉旅店，二者相差竟高達到四．二秒，但是當各地點的北方平均數和南方平均數結合時，卻顯示驚人的**正確性**：金泉旅店所有結合的緯度和如意山的結合緯度，僅僅相差非凡的〇．二五秒——正確度竟優於梅杉那三．二秒差異有十二倍之多！總而言之，尼可耶證明梅杉的數值並無不符，而且只要以正確方式分析，梅杉對如意山提報的數值和他的數據資料指出的答案，只差〇．四秒（或者四十英尺）。

尼可耶是十九世紀初典型的法國天文學家：他是拉普拉斯的學生，十分通曉錯誤理論。一八二八年，當他檢討梅杉的結果時，他才四十二歲，在巴黎天文台兼職。不幸的是，他的統計技術除了運用在天文學上，其他地方並未帶給他什麼好處，幾年後就把所有財產賠進股市。後來他移居美國，以他的天文知識和數學技術，在密蘇里北部及密西西比河谷地的一次測地任務中擔任領隊。在路易斯和克拉克走過「路易西安那購入地」地區的後一世代，尼可耶編纂了第一批美國中西部北區的正確地圖[19]。

諷刺的是，梅杉咒罵自己去測量的那些星星，卻反而證明了他的精確。相反地，德朗柏只測量了北極星和右樞星，這兩顆星都是通過天頂北方的星，所以他的結果無法往回校正。梅杉和德朗柏兩人已經指出，造成結果不符的錯誤之源的大半：光線折射的校正、複讀儀的垂直度、儀器的設置，他們缺乏的是釐清這些錯誤的方法。梅杉最大的錯誤，在於他誤解了「錯誤」的意涵，然而藉由他的誤解，他卻在無意間爲我們對「錯誤」的了解做出貢獻，永遠改變其在科學訓練上的意義[20]。

錯誤是什麼？有誰能對滔天大錯做出決斷？

現代科學接受錯誤，認爲這是它的宿命。它不要求科學實踐者一定要找出眞相，只要求他們誠實；它認爲眞相終究會經由一種集體的努力得出，只要每個人都誠實。當然科學家非常在乎得到正確答案，但是當理論和實驗太過一致時，懷疑肯定就會出現。因此，統計學家費雪推斷孟德爾那些培育豌豆的數據，不可能那麼接近他所聲稱的一比三基因比。米里肯也是同樣情形，他以一項電子實驗獲得諾貝爾獎，在這項實驗中，他壓下不相符的數據。在孟德爾和米里肯的時代——從十九世紀一直到二十世紀初，這種捏造情形很普遍，雖然讓人不以爲然。今天，這種行爲即使會遭受正式譴責，卻依然持續發生；在梅杉那個時代，這種情形不單是普遍，還被認爲是科學才士的特權，錯誤才會被人看成道德的缺失。

梅杉把他的科學個人化了，他的觀測結果由他決定發表或是隱藏，保存或是毀損。他認爲沒有義務要把他的成果展示給不認識的平民大眾，他只想要以自己接近完美的能力讓身邊的科學才士嘆服。將他的觀測用鉛筆記在鬆散的紙頁上，只會使他方便修飾數據的工作。即使他已經將謄寫的報告交給委員會，他還是認爲探查的初步數據是其私人財產，是隨身帶在皮箱中旅行時累積經驗的一部分。數據是他的遺產和他的墓碑，是他所有的一切。眞相屬於每個人，但錯誤卻由我們獨自承擔。

德朗柏的嚴謹卻是另一種面向。對他來說，調查人員要對同事及其資助者負責，革命政府贊助他們所費不貲的經線任務，理當得到完整的報告。這也是德朗柏何以如同公務員般將測量結果記錄下來的原因，他用墨水筆寫在筆記本上，標上頁碼，按照觀測的順序，而且每一頁都簽上名、簽上日期。他相信，共和的運作是透明的——唱名投票、公共法律和公開審判，那麼，科學也該開放供人細查。德朗柏認爲他的數據資料是公共財產，他只要求付出的心力可以得到該有的名聲。因此他對他發現的矛盾處和他使用的近似値都坦白以告。他從不認爲他的結果是確定的，重要的是，他已經盡可能地正確了，而且結果也精確得足以解決眼前的問題。

有一次，在即將交出幾份天文表格給科學院的前夕，德朗柏發現自己的計算中有一個細小的錯誤，於是接下來三個星期，他夜以繼日努力地除去一個「實際上是無法察覺的[21]」錯誤。這是一項重大努力中最爲繁瑣的工作，但是做完這件事，他才能心安理得地把表格交出去。而後，當一位同行的科學才士又發現另一處錯誤時，果眞有個同事發現，德朗柏就會自在並且公然承認他的錯誤，再次改正。

至於完美是否存在於「彼處」，蜷曲在大自然的子宮裡等待出世，那是神學問題了，而德朗柏是個異教徒。他在一個虔誠的家庭中長大，耶穌會修士教育他，他還曾考慮就任神職。但是他既不是信徒，也不像他的師父拉蘭德那樣是個無神論者，他是一個持懷疑論的斯多葛學派信徒，對他而言，完美的知識是超乎人類所能理解的。那又爲何有人期望他製造出一種完美的尺度[22]？

他一直都知道這個答案。在聖丹尼斯那些憤怒的自願者前解釋他那可笑的任務時，他就知道了。即使那時候，他私底下也同意那些自願者，至少部分同意。他的任務**確實**荒謬。爲什麼在舊秩序已被摧毀、在數百萬士兵戰死沙場之際，要開始測量世界？當我們可以用法律命令或是單純的同意來創造出一個標準的「度量」時，爲什麼要測量世界，用以創造一個長度單位？長途跋涉只爲去找出一個離我們這麼近的東西，簡直是荒謬。但是必須有人去做，必須有人在重新建立這個世界的工作上奉獻自己，否則在士兵殺戮結束，無知蠻族將高塔推倒，夷與無褲黨「粗糙低下的陋室」齊平之後，世上的一切勢將蕩然無存。總要有人去建立一種新的秩序，一種水平的座標，使人們記下他們站在哪裡、他們做了什麼，以及他們買賣了多少錢。

德朗柏知道，國際委員會誇耀的完美，其實是個騙局。委員會聲稱知道公尺長度到六個意義重大的位數，或者說在百分之〇．〇〇〇一之內。德朗柏現在承認，這是「我們不敢奢想的精準」[23]。如今那神聖的鉑棒既已安全的存放在國家檔案局——在那三道鎖的盒子裡，洋洋得意，誰也碰不著，他認爲承認這麼些才算是誠實。因此，在一八一〇年的《公制》第三冊中，他敘述一段地球離心率可能的數值範圍，也敘述一段相對應的四分之一經線的一千萬分之一的可能性的數值。他認爲，地球最正確的離心率或許比較接近三〇九分之一，而不是委員會的三三四分之一；他將梅杉對巴塞隆納所做的兩次緯度一併計入，而因此使地弧長度又改變了百分之〇．〇一。他的結論是，公尺較佳的長度應該是四四三．三二五法分（而不是四四三．二九六法分）[24]。

這是極微小的調整，比一張紙還薄，但這卻是一項了不起的正直之舉。公尺才被宣布爲「確定」後十年，它的主要創造者卻在創造它的正式報告中，承認科學進步已損害了它的正當性。今天我們承認這是朝正確方向邁出的一步，並不是因爲德朗柏的新數值比確定的公尺短缺了近三分之一（畢竟，他的新數值**仍然**比一七九三年的暫行公尺還不精確），而是對人類知識之短暫空幻的致意。

而德朗柏並不就此罷手，他建議將正式公尺的長度四捨五入成爲四四三．三法分。這似乎是個細微的調整，但是抹去兩個小數點位置，德朗柏暗示了公尺與正確數值只差不到百分之〇．〇一。他還指出這種修正還有一個理由：四四三．三這個數字容易記住，因爲它是兩個四再接兩個三。至於仍然堅持要採用六個有意義數字的人，他建議他們考慮當成四四三．三二二法分長，因爲這個數字也很容易記：兩個四，兩個三，兩個二[25]。要清楚說明德朗柏對於傳統標準的任意性的接受度，莫過於他寫給一位外國的科學才士信中所說：「隨便你去說我們達到的精準的程度，我只能向你保證一點，就是我已經用最大的誠意毫無保留的傳達出我們任務中的每一個細節[26]。」

最後，德朗柏寫公尺制的歷史，竟然花費了比測量法國還久的時間，就某種意義而言，他在這個過程中走得更遠。他是在國際委員會那令人困擾的結果公布之後，於一七九九年開始寫書。一八〇六年出版的第一冊開始一個探險故事，一八〇七年第二冊就直接寫到醜聞和發現的故事，一八一〇年第三冊則證明了知識開始於無窮止盡。德朗柏已經接受了世間知識的短暫，但梅杉卻不能。所以廣義而言，他也參與了同事的掩飾，但是他卻是爲了相反的理由：因爲他明白，得到完美的答案根本**不**重要。這也就是說，德朗柏了解梅杉的痛苦和死亡，其實根本一文不值的。我們生活在一個墮落的星球上，無路可回伊甸園，於是德朗柏決定就生活在地球的表面，即使地表是如此扭曲起伏，高低不平。

在與世間知識的不完美妥協之際，德朗柏還有一樣強而有力的知識新工具可供運用，這個工具是他和梅杉在不經意間所激發產生，但卻只有他還在世得以善加利用。在過去的一個世紀中，科學才士試圖以不完美的數據去符合一個完美的星球弧度；大地測量人員同意地球是一個扁圓的橢球，但是他們對於地球的離心程度卻無法意見一致，此外離心率又是因地而異。或者，這些數據是否有誤？那就假設數據正確吧！假設數據是由可能犯錯（但卻一絲不苟）的調查人員運用可能有錯（但是精巧）的儀器，在一個（可能）高低起伏的不規則地面上蒐集而來，然後捫心自問：在這些數據當中，最佳曲線是什麼？數據偏離這條曲線多少？這正是勒讓德提出的問題。

勒讓德的答案——最小平方法，從此以後就成爲現代統計分析的利器。這也是現代科學中最重要的突破之一，並不是因爲它擴展了對大自然的新認識，而是對錯誤的新理解[27]。

勒讓德刻意遮掩他的私生活，而將他的清晰頭腦用在數學上。勒讓德和拉普拉斯及德朗柏同時代，以數字理論和分析的成就，在三十歲被選入科學院。一七八八年，他向從事巴黎——格林威治探查的大地測量人員，說明該如何對其三角形的曲度做校正。他和卡西尼及梅杉被指派參加革命性的經線計畫，後來爲了德朗柏而退出。在恐怖時期，他短暫地躲藏起來，僅在迎娶了只有他一半年紀的新娘時露面。日後他擔任度量衡局的共同主任，也是爲國際委員會計算公尺長度的科學才士之一。他和其他人一樣，被未曾預期到的一百五十分之一離心率結果，弄得困惑不解。

五年後——梅杉死後一年，進步再次從旁悄然掩至。

幾世紀以來，科學才士們都覺得自己有權利用他們的直覺和經驗，去公布他們單一的「最佳」觀測，作爲某個現象的度量準則。在十八世紀當中，他們日益相信他們測量的算數平均數，是他們的成果中最「平衡」的一種觀點。然而許多科學才士，就像梅杉一樣，他們仍然會覺得任何與平均數相差太多的測量數值，不如接近平均數的測量數值重要，他們可以毫無歉意地刪去。面對多變現象所得出不一致的觀測結果，例如：根據從不同緯度對非球體地球觀測而得的曲度；或是一個行星的橢圓軌道，尤其軌道受到干擾之時，就連最嚴謹的科學才士們，也同樣的狼狽。有些數學家試圖找出規則，彌補那些相差太多的結果。耶穌會修士大地測量員博斯科維奇曾提出一種方法，還有幾名天文學者也都嘗試過不同方法；拉普拉斯也提出一種很累贅的方法，將最大的偏差化爲最小。但是這些方法依然是笨拙且不合理[28]。

勒讓德提出一個實際的解決方法，他認爲最佳的曲線應該是各數據點至曲線距離的平方中最小的那個曲線。這是一種通則，也是可行的計算；這是一種務實的見解，也產生一種根本的新概念。勒讓德的最小平方法使得「最佳結果應該是各不同數據中的平均」的這種直覺觀相形失色，就像是重力中心界定了一個物體的平衡點一樣。他也指出，最小平方法也可以證明，在單純情況下採用算數平均數的正確性。

一八〇五年，就在德朗柏正要完成《公制》第一冊之時，勒讓德將他的方法試用在當時世界上最有名的數據組上，自德朗柏和梅杉將這組資料交給國際委員會後，就一直讓他困惑不解。勒讓德假定地球的經線會畫出一個橢圓形，然後他再用最小平方的規則找出一個離心率，這個離心率可以產生出以各緯度與德朗柏和梅杉在敦克爾克、巴黎、埃佛斯、卡卡頌和巴塞隆納蒐集而來的數據形成的弧（有點像是走高空鋼索那樣的弧）最小的偏差的平方。當他找出這個離心率後，他發現各緯度距離那最佳高空鋼索曲線的偏差依然夠大，可以將之歸於地表的輪廓而非數據。而德朗柏也在《公制》第三冊中附和他的分析：不平整的是地球，不是數據資料[29]。

如勒讓德所說，他的最小平方法則的重大優點是，它可以十分容易且有系統地運用。它給予科學才士一個衡量數據的可行方法，不只如此，在幾年之內，它成了一種有意義的方法。

勒讓德的論文發表後四年，數學天才高斯聲稱最小平方法則——他稱之爲「我的方法」，他已經用了近十年。這種同時發現的事並非巧合，這種情況很常見。兩人都在研究相同的大地測量問題。事實正是如此，高斯也在研究相同的數據組，也就是德朗柏和梅杉蒐集而來的經線數據，一七九九年這些資料在德國出版。兩人也都閱讀過相同數學家的文章，尤其是拉普拉斯。而常有的事就發生了，這種同時發現會產生一場誰先誰後的激烈爭辯；首先，是因爲雙方都希望取得發現的榮耀，而且後來者還會有被指爲剽竊的危險；其次，由於雙方在發現的意義上有所不同，在這個例子上，兩人是個別得出這個方法，這一點似乎無可懷疑，先發表的是勒讓德。至於提出這方法有更深切意義的，則無疑是高斯[30]。

勒讓德提出他的最小平方法，認爲它既可行又正確。高斯則**證明**，錯誤在依一種「鐘形曲線」（今日稱作「高斯曲線」）分布的情況下，最小平方法可以得出最可能的數值，證明了它的合理。這種以概率爲基礎的方法，使拉普拉斯在一八一〇到一八一一年間，證明最小平方法有以下優點：在觀測的次數增加時，它最能減低錯誤；它可以指出如何區別隨機錯誤（精準）和經常錯誤（正確）；它也提出被選上的曲線**有多少可能**是最好的。這是個新論點。科學才士在尋找一種虛幻的完美時，不只知道該如何區分不同種類的錯誤，也知道錯誤可以用量化信賴去處理。在一八〇五到一八一一年間，一種新的科學理論興起——並非自然理論，而是錯誤理論。就是這個區分出隨機錯誤和系統性錯誤理論，讓尼可耶挽回了梅杉的名譽。

有些實驗先天就有錯誤，其他實驗則可加以改進；有些調查人員費盡心力地從事觀測，其他人則是草率爲之。新方法的引人之處是，同行間現在可以開始區分這兩種不確定，並且用他們判斷自然的那種客觀的技術判斷彼此。此時，德朗柏、拉普拉斯和其餘的法國科學才士開始願意面對，他們英國同行剛發現的一件事：即使是最挑剔的天文學家，在觀測時也會有其特質（視其反應時間等等而定），而這些特質就會將一種經常性的偏見注入他的觀測中，就是後來稱作「個人誤差」的東西。承認他們本人就是會出錯的儀器之後，是一項減少錯誤的計畫，天文學家們開始彼此校正、分工，使個人的影響能平均分散掉。其後幾十年間，天文學變成某種官僚式科學：一群初級觀測員（有事業心的青年）和一間坐滿計算人員（低薪的年輕女性）的辦公室，這些人會爲一位資深的天文學家賣命，而天文學家會指導他們的工作，分析他們的數據，再以他的名義發表結果[31]。

而透過不確定的面紗去接觸世界，科學再也不同於以往，科學才士也不一樣了。在下一個世紀當中，科學試著去處理不確定，日後終將從勒讓德、拉普拉斯和高斯等人的洞察中出現的統計學領域，將會使物理科學轉型，啓發生物科學靈感，並且產生出社會科學[32]。而在這個過程中，「科學才士」變成了「科學家」。

梅杉一生都是科學才士。度量被他看得很重要，就像度量對於王朝那些種麥子、烤麵包、到市場買麵包的農夫、麵包師父和家庭那樣的重要。不論是一顆星的高度，或是一條麵包的重量，度量表現了**價值**，這是一種道德的行爲，是正義的實踐。對於這位科學才士而言，天空的圖形顯現了一個龐然而周全的計畫，而測量地球的形狀或是一顆星的高度，也就是看一看它在那個圖形中的位置，就像是一條麵包的重量，證明了麵包價格的公正。

德朗柏、拉普拉斯、勒讓德等人及他們那個世代，則橫跨了這兩個世界。之前我稱他們為科學才士，但這個詞已經不適用了，他們此後將從事一場量化不確定的戰爭。他們會問：我們對於自認知道事物的了解，有多少信心呢？他們冀望自己對於大自然能夠不要有價值判斷，也避免在對世界的測量中求得意義。他們獻身於一項與眾不同的事業。一七九二年，馬哈首先用**科學家**一詞稱呼科學才士，當時他語帶嘲弄地指稱他們測量地球，為的是創造出統一的度量衡，這是自私自利的計畫。無論好壞，科學才士已經踏上通往科學家之路了[33]。

至於拉蘭德，在新政權下，他比在舊王朝時更憤怒。他是最後的**哲人**，如今已七十多歲：他是個偏好君主政體的自由思想者、是個仰慕耶穌會修士的無神論者、一個嫖雛妓的女性主義者，和從前一樣醜陋，自負也一如往常。新政權對這些舊反對份子是沒什麼耐心的。拉蘭德起初歡迎拿破崙掌權，為了這位將軍稱他「爺爺」感到驕傲。拿破崙曾經跟拉蘭德一個學生學習天文學，也極盡討好地寫信給這位老先生：「將一個人的夜晚分給美女和朗朗夜空，再以白晝時間謀理論與觀察之契合，這是我的世間天堂觀[34]。」

拉蘭德的自大非常純粹，一如鉑。當他的星圖達到五千之譜，這多虧了他女兒和姪子的辛勞，他以自己的名義出版一部厚厚的摘要。他審視前來聆聽他在法蘭西學院演講的五十四名聽者後，在日記中承認：「拉蘭德仍然是我最感興趣的人[35]。」一七九八年夏天，他領著可愛的昂莉——世上第一位女性飛船駕駛員進入一架飛船，讓她從事飛船首航，雖然政府禁止女性升空。次年春天，他試圖乘坐飛船到德國，順便觀測在大氣層之外的星辰。當時一位才子作了一首詩相贈：

看這位短小院士
他的驕傲可以充滿一間屋室
他想直接從風中聽到
是不是有人談起他
在月亮上，在月亮上，在月亮上[36]。

飛船只飛到布隆森林，他就取消這趟旅行了。他一直是很好的題材。當一名旅人帶回消息，說非洲有一種民族也像他一樣吃蜘蛛，報上勸拉蘭德現在必須換吃「有名氣的昆蟲」[37]。然而他也是虛榮可以為高貴使命效力的活生生例子，拉蘭德不在乎別人怎麼想。身為《無神論者字典》的編輯，他列出八百名服膺者：從蘇格拉底到拉蘭德。一七九九年，他將幾位同事也列入其中，包括「科學院拿破崙」[38]。

這件事危險了。大革命破壞之後，虔誠之心再度出現。好事者聲稱拉蘭德轉向無神論是因為報復，因為上帝把他生得如此醜陋，「看看他那雙內八字的瘦腿、他的駝背和小小的猴子般腦袋、他慘白而皺巴巴的五官和布滿紋路的窄額頭，和那雙紅色眉毛下空洞呆滯的眼睛」[39]。對這番侮辱，拉蘭德用一首諷刺詩回敬：

人類是愚昧、壞心眼的傻子
證明在這墮落塵世中存在邪惡。
區區一個無賴之言，人頭就要落地，
果真有上帝，就不會有人類[40]。

他的同事並非全都欣賞他的坦白，拉蘭德的特立獨行讓德朗柏處於尷尬的地位。起初這種情況還挺有趣。德朗柏曾同意要做拉蘭德孫女玉涵妮的教父，但是她的受洗一直延到德朗柏完成任務回來才舉行，那時候她已經七歲，能夠自己回答問題了。當神父問她是否棄絕魔鬼時，她說「棄絕」；問她是否棄絕世間浮華時，她說「棄絕」；再問她是否願意發誓生死都要在天主教會中時，她清楚大聲地說「棄絕」。教堂裡每個人都笑了起來，包括神父[41]。

之後拿破崙決定和天主教會妥協，以求得法國人之間的平靜。這些細緻微妙的協商結果便是一八〇二年的「政教協定」，更在教皇抵達巴黎為拿破崙稱帝加冕時達到最高點。就在這些微妙的磋商過程中，拉蘭德竟然魯莽地再度發行他的《字典》一書，皇帝大為震怒。但是惹火他的是無神論還是更嚴重的事？《字典》竟然好大的膽，宣揚起和平來了：「散布科學之光是哲人之責，如此則有朝一日他們或許可以抑制那些血染地球的殘暴統治者，也就是戰爭販子們。由於宗教已經產生太多這種人，我們也可以期望宗教也滅亡了吧[42]。」

法皇從奧斯特利茲戰場——他生涯中最好的一次勝利之後，寫信痛斥：拉蘭德已經老邁昏瀆，無神論摧毀了道德秩序，身爲終身祕書的德朗柏必須召開科學院會議，制止這位資深同事的言論。德朗柏試圖讓拉蘭德的順從像是自願的，維持學術自由的假象，同時也向權威低頭，但是拉蘭德不肯噤聲。一八〇六年，他又再版了《字典》，不過這一次上面沒有拿破崙的名字了[43]。

這一年，拉蘭德因爲胸疾所苦。一直到最後，他依然讓人難以忍受，在上氣不接下氣之餘自我嘲諷。在遺囑中，他寫道：「有時候我會自娛娛人地說，我認爲我具備人類所有的美德。這句話卻被人拿來攻擊我，好像我聲稱『具有所有的人類美德』。事實上，我說的是『我認爲我具備這些』，這可是兩回事。不過我這麼說或許不對，只是良心要我這麼說[44]。」

一八〇七年四月三日晚上，拉蘭德的女兒讀晚報給他聽之後，他要她去睡覺，他說：「我不需要任何東西了[45]。」他在凌晨兩點鐘過世。即使人已不在，他仍然能驚世駭俗。他過世後兩天，他的家人還得闢謠；謠言指稱，拉蘭德生前說要將他解剖的遺體放在自然史博物館公開展覽。十八世紀終於結束了。

知識、人類和政權在世間的短暫性，不該是憂鬱的原因。相反地，身處於一個充滿混淆因素的世界，在一個革命黨恐怖充斥的時代，德朗柏除了歡喜，還是歡喜。在他所有的旅程和辛勞中，終其一生，喜樂始終伴隨著他。這種喜樂不是登峰造極的狂喜，而是浸淫其中的淡淡快樂。他早已過了不切實際的年紀，德朗柏可以接受我們生活在一個墮落且不規則的星球上、生活在不完美和錯誤的世界上這個事實，因爲靠著誠實科學家們的群策群力，這種不完美得以消滅，錯誤也可以克服。一八〇六年，他寫信給一位在大革命中吃盡苦頭的友人：

在我一生中，我一直能體會到一種快樂，是如此輕柔，如此平靜，如此不受干擾，因此如果要我相信，償還受苦受難的債是人類命運的話，我就會為未來感到害怕了。不過我寧願相信，這當中也有例外，而我斗膽希望我將會是其中之一。我想，我的好運是因我的個性和性情而來。我所知道的唯一狂熱，是從未引起不幸的狂熱，那就是工作。我對工作的狂熱並未減輕，我繼續全力將自己奉獻給工作[46]。

德朗柏的臉圓潤了，但他的雙眼卻隨著歲月更加有力量；他的雙腿抖抖索索，但是他的手仍然堅定有力。曾經踏遍大半法國土地的旅人，卻連巴黎的街道也過不了，一八〇三年，一場風濕使他不良於行。關於受苦，他看多了，但是他的樂觀絲毫不減[47]。

一八〇四年，在數年曖昧關係後，他與他的年輕助理的母親伊麗莎白結婚。這時他五十五歲，她四十多歲，是個生氣蓬勃的孀婦，在巴黎西區有位置絕佳的房產。他倆可說是天作之合。她可以用拉丁文唸維吉爾的史詩、用英文讀亞狄生的散文、用義大利文朗誦梅塔斯塔修的劇本。在兩人結髮之前，她和德朗柏做低利放款的生意好多年。當達西家庭待在鄉間時，德朗柏和他的妻子就可以住在豪奢的天堂路上。他們在那裡閱讀古典文學，隨著他們的年輕友人洪堡神遊亞馬遜，並且爲她的兒子計畫輝煌的事業，德朗柏視他如己出[48]。

年輕的波瑪曾經想要像繼父一樣做個天文學家，結果卻進入工藝學校研讀地球上的礦業和礦物學。兩年後，他離開學校加入拿破崙的財務機關。一八〇七年，二十六歲的波瑪在那不勒斯服役時去世，這對他母親和繼父而言都是哀痛欲絕的損失。德朗柏為妻子抄錄這首雅典詩的英譯：

啊！愛是何等輕軟溫柔
展開你幸福的統治，
但是當我們全心投入
卻盡是苦澀與心痛。
若是我們漫遊的陰暗樹林
從白日飛逝
或在夜裡為我的愛
緩緩嘆息。
不需清風的漫遊者
不要違抗溫柔的幻覺
那呼喚你前去彼處的
或讓心憔悴的
不過是幻覺
年輕人花朵般盛開燦爛
復以痛苦讓那顆心沮喪
讓那心中充滿了悲痛[49]。

然而哀傷也是暫時的，德朗柏會在這個地球重新找到滿足的事物。生命的最後幾十年，他成爲一個帝國科學的權力掮客：做人情，決定事業，訓練同事；他同時擔任科學院的終身祕書、拉蘭德在法蘭西學院的繼任者、「經度局」成員，以及巴黎大學的出納組長。他也成爲法國頂尖的科學史家。在他的著作封面裡，榮譽頭銜就占去半頁。他成爲**堆積制**的明星，堆積制是法國人將多種職務集中在一人之下管理的可悲做法。雖然薪水相當高，德朗柏卻沒有任何世俗野心，「官職都是不請自來，我不貪圖非分之物」[50]。

在戰時慷慨寬大，帝國統治下誠實，浮誇時代中靜默，這些都是正直的試煉。如今他的天文觀測少了，他反而將注意力放在總合這種「內部科學」上。其中一個原因是，他已經無法輕易到他的私人天文台了。一八〇八年，他和妻子搬離天堂路，住進大學出納組長的官舍；繼子去世後，這對夫妻更是相依爲命。她對數學有足夠的了解，可以幫助他計算，德朗柏對於工作永不厭倦。一八〇六年，他出版一組修訂過的太陽表，這是迄今最精確的一個。一八一三年，他出版《簡明天文學》，一年後出版三冊的《天文學論

擔任科學院終身祕書的德朗柏　五十多歲時，德朗柏的學術影響力達到頂峰。

文》。以高斯之見，這些後期的作品沉悶無趣、匠氣十足，數學方面過分簡單，欠缺概念的巧妙，換句話說，不過是教科書罷了[51]。

即使德朗柏與宮廷內的詭譎密謀保持距離，他還是讓自己效力於拿破崙政權。一八〇三年，當亞眠條約漸失效力，拿破崙想要英國南方海岸登陸地點的詳細地圖，以及哪座法國塔樓最適合監視入侵者的相關情報，沒有人比德朗柏更了解法國北部海岸的大地測量。不到一星期，他就根據自己的研究和對一七八八年格林威治——巴黎調查所做的研究，提出一份最佳觀測地點的圖表[52]。身爲公務員，他有義務將和平的科學用在好戰的目的上。但在戰爭期間，他卻和英國的科學同行——皇家學會會長班克斯爵士合作，救援各自在戰爭中被捕的同事。班克斯協助法國大地測量人員從埃及搭船回國；德朗柏協助釋放身陷歐陸的大地測量人員。他們的國家或許正在交戰，但是科學家還是可以維持文明禮貌的，德朗柏以海運寄了多本《公制之基礎》到英國，隨書也附上和平歲月儘快來臨的希望[53]。

一八〇九年，拿破崙主導科學院舉行一項十年中最佳科學出版品的競賽。在應用科學的範圍裡，科學院無異議提名「德朗柏關於經線的著作」[54]。**德朗柏**的著作？梅杉的兒子們寫信護衛父親的榮譽，並且請願要將他的名字列入。於是科學院組成委員會裁決，委員會指出，雖然德朗柏和梅杉平分緯度測量的工作，但是德朗柏卻測量了一百一十五個三角形中的八十九個，以及兩條基線。更確切地說，德朗柏改進所有的大地測量法，重新計算所有梅杉的緯度，也幾乎寫出《公制之基礎》的全部內文。雖然在裡封上梅杉的名字排在第一位，但是理當得到這個獎的卻是德朗柏一人。也許德朗柏理當得獎，但是他卻不肯接受。德朗柏以利益衝突爲由，將《公制》一書從候選名單中撤回[55]。

兩年後，公制本身也被撤銷。革命曆是第一個陣亡的，而且是它的發明人親手給了**最後一擊**，使之壽終正寢。革命曆不但沒有將世人緊緊連在一起，反造成法國的孤立，即使在法國，它也是處處受忽視；巴黎人仍然歡慶一月一日，而那十天的工作周也特別不受歡迎；拿破崙也反對，他希望他的新政權能有天主教的正當性；而教會希望它的星期日和聖者節日能夠恢復。他加冕為皇帝後不久，就要他的參議院重新考慮這項改革，被明升暗降為終身參議員的拉普拉斯同意革命曆該廢除，由於其科學上的缺失，他說。在革命曆十四年的雪月十日午夜，法國的日期恢復為一八〇六年一月一日[56]。

其餘的公制改革也沒有維持很久。從一八〇一年起，公制（少了希臘文字首）就成為法國的正式度量衡制度，卻沒有改變法國男女的購物習慣。帝國政府力促百姓要表現得更好，它監督公制尺三十萬把的生產，命令警方懲罰頑抗者，又印製詳細說明，教導民眾正確分配小麥、柴火、酒、橄欖油和無數其他仍然放在舊王朝容器內載運的物品。然而拿破崙的行政官員們卻只能眼睜睜看著交易依然按照舊單位進行，並且一再否認政府即將取消公制的傳言[57]。

傳言果然不假。一八〇五年，以參議員拉普拉斯及祕書德朗柏為首的科學才士們，遊說反對公制再被削弱。內政部長是位化學家，他也幫助他的同僚拖延大限到臨的日子。五年後，當公制又受到新的攻擊時，院士們讚頌起拿破崙的帝國武功，他們說這些勝仗提供了獨一的機會，傳布一種普世的度量語言。拉普拉斯參議員直接向法皇本人求情，求他這個前學生保留十進位除法，甚至卑屈地提議，如果有幫助，這種度量衡重新命名為「拿破崙度量」也無不可，不幸還是沒用[58]。

正準備進攻俄國的拿破崙，決定將國內的經濟騷亂減到最低。一八一二年二月十二日，法國採用了所謂的「平常度量」。帝國的法定標準仍然是按照那根白金打造的國家檔案局公尺而定，只是日常生活的度量會接近王朝時期巴黎的度量。比方說，長度是以兩公尺長的丈（噚）為單位，而像從前一樣，一丈等於六王尺（英尺），一王尺等於十二英寸。原則上，十進位度量衡仍然會在國內的學校教導，也在公共工程和批發交易中使用。然而，拿破崙實際上又取消了一項革命的成就[59]。

簡而言之，此刻的目標是帝國的統一性。對於革命派的幻想，所謂一種物質世界的新語言，將可創造出自主平等的市民，並且有能力計算自己最佳利益這件事，拿破崙才沒耐心呢！公制所有的其他成分，全都為了達到這單一目標而揚棄。在少數有勇氣譴責此舉的法國知識份子當中，康斯坦是其中之一。

> 我們這時代的征服者，不論是百姓或是皇親貴族，都希望他們的帝國擁有平整一致的外表，權力自大的眼睛可以一眼看透，不會碰到任何會傷害或限制它目光的高低不平之處。相同的法律，相同的度量，相同的規矩，而如果我們可以逐漸達成，還有相同的語言。這就是人宣稱的社會組織的完美……今天最偉大的口號就是齊一[60]。

這就是過去二十年間的悲慘教訓。這就是預期的世界的尺度。極權政權曾經以外顯的同質性得到滿足，現代的獨裁者渴望的是**內在**的一致性，將任何干擾到對整體服從的差異夷平。孔多塞——對解放持樂觀看法的先人，曾天眞地想像這世界：有一種取自大自然眞相的普世律，足以和平產生平等和自由。康斯坦——對解放抱持悲觀看法的今人，卻親眼看到動員大眾所達成的一致性，是如何壓制了思想和習俗的差異。當然，兩人都是對的。他們的渴望和恐懼，仍然是現代世界繞著轉動的一個軸的兩個極端，而二者也都低估了實現這種一致性有多麼困難，不論是好是壞。

這種艱困的目標，甚至連拿破崙也無法達成。在帝國境內各處，他的「平常度量」遭受排斥，就像當初公制一樣。對於戰敗國的人民來說，這種度量不過是另一個哄騙他們進入單一歐陸經濟體系的企圖。在萊茵河大量商業的轉運地——鹿特丹，市民根本不理會轉換荷蘭度量為法國度量的傳單，那裡的帝國行政官對於「居民的個性，以及他們對新度量制的觀念」感到絕望。但是在巴黎，內政部長卻不意外，他親身體會一般百姓，無論法國人或荷蘭人，在維持他們特有的行事方式時，有多麼頑固[61]。

失敗激起嫉恨，挫折離間盟友。從拿破崙被放逐到遙遠的聖赫勒那島後，他就開始中傷他的前同事們，說公制矇騙他，也矇騙法國人民。「讓四千萬人快樂，對他們來說還不夠，」他不屑地說，「他們還想在全宇宙留下自己的大名。」科學才士想要推翻每一種習俗，重寫每一條規則，將每一個法國人重新造成他們的模樣，而這全為了一個可悲的抽象概念。他們的行為就像是外國的征服者一樣，他說，「舉起棍杖，要你服從一切，毫不顧及被征服者的利益[62]。」

德朗柏平靜地接受拿破崙帝國的崩潰，以及公制的滅亡，他對歷史的最終結果有信心。當聯軍在一八一四年春天進入巴黎時，他正在書桌前工作。

圍城當天，雖然連續砲聲在我書房清晰可聞，我仍然平和地從早晨八點一直工作到午夜。我深信軍隊不至於愚蠢到負隅頑抗，他們會開城門迎接聯軍，而得意洋洋的聯軍也會表現得慷慨大量。幾天後我看到外國軍隊湧上巴黎的碼頭，走過我窗下，塞滿大街小巷……科學才士的未來並沒有光明遠景，但是他們應該知道如何在匱乏中自得其樂。我的儲蓄將可確保我的獨立，而我妻子的小小財富提供更可靠的資源。你知道我的需求簡單，工作占據了我所有時間和所有心思。我的快樂不依賴更多的舒適，而我也不認為我必須改變我的個人習慣[63]。

帝國的崩潰讓德朗柏少了幾個職位，薪水也去掉四分之三。他並不懊惱這些損失，不過他必須再次搬家，這次搬到飛龍路十號，這裡距離科學院在四國學院的新址倒是很方便。此外，路易十八也重新任命他擔任最重要的職務：更名爲皇家科學院」的科學院終身祕書，而他也保有他在法蘭西學院的講座和「經度局」的職位。他向新的保皇政府解釋，和他的天文學家同事都是不過問政治的，不該只因改朝換代就將他們排除到一旁。他們政治的中立（有些人也許會說是政治的恭順）使他們理當保有各自的職位[64]。

目前的各種責任已經使德朗柏成爲一位學養豐富的歷史學者。從某方面來說，他一輩子都在爲這份工作準備。青年時期他都待在室內，不讓眼睛接觸到陽光，學習古代和現代的語言；在他的科學事業中，他詳讀古老典籍，搜索已故天文學家著作中的數據和他自己的做比較（就這點說來，每一位天文學家都算是歷史學家）。從成爲終身祕書後，他寫過頌詞、關於同事成就的報告，再加上一部《呈皇帝報告書》，記載在過去二十年中科學的進步情況，即使在撰寫《公制之基礎》的準備工作中，也都和歷史的重建有關[65]。

現在他把晚年專注在「從西帕卻斯到托勒密到吾人[66]」的一部天文學總史。他按照時間先後逐一介紹古今的天文學家，透過當前知識的過濾，將他們眞正的貢獻從他們那時代短暫的推測中抽出，而以自己的《天文學論述》爲這整個天文學歷史做個總結。這是一部六冊、四千頁的科學世系架構，也是第一部科學的大歷史[67]。

他的主題是精準的興起：追求精確的無情驅策。他的方法是經驗主義的：仔細閱讀原作。德朗柏嚴詞批評一些歷史學者；他們憑空想像古代有一支民族具有豐富的天文知識，後來卻失傳了，沒有證據證明這個民族存在過。他也不同意某些同事的看法；他們相信古代埃及人是從地球的大小得出度量衡的制度。德朗柏對法國大地測量人員行至尼羅河上游有極大興趣，但是他卻拒斥他們的結論；他們對金字塔的研究是將當前的幻想投射到過去[68]。

歷史學家的責任是不偏不倚、公正無私，而公正無私得反求諸己。因此在關於笛卡兒這位法國最偉大的科學才士的論文中，德朗柏使用一種尖刻批評的語氣，「歷史家虧欠前人的，只是事實眞相而已。」他寫道，「如果笛卡兒在天文學上只製造出妄想，那也不是我們的錯。」而他也著手記錄笛卡兒在自己的物理學中，多常心知肚明地違背對清楚且一致之規範的證據。笛卡兒的仰慕者忽視這項證據，而「以恢復他們想要藏在官方祕密布幔後的錯誤記憶，嘲諷法國民族」[69]。

在科學的歷史中，就像在科學本身一樣，只有坦白承認錯誤後，才有可能進步。

所以，德朗柏多麼適合監督笛卡兒重新下葬與身分確認事宜，這是他擔任終身祕書最後做的幾件事之一。一百五十年前，這位偉大的哲學家於自我放逐到瑞典時過世，但是他的遺體很快就被挖出，運回法國。從那時候起，他的遺體先是埋在教堂裡，再挖出來，運到一座埃及式樣的石棺中，而在大革命時期存放在一座國家博物館裡（旁邊是從聖丹尼長廊教堂搬來的皇室雕像），同時間政客們則爭辯他夠不夠資格入先賢祠。到一八一九年，先賢祠被改成一座天主教堂，伏爾泰和盧梭的墓碑被推到一旁，而「獻給偉人們——一個感恩的國家」的題詞則被鷹架蓋住。眾人決定，笛卡兒還是重新葬在聖日爾曼德佩教堂裡。德朗柏看著他們打開石棺，除去上頭刻有「笛卡兒，一五九六～一六九〇」字樣的小小內棺，裡面空空如也，「只有大腿骨還可以認得出，其餘多多少少都化成了灰」[70]。

所以，兩年後瑞典送給法國一份珍貴禮物——法國最偉大天才笛卡兒的頭骨時，你可以想像每個人的驚恐。之前犯了一個可怕的錯誤了嗎？他們埋錯人了嗎？這是另一個待解決的疑問了。終身祕書這時已經七十二歲，健康也走下坡。但他還是整理了文書和法醫證據，而以他用在科學和歷史上的那種嚴謹判斷這件事。他的結論是，這個送來的頭骨是假的，眞正的笛卡兒頭骨大概已經成灰了。實際證據不在之後，只留下推論，這樣就夠了[71]。

就在這一年，德朗柏也仔細地爲自己的死亡準備。他太清楚歷史家的能耐了。於是他毀掉私人文件的大半，他還保留與人聯繫的書信，好讓妻子在他死後可以徵詢他們要不要交還書信，以免個人祕密落入低三下四的人手中。他也動手寫了一篇短短的自傳，這篇自傳後來成爲他的學生兼科學遺囑執行人麥席歐出版的傳記基礎，而因此（他早就料到）也成為所有傳記的基礎[72]。

這全是蓄意的策略之一。他非常清楚，總有一天他會成為歷史調查的目標，所以他盡力去塑造這個故事，在誠實的範圍內。因此他將公制的眞實故事線索放在清楚明白的地方，公開宣布經線探查的工作日誌已存放在天文台檔案室，他沒有毀掉梅杉的信件，而是將它們封起存檔。他要讓歷史家能夠說出一個他在當時無法說出的故事。

一八二二年八月十九日晚上十點，德朗柏逝於飛龍路十號自宅。這位終身祕書葬在貝拉榭思公墓，而一位新的終身祕書繼任。傅希葉的第一篇頌詞是向他的前任致敬。這不是一篇王朝時代科學才士的頌詞，而是一篇現代科學家的演說，意在榮耀科學，傅希葉用一大堆驚嘆號誇讚經線計畫：他稱之為在眾人記憶中科學最偉大的運用——然而所有數據卻都是舊的度量單位，遵循著王權復興時期法國境內的法律[73]。

歷史是由死者和生者所塑造的。他們的執迷就像受膜拜的聖物般，盤踞於我們的壁爐架上，也盤踞於我們的良心中。科學喜歡自認是一項人類除役於偶像崇拜的努力，在每次新的知識將壁爐架清理乾淨時，同時抹掉過去。但是過去的錯誤卻會像過去的眞相一樣，可以訂立科學方向。

德朗柏死時，他那部天文學史全集的第六冊、也是最後一冊尚未出版。他警告友人，《十八世紀天文學歷史》會說出「全部眞相」。如果他們發現其中有些批判很嚴厲，他們應該記住，歷史可不是頌詞。他寫這本書，是要「卸下我的良心負擔」[74]。或許就是這個原因，他只簡介已經作古的天文學家，並將出版延到他自己死後。五年後，德朗柏學生兼科學遺囑執行人麥席歐主導這些部分的出版。

在討論的最後一批天文學家中，梅杉是其中之一。這部分可不是頌詞了。自從十七年前葬禮演說後，德朗柏對他這位前同事的了解又增加許多。於是他從頭說起：沒有證據證明傳說是眞的，即梅杉在天文學的起步是因爲賣望遠鏡給拉蘭德以償還父債。他重新評價同事的功業：梅杉從來都不是一個科學創新者，他進行經線計算都是借用德朗柏的公式。他對梅杉出發前往巴塞隆納的確實日期迴避不提：儀器製造的延誤，德朗柏現在說了，就意味這項任務一直要到一七九二年六月二十五日「才能開始」——這和說梅杉是在六月二十五日離開巴黎是不同的。他重新分配這龐大任務的功勞：特杭蕭應當以其工作得到表彰（這位工程師在一八一五年過世，當時他正在蒙特萊利進行三角測量，這個觀測點就在巴黎南邊，是德朗柏三十年前開始測量之處）。他重提在巴塞隆納的數據矛盾：梅杉隱瞞緯度上秒差異的「致命決定」，使得換作另一個天文學者就會坦白承認的事情變成一個謎。他還透露更多事：梅杉夫人是不得不誘使這位天文學家完成任務的；梅杉是在允諾讓他做天文台主任後才肯回巴黎；梅杉的數據不肯交給委員會並且非要回西班牙的觀念；梅杉始終守著祕密，一直到他的文件運回巴黎[75]。

然而在這麼多事情之後，德朗柏仍然認爲梅杉是一個「在各方面都令人景仰」的人，並且向他的讀者保證，他們可以對兩人聯合測量的經線具有信心。

沒有人敢說自己對梅杉天文學家的能力比我了解。我們維持密切的書信往來有十年之久。我早已握有他的筆記並仔細研究，甚至對於與我們任務有關的每一項計算都重新做過。以這種方式，我敢保證梅杉是個著迷於精確而又十分在意自己名譽的人，他很不幸地相信複讀儀可以產生一致和精準，但實際上這是不可能的。所以當他的觀測產生始料未及的異常狀況時，他不重新考慮這種想法，反而開始懷疑自己的能力。的確，他害怕別人會有他對自己（不公正）的看法，最後使他名譽蒙上陰影。但沒有這回事，他仍是值得我們永遠景仰的天文學家[76]。

德朗柏還有一份手稿沒有出版。在《地球的大小與形狀》中，他將大地測量的歷史敘述到他的時代。在其中，他修正梅杉隱匿的觀測，以「使我們從必須揭露虛假的義務中解脫，在某些意義上，我們成爲這種虛假的共犯」。但是他記錄它們，也是爲了要安慰那些走在他和他夥伴的路上的後繼大地測量人員，因而「爲他們消除完美之虛幻的疑惑，完美是人類尚未達成，而可能永遠也無法達成的」[77]。麥席歐認爲揭露這些並不明智，因爲當時正在努力要恢復公制。一直要到一九一二年，這部作品才出版。也就是在那時候，德朗柏和梅杉封起的信件才在天文台檔案室打開，而他們在二十世紀其餘時間裡，也一直靜靜躺在那裡，無人聞問[78]。

第十二章　公制天下

拿破崙的惡行，俺不知道；村裡老爺的壞，看得可多了，
要去打那個法國佬，俺興趣不大，
俺倒想砸爛了他們的刺刀，因為它們成排而來
要拉直英國醉漢造出來的彎曲路[1]……

——契斯特頓，《起伏的英國路》

我們可以假設，度量的起源可以上溯到人類歷史初期。噢，不能算是初期。根據猶太古歷史學者約瑟夫斯的看法，度量的起源可以追溯到該隱時代。亞當這個墮落的兒子不只殺了親弟弟，也是第一個土地測量員和都市計畫人員。而後爲了彌補他的罪過，「他發明了度量衡，終結了人們從前生活其中的單純」[2]。

度量是人類墮落的一個後果，是人類爲伊甸園外的世界發明的一樣東西，在這個世界裡，處處是匱乏和猜忌，人們必須勞苦，以換取彼此需要。度量不只是社會的創造物，它也**創造**了社會。度量是多年來人們爲了有妥當交易而協議出的結果，它們持續的使用肯定了我們的社會聯

繫，並且界定我們對公平交易的看法。

公制啓用於法國大革命期間，在法蘭西第一帝國時期撤銷，其後兩個世紀中重新被法國採用，也被地球上其他國家採用——除了美國、緬甸和賴比瑞亞。一八二一年，亞當斯（另一個「亞當」的後人）奉命爲美國是否該採用公制提出報告。亞當斯詳細研讀了《公制》一書，對經線探查大爲欽佩。他宣稱一七九九年的「國際委員會」在人類歷史上開創了一個新紀元，指向一個未來：「公尺將會在運用和繁多的衍生方面包圍地球，而從赤道到兩極都將會說同一種度量衡的語言[3]。」亞當斯的預言果然成眞。一種在自己國內被排斥的制度，卻成爲全世界的度量標準，雖然沒有成爲亞當斯自己國家的度量。這是怎麼一回事？

公制的提倡者說公制的勝利是不可避免的，而這種不可避免的氛圍也一向是他們最有力的說辭。如果別人全都要採用公制，你就有很大的「從眾」誘因。不過這就會引出一個問題：它的提倡者要如何說服世人說公制是不可避免呢？近到一九五〇年代，前往巴黎一座科學博物館參觀的遊客還要被警告說，盎格魯薩克遜的度量即將「移入」法國[4]，那麼世人怎麼會相信公制終將勝出？

表面看來，公制的傳布似乎是跟隨著政治的騷動而來，至少也是以法律訂定。公制最早依法在法國採用是在大革命時；法蘭西第一帝國時被西歐採用，被十九世紀歐洲新統一的國家採用，作爲其主權的象徵，再被宗主國的行政人員強迫殖民地施行。同時間，實際上公制的實施要更爲漸進，跟隨著在教育、製造、貿易、交通運輸、政府官僚政治和專業利益等方面笨重的社會發展前進。從一開始，亞當斯就期待它會是這樣。他警告說，公制標準的改變是「最艱難的立法權限之實踐之一」。寫出法條很容易，「不過將之實踐的困難卻總是艱鉅，也常常是無法克服的」[5]。然而即使是這個漸進實施的過程，主要也有賴政治意願。只有主權國家才有權力在百姓生活中協調如此巨大的轉變。而除非這番改變已經加以協調，否則要改換也沒有什麼道理。當亞當斯寫信給傑佛遜，詢問他的意見時，這位早就對公制放棄希望的前總統指出最基本的兩難：「在度量衡的問題上，你一開始就得面對雅典立法者梭倫和斯巴達立法者萊克爾加斯所主張兩種不同態度的問題：我們是要讓百姓去適應法律，或是讓法律適應百姓[6]？」

但如果度量標準攸關政治意願，與經濟或工技上的時機成熟與否，那麼要達成標準的一致，除了仰賴神話，還有科學，尤其是有關科學的神話。梅杉在巴塞隆納緯度的測量結果上自相矛盾，在十九世紀的天文界根本是公開的祕密。任何一個科學家只要查過物理常數表就會知道，檔案局那根公尺棒的長度，比從北極到赤道距離的一千萬分之一還短一些。這兩項缺失其實並無關連；公尺有誤，是因爲探查任務的總前提有誤，即德朗伯和梅杉在一七九二到一七九九年間所測量的法國境內經線長度，可以代表地球整體形狀。日後的科學進步已證明公尺是錯誤的，正如拉蘭德所希望。但是雖然如此，德朗伯和梅杉的史詩般任務還是成功了——並非這個任務取得了正確的結果，而是因爲它就是史詩。

最後，十九世紀的法國恢復公尺制，仰賴著對科學的虔敬，以及當初許諾的理性統治；依仗著過往的輝煌，還有未來的誘惑。但是過去和未來無法於現在交會，直到法國大革命（及其度量革命）在法國歷史上獲得光榮地位。一八三〇年的革命罷黜了波旁王朝，開啓路易·菲利浦的「布爾喬亞專政」，也使得這樣的「現在」成爲可能。一八三七年，政府恢復了公制，這既是法國現代化的保證，也是一種公開的肯定聲明，表明新政權是第一次大革命名正言順的繼承者。推動公制立法最力的兩人都有類似的複雜動機。其中一人是查爾斯・拉普拉斯，他是物理學家拉普拉斯之子，繼承了父親的頭銜，成爲貴族院的一員。另一人是德朗伯的科學遺囑執行人麥席歐，如今是議院的議員。他們的主張很簡單：公制會使法國在未來歲月中成爲一個現代而繁榮的國家，而且多虧法國過去那些光榮的成就，它可以立刻實施。

德朗伯和梅杉的任務故事在這場政治活動中扮演了重要角色。他們面對社會混亂依然力求嚴謹精確，正是第一次大革命劫後存留下來的高貴等情操的例證。他們碰到一般百姓時的滑稽困境——愚昧的民眾指責他們從事間諜活動和巫術，暗示著人們對於公制的排斥乃基於一種類似的誤解。最重要的是，他們的經線探查是一項具有歷史性的行爲，是法國大革命一項重要的遺產，必須保存下來。由此觀之，經線探查在政治上是成功的，即使科學上它失敗了。如今可以看出，經線探查的重大優點是：它**無法**輕易再來一次，而簡單的鐘擺實驗或許可以重來。經線探查的大規模、艱困和費用，已將「公尺」永遠確定了。在一七九〇年代使傑佛遜和英國科學才士不和而無法國際合作的經線計畫，如今卻使得公尺穩如泰山。探查使得公尺自科學進展的流程中移開，而將它鎖進國家檔案局中，成爲一件「鉑」證[7]。

一八三七年，這項立法以壓倒性的支持通過，而使公制從一八四〇年一月一日起在法國全境及其殖民地成爲強制性。法國選擇讓百姓去適應法律。當一名議員，同時也是知名物理學家，要求立法使度量單位既可被十也可被八整除，以幫助用一半和四分之一去點數物品的人時，一個不知名的議員當場喊回去：「相反地，我們必須革除他們的壞習慣[8]！」對某些人而言，這項公制的勝利象徵與舊王朝關係最後的斷絕，在工作場所也在權力廳堂。

挑戰慣例和仇恨，
立足於有用的事物，
共和的度量
推翻了眾王之「足」（foot）的度量[9]。

但是你不以爲意的慣例或習慣，卻是別人的生計。當法條還在巴黎審議之際，碼頭工人群起砸爛了十進位的度量衡具，逼得政府不得不派出騎兵鎮壓。若說是新制本身引發異議，倒不如說是猜疑引發，因爲百姓害怕這種轉變會犧牲了碼頭工人的利益，使各城鎮受到慘烈的競爭[10]。一八四〇年，一首哀傷的歌曲開始傳唱：

這條新法，有什麼好？
從今天起，我們再也不能
買一磅黃蠟燭油
也不能以夸特買奶油？
每一家街口雜貨店
都要雇用巫師做店員？

或者巴黎科學院
要提供我們貨品管理員？
（合唱）
我可不著迷我們立法人員的
十進位
大制度。
去他的度量萬歲！
詛咒新的度量衡吧[11]！

五十年過後，一名科海斯（德朗伯測量的經線附近一個地方）神父仍然會抱怨那裡的人根本不知道公制。一九〇〇年在德朗伯家鄉亞眠周圍一處地區，許多百姓仍然用舊的度量單位量布匹。一九二〇年代，法國南部仍然是以依照土壤品質而各區不同的單位計量土地[12]。

不過，這時候舊度量的世界正逐漸消逝。在十九世紀的幾十年間，公制知識已經從學校、城市、鐵路線散布開來。由於外省和外國移民大量湧入城市，他們的子女也能獲得中央政府資助的公立教育。由於城鎮成爲鄉下地區重要的市場，農人便依樣裝運產品。法國鄉間發現自己被誘出鄉村市集，進入市場原則的世界。一次大戰是轉捩點，不只度量衡，其他方面也是如此。年輕世代不再口操各地方言，如今他們只說法語。電力到達農莊，隨之而來的是政府的補助。新舊制度的完全轉換，幾乎花了兩個世紀，但是今天公制在法國境內各處用起來都感覺像昔日舊制度那麼自然。在這個過程中，法國人民的思想也改變了。

現在每個法國人都「開明」了。他們接受公制，視之爲唯一可行的度量衡制度，而幾乎不知道從前還有別的制度。在市集城鎮中，雜貨店主仍然會賣給你一**里佛**（磅）的豆子，不過這不再是當地的變種單位，只是五百公克的俗稱（不過當局仍然勸告觀光客要提防有根鬼祟的拇指按在秤上）。今天的法國百姓比他們的祖先富裕得多，受更多教育，更有數字概念，更會計算。年輕人全往城市去。各地的區別逐漸消退，公制將是他們唯一知道的度量標準。

然而法國並不是第一個轉換新度量的國家。當法國在一八四〇年恢復公制時，公制早已在荷蘭、比利時和盧森堡強制實行二十年了。這是法蘭西第一帝國及其失敗所造成的結果。低地諸國紛歧的度量早就教那裡的行政人員心灰意冷。法國兼併這些地方以後，它們也承接它的度量政權，以及民眾的抵制。拿破崙帝國的崩潰眼看要引起全盤的度量混亂。低地國家的百姓或許憎恨法國的統治，但是恢復的君主政權卻看出中央集權施政形式的好處，尤其是對於一個靠商業繁榮難駕馭的地區。一八二〇年以前，奧倫治的威廉一世國王就下令低地國各處採用十進位的公制；而當比利時於一八三〇年脫離荷蘭時，它不單保留公制，還又恢復了它原先的命名[13]。

因此公制既成爲在國家層面上政治統一的工具，同時也促使終將稀釋國家主權的國際商業的形成。義大利是這種型態發展的一個好例子。法軍迫使義大利半島成爲多組大型政治集團，度量上以義大利科學才士從國際會議上帶回來的鐵製公尺棒統治。法軍的撤退中斷了一項不得民心的改革。但是一待法國在十九世紀恢復公制，皮特蒙和薩丁尼亞也迅速宣布公制和一八五〇年一樣成爲強制性。其後十年，其他義大利城邦也紛紛跟進。這種對相同度量衡制度的接納，指向一個義大利民族國家的創建，這個民族國家也是在一八六一年和一八七〇年間以逐個階段完成，並且在一八六三年宣布公制爲國家唯一的度量標準[14]。

西班牙的例子則說明了公制不單使各國家統一，也使這些國家的殖民地和後繼國家統一。西班牙是最早受邀加入公制系統的國家之一，畢竟，經線弧有一隻腳是在加泰隆尼亞。但這個邀請卻遭到拒絕。一八四九年一條西班牙的法律，明訂推行公制的期限在一八五二年，卻延後了六、七次。一八五二年，葡萄牙也要求在十年中轉換制度，而其期限也一再展延。然而在此同時，公制卻被拉丁美洲新獨立的國家紛紛立法採用。贊成採用公制的法令在智利（一八四八）、哥倫比亞（一八五三）、厄瓜多爾（一八五六）、墨西哥（一八五七）、巴西（一八六二）、祕魯（一八六二）和阿根廷（一八六三）等國通過。這些法令都在多種情況下一再重申，而當地人民也保留舊的度量多年。但是這些法律給了公制一種不可避免的氣氛，這始終是它最大的資產。

到目前爲止，公制的立法都是隨著革命和戰爭而來。在每個例子裡，動力都是來自一個暴起的政權尋求統治合法化。然而民眾採納公制，卻是依循一個十分不同的型態：它是伴隨著教育、交通和貿易網的擴張，再加上一種金錢經濟的散布。到了十九世紀中葉，甚至還有人希望有一種全球性的換算方式哩！

那是個國際商業與強權競逐並行的時代。雙邊協議規畫兩國間的貿易，即使這兩國因各自聯盟的關係而不相往來；專業團體可以跨越兩國邊界，即使民族主義日趨強勢。一八六三年，一項全球郵政條約在巴黎簽訂，以公制的公克確定國際包裹的重量。地球畫成一條條的「時區」，又以海底電纜連綴在一起。統計學家也在布魯塞爾（一八五三）、巴黎（一八五五）、倫敦（一八六〇）、柏林（一八六三）、佛羅倫斯（一八六七）和海牙（一八六九）召開國際性會議，堅持各自的政府採用法國的公制[15]。

國際性度量衡標準的優點首次展現在一般大眾面前，是在一八五一年倫敦舉行壯觀的「水晶宮世界博覽會」時。該展覽的評審抱怨說，他們無法公平的評選出獲獎者，因爲各項目都是以成千上萬種不能相通的度量衡單位表示。有些人主張，最佳解決辦法是其中一項展示品，那是一組由巴黎工藝學院提供的公制標準。在一八六七年巴黎世界博覽會上，參觀者可以走進一間玻璃和鐵建造的亭子，對著世界各地形形色色的度量儀器目瞪口呆，最後是一組公制標準。導覽手冊已經爲參觀者指出明顯的結論了[16]。

突然間，烏托邦似的幻夢似乎已經觸手可及。一八六〇年代，英國、美國、日耳曼諸邦似乎眼看就要跟進了。一八六三年，下議院以一一〇票對七五票通過法律，明令大英帝國採用公制。國會會期在上議院還沒來得及決議就結束，不過已經排定次年要表決。一八六六年，美國國會表決要使公制成爲合法，但不具強制性。美國的公制倡導者期盼在國會的下一個會期，贏得全面的度量轉換。一八六八年，以普魯士爲首的日耳曼關稅聯盟，爲日耳曼統一的基礎，同意從一八七二年一月一日起採用公制。

對法國而言，這可是天大的好機會，卻也有同樣大的風險。法國人雖然熱切歡迎這些世界經濟強權加入他們的公制網，卻也害怕這些國家會提出加入的條件，而使得原本的標準變成無效。法國人曾經熱切主張基本的單位必須根據大自然而來，如今他們擔心會被自己的說詞倒打一耙。

主要的考驗來自法國的可怕新對手日耳曼。公制對於日耳曼諸邦的吸引力，就像它對義大利一樣。正如法國科學才士們所料：每個人都可以接受公制，因爲它對誰都不偏袒。普魯士希望將所有日耳曼諸邦統一在它之下。普魯士或許在軍事和行政方面很強，但是它還是希望西部日耳曼那些富裕、工業化的諸邦能心甘情願與之統一。一八六一年，當奧地利（普魯士的對手）與西部諸邦商議相同的度量衡時，普魯士不肯加入討論。但是到了一八六七年，當普魯士打贏奧地利以後，他就表現得寬宏大量起來了。普魯士同意不會強要西部諸邦採用它的度量標準，而要採用科學所認可的自然的、中立的標準，也就是公制[17]。

但是公制是中立的還是法國的？它是自然的還是歷史的？是科學認可的或是法律認可的？它是得自地球大小，或者它只是一根存放在巴黎檔案局的錯誤的鉑棒？

這些問題全都在那一年在柏林舉行的第一次國際大地測量會議中浮上檯面。參加會議的大地測量人員比任何人都清楚公尺最初決定的缺失。自從德朗伯在一八一〇年出版《公制》一書的第一卷後，他在科學上的後繼者更深入修訂了他們對地球形狀所知。每過十年，檔案局公尺和地球已知大小間的差距就更爲加大[18]。

此外，在過去的半世紀裡，每個歐洲國家也都在自己的國境內做三角測量，參照最能代表在其土地範圍內地球曲度的規則橢圓形，畫出它的地形。就像是每個歐洲國家各自住在自己的離心的星球上。這些國家中有一些現在急於將他們的地圖安放在近鄰旁邊，尤以普魯士爲最。爲達這個目的，他們需要一個共同的標準和一致的步驟。日耳曼人提出一項技術：高斯的最小平方法，如此一來，每個國家的三角形就可以排成最大可能的一直線。一八六一年，普魯士陸軍中長期擔任製圖部主任的貝葉將軍，獲准在柏林成立「中歐大地測量協會」。如他所指出：「由於它的性質，單獨一個國家無法成就這種事業，但是獨力無法完成之事，群策群力就可以達成。而如果在過程中，中歐可以因此目的而團結一致，貢獻所有的力量和資源，那麼一項偉大而且重要的成就便能成眞了[19]。」

這是令人急切又興奮的呼籲，使人聯想到七十年前發自大革命時期那些要歐洲統一的呼聲。大地測量人員決定校準他們的數目字：要讓所有人生活在同一個星球上。他們的協會成爲世界上第一個國際科學協會的核心[20]。

但是當日耳曼人發出邀請函，要將協會從中歐擴展到全歐洲時，法國的反應卻是分歧的。有些科學家認爲這是法國大地測量學重新注入活力的機會，法國的大地測量仍然沿襲著德朗伯和梅杉那七十年之久的技術；其他人則認爲這是一項企圖，意在將法國的三角形附屬在一個全歐洲的座標中，並且推翻由德朗柏和梅杉所決定的眞正的檔案局公尺，而其測量結果只應該「以謹愼與智慧[21]」修訂。於是，法國政府拒絕派代表參加柏林的會議。兩大歐陸強權的關係正迅速惡化，法國人不希望他們的公尺公然受抨擊。當一名法國科學家冒失地建議科學院先發制人，重新再去測量地球，而且這次要正確測量，他的同事們立刻要他住嘴。標準已經定下，否則就不叫標準了[22]。

國際大地測量人員明白這一點。在柏林的會議中，將軍和歐洲其餘的大地測量人員同意，公尺應該仍然是長度的標準：並不是因爲它根據大自然而來，而是因爲它已廣爲人所接受。就算公尺的自然起源是虛構的，那也是一種有用處的虛構，「說實在的，公尺的聲望有大部分來自一個觀念，而這觀念滿足人類的自尊，即我們日常的度量是從我們所居住星球的而來」[23]。然而，他們堅持檔案局的公尺有缺陷，必須製造一根新的公尺棒取代。

在過去七十年間，採用公制的國家都得央求法國爲他們的度量衡標準校準，而給予法國一種並不適宜的保管權，公尺棒本身也因爲不停地校正而磨損；一八三七年，一名巴伐利亞科學家發現公尺棒的兩端都刮到了；一八六四年，一項顯微鏡檢查顯示公尺棒表面有凹痕。除此之外，科學家們發現，曾經被認爲是「純」質的鉑，其實摻雜了類似的金屬（例如銥），而使得公尺棒隨溫度膨脹的比率變複雜。總而言之，他們有理由擔心，公尺棒的長度從一七九九年以來已經改變，目前無法正確代表長度，而未來也還會改變。結果證明了昨日的先進科學已成明日黃花。一八六七年的大地測量人員同意，新的公尺棒應該會與檔案局公尺相差「極其微小」，但是他們也希望由一個永久的國際性機構負責這個新的標準，如此一來，就沒有一個國家能聲稱自己擁有標準[24]。

這倒引發了法國人一陣自我懷疑。德國人的嚴謹會不會取代了法國的精準，就像日耳曼此刻正在取代法國一樣？彷彿整個國家受到梅杉的暗示，他的錯誤成爲集體的錯誤，他的偏執成爲舉國普遍的偏執。有些法國科學家，尤其是經度局的科學家，樂見這個將公制標準安放在安穩基礎的機會，但是商業部長卻拒斥任何想要取代公尺的行動，而天文台和科學院的科學家們也有一致的看法。他們說，檔案局公尺狀況良好，仍然是唯一可能的標準；他們甚至否認大革命時代的前輩曾經聲明「尺度」應該根據大自然而來、所有的經線都是同樣長度，或稱巴黎經線的長度或許可以一勞永逸地作爲定義，因此他們三重否定了公制的創立前提。不過他們的結論是，寧可邀請外國同行來到巴黎，也不願意見到他們建立起一種競爭的制度[25]。

於是，在拿破崙一世倡議召開第一次國際科學會議後七十年，他的姪子法皇拿破崙三世在巴黎發出第二次公制會議的邀請函，這一次，全世界所有國家的科學家都在邀請之列，包括美國、英國和日耳曼人。「今天，就像久遠前那場偉大的『國際度量衡委員會』之時，唯有邀請法國和外國的科學才士，以完全平等的地位共同努力，才最能夠保留公制的普遍性，得出眞正國際性的標準，此標準與存放在法國檔案局的一模一樣，足以滿足各國之科學需求，同時也爲世人普遍採用公制做準備[26]。」

一八七〇年七月，會議召開前兩周，普魯士與法國開戰。日耳曼的代表留在國內，不過其他十五個國家（包括美國與英國）的科學家還是在八月八日在巴黎舉行第一次集會，此時，法軍已退到麥茨。在這種情形下，眾人同意任何最後的決定都必須等到**所有**同僚都出席才能做出。之後，法國人終於說出心中的噩夢：他們的客人們眞的想要以地球大小作爲新公尺的基礎嗎？日耳曼出生的瑞士代表赫許（柏林大地測量會議的共同籌畫者），花了許多天才使他的法國同行深信：「我們這時代沒有一個正經的科學家」會苦思公尺須從地球大小演繹得出。新公尺棒會儘量符合舊公尺棒[27]。

普魯士贏了這場戰爭，法皇退位，普王成爲日耳曼皇帝，而法國（在一陣腥風血雨後）再度成爲共和。法國失去了亞爾薩斯和洛林，不過它也重獲民主。一八七二年，新的法蘭西共和重新發出國際公制會議的邀請函，德意志帝國派出數名代表。首席代表佛斯特熱心推動全世界度量和諧，爲人和藹。在近一個月的時間中，來自歐美三十個國家的科學家討論了替代的度量標準的形式、內容和分配，整個會議充滿同心協力的氣氛。他們同意新的公尺棒應該儘量和舊的一致，就連它的「不純」也是：百分之九十的鉑和百分之十的銥。他們也決定有多少國家就做多少標準公尺，再挑一根公尺棒作爲確定的標準：在相同事物中的挑出第一個。最後，他們提議設立一個常駐的國際機構來掌理這些事務[28]。

一八七五年的「公制會議」從此成爲所有國際度量標準的架構，這些標準包括電力、溫度，和其他現象。雖然法國代表對於設立永久的「國際度量衡局」並不起勁，但是他們還是提供場地，讓這個機構

打造新公尺　一八七〇年代，科學家在巴黎國立工藝學校的工作室裡，從事製造新標準公尺的實驗。新的確定標準公尺一直要到一八八〇年代末期才完成。

設在巴黎，免得它被柏林搶走。他們捐做此機構的布瑞托堡，在最近普魯士圍攻巴黎城期間幾乎全毀，端賴國際共同出資得以重建[29]。

又過了充滿科學爭議的十五年（包括對鉑銥合金的爭執，這幾乎又造成法德之間的裂痕），才做出合乎「檔案局」規格的新公尺棒。那時幾乎每一個歐洲國家都已命令要逐漸引用公制了。當這些公尺棒在一八八九年分送給各國時，依德朗柏和梅杉蒐集數據資料而製造的舊「檔案局公尺」，就喪失其全球的地位，和之前的皇室丈一樣，跌落歷史的深坑中；它不過是另一根貴重金屬棒，價值等同於鉑的市場價格，加上人們記憶給它的價值。但是，不消說，法國政府並沒有銷毀它，他們把它像以前一樣保存在國家檔案局，如同其他歷史文物，作為過往的證據，供人研讀[30]。

如今神話是這麼說的：德朗柏和梅杉英雄般地測量了地球，將公尺訂為四分之一經線的一千萬分之一。他們的錯誤已被遺忘，雖然這錯誤的化身被保存下來。一八八九年，新的鉑銥公尺棒取代了舊的「檔案局公尺」時，它被保存著。一九六〇年，當國際局以氪86原子中特別的能量轉換所發射出的光波波長重新定義公尺時，它仍然被保存著。一九八三年，當「國際局」重新將公尺定義為光在眞空中行進兩億九千九百七十九萬兩千四百五十八分之一秒的距離（時間的基本單位現在是由一座原子鐘定義）時，它還是被保存著。因此，以其度量不確定原則聞名的新的量子力學，再次提供「國際局」一個以大自然為基礎而可以非常（但絕非最終）精準的認明標準。然而每次的重新定義，包括最近的一次，都可以將德朗柏和梅杉一七九九年的最初公尺長度保存住。

眞相屬於每個人，也不屬於任何人。它是公共財產，也是瞬即消逝的，否則它就不是我們所稱的科學眞相了。但是錯誤卻是永久的，因爲它發生過一次，所以就像一個不幸福的家庭，以自己的方式存在著。德朗柏和梅杉將他們的生命建構在公尺中：他們沿經線旅行，挑選觀測點（包括他們自己的地點：在石楠堡的鄉間城堡、在天堂路的天文台），往接目鏡裡看，那沾著墨水的手指計算地球和星辰的角度。公尺是他們的墓誌銘，因爲錯誤唯蓋棺才能論定。然而在公開、獨有且眞實地接受他們的公尺時，我們也承接了他們的錯誤。他們的錯誤確實是全人類的錯誤，永遠的錯誤。

到了二十世紀中期，世上絕大多數國家都採用公制了，除了大英國協和美國。每次都是政治劇變促成這件事。中國在一九一二年成爲共和國後不久，就宣布在十年中要改換爲公制，一九四九年革命後實施該法。帝俄早在一九〇〇年就承認公制，但是卻要到一九二二年，蘇聯才明文規定實施公制。日、韓兩國雖然之前已經立法，但是卻要到二次世界大戰後才認眞地將度量衡改爲公制。在殖民運動之後，公制傳布到亞洲與非洲，之後又在殖民地脫離母國後散布開來。不管何種情況，度量衡對於希望合法化其領土統治並且建立一個民族政權的人都頗有吸引力，即使他們開放領土給國外市場強權。因此尼赫魯在英國人於一九四七年離開後，立刻讓印度採用公制。而公制散布愈廣，加入世界上最主要的國際網的邏輯就愈無法抵擋[31]。

英國是第一個沒有先經過激烈的政治動盪就採用公制的經濟強權，這無疑也可以解釋何以它同時是最後一個。公制的提倡者雖然歷經一個多世紀的努力，想要催促英國走進公制時代，但是英國卻要到一九七〇年代，即將加入「共同市場」時才正式採用公制。

在拿破崙戰爭期間，有幾位英國科學才士勇敢地接受了公制。知名的蘇格蘭地質學家普雷費爾在一八〇七年審閱德朗柏的《公制之基礎》第一冊後，力勸同胞留意英倫海峽那頭的創新之舉。普雷費爾瑣瑣碎碎挑著毛病，當然，科學才士都有這種特權。他贊成十二進位，不贊成十進位；以經線爲標準不精確，因爲不是所有經線都等長或是規律的。另一方面，他敬佩德朗柏的正直。這個法國人指出經線的不規則是地球一項眞正的特點，而不是觀測錯誤，因此給了地質學家進一步證據，證明了地球的高齡，以及將地球外形扭曲的歷史意外。關於普世度量這個值得讚揚的目標，他十分贊同這位科學才士同行，德朗柏與梅杉創造出一個值得全歐洲國家效法的制度。普雷費爾引用羅馬詩人奧維德的話：「學習是正當的，即使是向敵人學習[32]。」

德朗柏也報答他的讚美，《公制》一書的最後一冊中，他感謝普雷費爾的評論，並且爲經線弧未能從敦克爾克延伸到格林威治表示遺憾。經線弧再長一些會更正確，而且因爲跨越更多地區，也就更不會專屬於某個國家了[33]。

這一波四海一家精神的迸發，將會是英倫海峽兩岸五十年公制合作的最後一次。維多利亞時代的英國人另有旁騖：統一大英帝國的度量。這件事本身就是就是一項艱鉅的工作，英國的度量雖不像舊王朝時期的法國那麼紛歧，但也擾亂了中央的施政，阻礙遠距離的貿易（倒是使地方生活順利無礙）。十九世紀國會開始履行早在「大憲章」時代揭櫫的誓言，「舉國將只有一種葡萄酒與麥酒的度量單位」，廢除各地的度量單位，並開始罰款。即使一八三四年的國會大火燒了「財政部標準碼」，英國人還是堅持採用實際標準，棄必須不斷修訂的自然標準不用。到了十九世紀中期，英國已大抵廢除了各地方的度量單位和人體度量單位，只讓各行業擁有他們自己特有的單位，從珠寶商的「克拉」到醫生使用的藥量單位「吩」[34]。

這時候，當然，有些英國人也認爲公制會是合理的下一步。一八五七年，「國際度量衡與貨幣統一十進位協會英國分會」成立，爲消除「在此刻分化地球上國家的又一項障礙[35]」四處遊說。這個團體代表大多數科學家、幾名工程師，以及少數思想前進的工廠老闆。而「英國科學促進協會」也爲公制背書。「科學欠缺統一，國際商業也因爲相同原因而受阻[36]。」該是拋開民族自尊的時候了。由於只有法國的制度有機會被所有國家採納，英國人「別無選擇，只能遵從」。英國機械工程師惠特沃斯（以其螺紋標準知名）等工程師，則爲將英國度量改爲十進位論辯。人人抨擊英國鎊、先令、便士的混亂，英、法間的貿易正在自由化，商人希望能刺激出口。「教育委員會」、「聯合商業部」，甚至亞伯特親王，全都贊成公制改革。一個國會特別委員會的證人，聲稱公制在國外推行都非常順利。一八六三年，一項規定全大英帝國強制採用公制的法案，在下議院以一百一十比七十五票通過，但因國會會期在上議院尚未議決就結束，於是延後。法案被排定在下一屆國會中重新提出[37]。

結果，公制的改革用了一個世紀。經濟方面的需求顯而易見。在終於達到帝國內部的統一性後，大多數英國人覺得轉換單位沒什麼好處。此外，由於英國和美國的度量單位相同，和他國交易的任何獲益，都會被與主要貿易夥伴交易的損失抵消，除非這兩國能夠在度量改革上彼此協調，而這看來又不可能。然而，若不是一股反公制的遊說行動迅速出現，提出這些問題，這種經濟考量倒不太能阻擋公制的浪潮。這些人在第二年就準備好了。工廠老闆們作證，聲稱轉換的機具所費不貲；政治人物擔憂會在店家和顧客間埋下混亂和怨恨的種子；保護主義者把複雜捧成了美德：英國度量單位的泥淖，有利於懂得外國度量的英國商人，而外國人卻不懂得英國的度量。最主要的是，反公制的陣營極力稱頌帝國的度量，說這眞正表現了英國的歷史。他們嘲諷公制改革者是菁英份子，他們自己則是腳踏實地又愛國，這種說法一向奏效，尤其他們還可以聲稱是反法國[38]。

公制倡導者在一八六三年已經認定勝利在望，所以對於一八六四年一項僅只是「容忍」公制的法案，他們只得將就了。他們失敗的主因，是科學界的窩裡反。英國最重要的兩大天文學者，皇家天文學者艾利與赫歇爾爵士，聯手破壞了公制的科學基礎。他們挖出巴塞隆納緯度有異的舊事，攻擊梅杉在此事的「不實的隱瞞」[39]。他們指出，檔案局的公尺比起它自然的長度至少短了〇．一公釐。如果英國眞的要一個根據自然界而來的度量，赫歇爾說，它應該採用兩極間的地軸長度作爲根據。這個距離是眞實的，不像一條在大地水準表面上想像的經線。地軸也是眞正的屬於國際，不像一條經線弧只跨過一個國家。最後，由於地軸的長度是五億英寸，只要稍作調整，就可以作爲帝國寸的自然基礎[40]。因此，用上英國人的聰明巧思，每件事都可以徹底糾正，而什麼也不用改變。

不經一番爭鬥，公制改革者豈可善罷甘休？「十進位協會」（贊成公制）和「英國度量衡協會」開戰。凱文爵士（贊成公制）和哲學家史賓塞（反對公制）對陣。出口商（大多數贊成公制）也和秤具製造商（反對公制）槓上了。在接著而來的宣傳小冊戰爭中，打油詩的破壞力也不下於計算結果。

工程師蘭開用這首小調攻擊度量改革：

有人說公尺，有人道公克
還有人說公合，說啤酒和威士忌要用它來算，
可咱是個英國工人，年歲太大學不了
所以咱一磅磅地吃，一夸特夸特地喝，用咱三英尺長的尺去幹活

一群天文學家去測量地球，
四千萬公尺，他們說這是它的腰圍；
可兩極之間有五億英寸長；
就讓咱們堅守英寸英尺英碼，和那三英尺長的標準吧[41]。

「十進位協會」也用這首嚇人的〈習慣的鎖鏈〉反擊回去（但非常不成功）：

但不要到法國人把我們從渾渾噩噩中搖醒
才有人敢偷偷瞧
瞧那混合了「弗隆」和「桿」的可怕藥物
（弗隆，長度單位，約兩百公尺；桿，長度單位，約五公尺）

那東西毒害了我們的青春和我們的生命[42]。

這樣的詩句，或許公制提倡者輸掉這場仗也是活該，一直要到一九六五年，英國政府才宣布要有十年的公制過渡時間。而直到一九七一年，英國同意加入「共同市場」，真正的「和諧」過程才開始。

三十多年過去了，「和諧」還在慢吞吞地進行，就像那些抗議一樣。二〇〇〇年一月，英國開啓一個新紀元：商店必須以公制販售物品。幾個月後，松德蘭一個雜貨店老闆索伯恩因爲用磅爲單位賣香蕉，秤被沒收，八卦小報瘋狂抨擊。這就是隨著各處採用公尺制而出現的地方性抵抗。英國度量標準的轉換或許只是一組無關個人的度量換成另一組無關個人的度量，但即使這樣的沒有針對性，都可以讓人感覺像是主權的喪失。而就某種意義來說，英國拖延已久才接納公制的情形，確實是因爲主權喪失而加速：大英國協的式微，以及英國加入「歐洲共同體」。

一旦英國承諾要轉換度量標準，國協其餘的國家也跟進。一九七〇年，加拿大宣布不再等它南邊那個巨大的貿易夥伴了。於是眾人可以預見一項自發的轉換行動，一項附有例如《神奇數字：十》等動畫的教育活動，也誘導民眾接受這項轉換。由於以公制爲單位的消費品快速增加（最先的是牙膏），有些加拿大人就抗議了。不過一般而言，加拿大人爲自己「怯於」接受公制感到不解，他們甚至認爲接受公制是一種民族自尊的表現，因爲他們都採用公制了，而美國還沒有[43]。

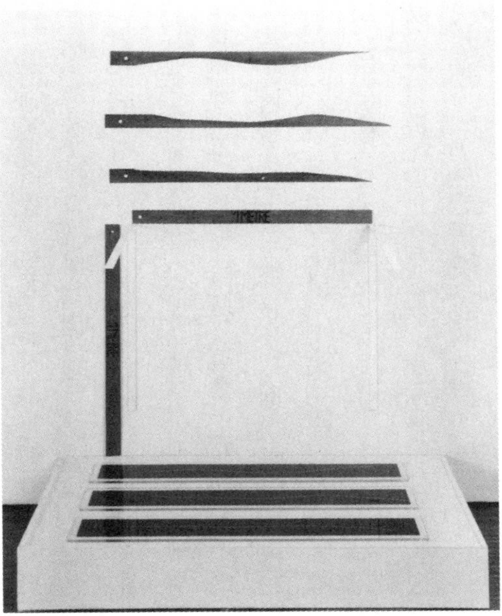

杜象，「三個標準的停駐」　法裔美國藝術家杜象後來稱自己這件作品是「開公尺的玩笑」。這也是他對於普世標準與個人創意間關係作的探查，同時更是「發現」藝術開展的肇始。這件作品開始於一九一三至一九一四年間，當時杜象從一公尺高（或如他聲稱）的地方丟下一段一公尺長的繩線到一塊木板上，再把繩線塗上亮光漆，保存它掉落時彎曲的形狀。這項實驗重複三次，而每一次他都會依著繩線的形狀裁一塊木頭模板，再把模板一個放在另一個之上（如圖），最後再加上有橫有直的標明「一公尺」的直尺，以記錄他的步驟。這件裝置作品一直要到一九五三年於紐約「現代美術館」展覽時才完成。在期間的數十年中，杜象以這些彎曲的木模板作爲他個人的長度標準，設計出一系列其他藝術作品。根據這位藝術家的說法，這是他運用「偶發性作爲媒介」的首次嘗試，但是近一步的調查卻顯示，繩線不是他丟下的，而是他仔細擺放在木板上。有許多方式可以解讀這件迷人的作品。它顛覆了精確度量的理想，同時說明了在創作最個人也獨特的藝術品時，普世標準的角色。它也促成了斷頭台的廢止。

從美國憲法簽署後不久，美國人就在爲公制爭辯了。憲法第一條第八款賦予國會「選定度量衡標準」的權力。誰想得到這麼一個關於數量的平凡題目會引發如此的狂熱？工業家和科學家、神祕主義者和本土派人士、吝嗇鬼和熱心人士、教師和政客，全都爲世界上的度量標準爭執過。一直到今天，美國的公制提倡者仍然屢戰屢敗。

弔詭的是，美國的度量無法改爲現代公制的原因，正因爲美國的現代性：不受封建制度、殖民統治起源，以及度量「相對的」一致性等的拘束。身爲大型且同質的經濟體，美國早就享受到得自相同標準的好處，因而減低加入其他公制世界的誘因。雖然這麼做無疑會帶來長期的經濟利益，但美國政府向來以依賴商業團體和民粹主義者出名。而這些人士是堅持要有短期報酬的。美國是世界上唯一認爲自己雖然參與世界經濟，卻仍然能置身在公制外的國家[44]。

美國甚至在一八三〇年代以前，就訂出自己的國家標準。一位名叫哈斯勒的瑞士大地測量人員在一八〇五年來到美國，帶來「國際委員會」確定的鐵製公尺棒之一。日後他成爲「國家標準局」第一任局長，他確認了緊跟著英國度量制的決定。一八六三年，成立不到一個月的「國家科學院」就開始敦促採用公制，然而國會卻僅僅將公制合法化，容許美國人自願採用新制，直到今天這種方式仍然是美國政府的政策。用傑佛遜的話來說，美國人希望法律適應百姓，而不是要百姓去適應法律，至少事關商業利益時是如此[45]。

美國也像別的地方一樣，即使僅是有可能採用公制，都會引起本土派人士的反應。幽默作家畢林斯嘲諷「國際度量會議」是全世界標準化的前兆，他寫道：「從來沒有這麼多的皇帝與國王在如此單純的使命中如此團結，想要找出如此值得稱頌的方法[46]。」其他人則認爲公制可憎。拉堤瑪是個虔誠的基督徒、成功的鐵路工程師，也是狂熱的金字塔學家，相信「神聖英寸」建在吉薩的「大金字塔」中，而橫跨數千年傳送到美國。他對無神論、法國人和公制有種天生的鄙視。他甚至還希望「自由女神像」是「以優秀的在地球上通用的盎格魯薩克遜英寸衡量，而不是法國那種公釐」[47]。無疑，美國工業家和工程師那些反對公制的說法發揮了更多功用，最後說服了國會。不過，拉堤瑪自誇說他在一八七〇年代和一八八〇年代阻止國會通過公制立法，倒也十分可信。

美國最近一次推行公制的運動開始於一九七〇年代，當時美國成爲最後一個主要的公制堅決抗拒者的態勢很明顯。一九七一年，「國家標準局」出版一份報告，名爲《關鍵時刻：公制的美國》，書名後面甚至沒有客氣地加上一個問號。這份報告主張，效率獲益和國際貿易使公制的轉換十分值得消費者、製造者和政府機構花費短期成本。多國企業希望用在世界各角落製造的零件組裝貨品，有些產業已經採用公制了，例如酒類和汽車。但是當一九七五年的「公制轉換法案」在國會成形，卻欠缺強制力、財務手段或是轉換的時間表。誠如福特總統在簽署儀式上令人難忘的宣布：就公制而言，美國商業界「跑在官方政策前好幾『英里』路前」[48]。

情況依舊，官方將高速路路標改爲以公制單位表示的企圖惹惱了百姓。報紙社論嘲笑公制倡導者是小家子器的獨裁者，或者更糟，根本是無聊人士。《芝加哥論壇報》專欄作家格林創了一個字「WAM!」（「咱們不用公制！」）：「我們反對公制的理由很簡單：我們不喜歡，我們不想學[49]。」雷根總統解散了「公制委員會」。一九九二年「國家標準局」出版的續集小冊子《關鍵時刻：眞正的公制美國》有種絕望的味道。蓋洛普調查顯示，雖然從一九七一年到一九九一年間，知道公制的人數增加一倍（從百分之三十八到百分之八十），但是希望美國採用公制的人數卻降了一半（從百分之五十到百分之二十六）。這種趨勢，孔多塞看了也要掉眼淚[50]。

以公里為單位的路標拆了，汽油再次以加侖計算，而加油站在小數點左側加上一個數字，以記錄加油金額。但是美國仍然靜靜地朝著公制走去。它的汽車零件是以公制單位表示，它的自行車也是。美國外銷廠商光是用美制和公制單位並列的標籤已經不敷使用，海外的貿易團體要求，貨品要用對等的公制單位載運。

說也奇怪，當愈來愈多美國人被誘使去使用公制時，這個國家或許也將失去長期以來，使公制在美國嫌多餘的度量一致性。這種新的混雜並用現象最驚人的致命處，就是一九九九年發生的「火星氣象觀測軌道太空船」墜毀事件[51]。美國加入公制世界的時間終於到了？

毫無疑問，如果我們全都說同樣的語言，世界經濟將會運行得更有效率，但是這樣一來，這個世界就會因為失去歧異性而變得貧乏。外國人經常抱怨，法國人抱怨得最凶，美國正領頭走向一個資本主義的全球化行動，這全球化是要夷平所有豐富生活的差異。要知道，在這個例子中，不同的只是美國。本書說明度量是社會慣例，是一種政治操作的結果。許多美國人在經濟以全球規模運作的範圍內已經使用公制，就像許多（但非全部）工程師、醫生、科學家和其他技術專業人員一樣。這些人在度量方面已經在「說雙語」，這件事本身是件好事，但是美國人卻毫無意願在日常生活中放棄其傳統度量單位。遲早美國人會放棄舊單位，並不是因為其他國家都使用了公制，而是美國人已經在使用公制了。

結語　世界的形狀

「你真是個傻瓜！我當然不需要見你，如果你是指這個。你不算是人見人愛的東西。我需要你存在，不要改變。你就像他們在巴黎哪個地方收藏的白金棒子，沒有什麼人是真正的需要去看它。」

「你錯了。」

「不，我沒有錯。總之，我很高興知道它存在，知道它的長度恰好是極地到赤道距離的一千萬分之一。每當有人測量房屋或是以公尺賣布給我，我都會想到它。」

「真的？」我冷冷地回答。

「你知道，我可以把你當成只是個抽象的美德、一種極限去記住。你應該感激每次我們見面時我還記得你的臉……」

安妮突然間那麼溫柔地對我微笑，使我淚水盈眶。

「我想你的次數比想那根白金棒子要多。我沒有一天不想到你。我也記得你外表的每一處細節[1]。」

——沙特，《嘔吐》

德朗柏在一七九八年初春測量的梅倫基線，今天稱作N6，是法國國道高速公路從梅倫東北往三十多英里外的巴黎的一段路。一八八二年，一隊法國大地測量人員回到梅倫。他們檢視了德朗柏在每個終點豎立的石造角錐，並且將之重建，以紀念他的辛勞。不過他們沒有重新測量他的基線，看來是害怕破壞了「檔案局公尺」的正確性。他們倒是用三角測量，間接去計算基線長度，而發現長度比德朗柏的長度短一公分。在十公里距離中相差一公分，相當於百分之〇·〇〇一的失誤。不論從十八世紀以來科學家促成多少進步，德朗柏和梅杉所達到的精準程度，仍然值得我們讚嘆，並且感謝他們教導我們對於「錯誤」的認知，既是以他們的努力，也是以他們的疏忽[2]。

經常有人說，現代科學使大自然的魅力消失了，除去了它的神魔鬼怪，使它成爲機械，奪去它的道德教訓，最重要的是，使它可以被解釋。但是科學褪去自然的魅力，使它變得完全可以理解，沒有任何深刻意義之後，科學本身也免不了失去了自己的魅惑力。在將測量推向最終的精準方法之時，科學才士發現錯誤是不可避免的，而要去處理它，也就意味著用他們長久以來以之對抗大自然的超然分析設備來對抗他們自己。在此過程中，一種避開個人美德的行業變成一項事業，而一種新的錯誤管理倫理出現，可以保證結果的正確。當然人類，無論外行人和專業人士，永遠都會要在大自然中找出道德教訓。而在科學中，品格仍然很重要：科學家的名譽仍然是他最珍視的財產。但是同行之間現在也可以用不帶感情的工具評估彼此的結果。錯誤變成一個用社會過程去處理的問題了。

今天，梅倫的紀念物已經在一次公路意外中毀掉。法國鄉間已經被公制協助產生的世界改觀。N6仍然像國王的工程師們所能建造的那麼的直，猶如一趟穿越法國歷史之旅。一旦離開中世紀的中心梅倫之後，N6，現名「巴頓將軍路」，經過一所十九世紀的磚造天主教學校和慈善醫院，然後與長條形的簡陋小吃商場和加油站平行，再橫過「歐洲圓環」，這是一座有草地的圓環，裝飾著歐洲共同體各會員國的國旗；早晨我騎自行車從城裡出來時，這裡就有一個「薩瑞塔馬戲團」的車隊在這裡搭帳篷，還有三頭印度象在圓環邊緣吃草。過了圓環，公路橫過一段第三千禧年初消費者天堂的地段：一間光澤明亮的「寶馬」車行、一幢巨大的「康福浪漫」超級商場（相當於沃爾瑪超市），接著是一連串販售家具、浴室磁磚等的大型商店。這幕景象可以在一百多個法國鄉間城鎮的郊外看到。巴黎的媒體抱怨「全球化」，觀光客在市集日對著蔬果攤稱奇，殊不知法國人是歐洲最起勁的超市購物者。

之後景象改了：大型商店之後是一畦畦起伏的油菜田，在陽光下黃澄澄一片。油菜田很快就接到路邊，路上兩排條懸木的樹影覆在其上，這些條懸木很可能就是德朗柏剪平了樹頂好一路通行無阻看過去的那六百株樹木。一片空地中央立著一間古老的小酒館「里昂郵車」，這是根據一七九六年在附近發生的一樁著名的郵車搶案命名的，搶案發生在德朗柏進行他的測量後兩年。

然後，景象又變了，N6很快地繞了個彎（這是它唯一的彎路），從A5快速道路上方走過，繞過巴黎——里昂TGV高速鐵路主線。在這個三條路交會點的一座工業園區，將液態空氣和其他高科技產品運到世界各市場N6來到快速道路的另一邊後，就轉成石子路，高速路也變窄了，通過古老的柳尚城，這裡是德朗柏的基線終止處。這座小鎮是巴黎一處遙遠的郊區，坐火車要一個小時。鎮中央有一座小教堂、一間披薩店、一家阿拉伯雜貨店。今天住在這裡的有許多是北非移民。我騎自行車經過時，有幾個孩童正在一片磚牆後方的田野間踢足球。他們問起我自行車的事，也告訴我柳尚的生活情形。這裡生活很糟，他們笑著說。

兩百年間，法國改變了。法國產品走到世界各地，世界也走進法國。世界為一種度量語言包裹，然而法國卻仍然被語言與文化分裂，就像這個世界。

公制的創造者相信，人類主要是由他們在世界上的經驗所塑造。他們希望市民能夠評估自己最佳的經濟利益，因為沒有經濟利益，他們永遠無法自由。他們相信，給人民工具去以理性和一致的態度面對物質世界，假以時日，人民本身就會成為理性而且一致。他們希望公制可以創造出一種新的公民，如同我們期望網際網路可以教導「資訊時代」公民新的政治美德。他們的目標是使生產力成為經濟進步看得見的尺度，而價格成為交易當中最重要的變數，在許多方面，他們的願景已獲勝利。從二〇〇二年起，歐洲大多數地區的共同貨幣歐元，就是公制的直接繼承人。近來似乎價格終於成為萬物的尺度了。

但是即使定下價格的全球市場，也是受制於人類慣例和人類欲望的社會產物。誠如德朗柏和梅杉的辛勞充分證實的，即使我們現代無關個人的度量也是人類幻想、人類熱情，以及在特殊地區挑選特殊人物等的產物。所以追根究柢，古希臘哲學家普羅塔哥拉斯的那句名言果真沒錯：「人是萬物的尺度。」

度量說明

書中提到的度量，除非另有說明，否則皆爲英美制單位。本段後是法國舊王朝時期單位與現今單位的大略換算表。無庸贅言，這些並非確實相等，因爲在舊王朝時期，即使度量名稱相同，在法國國內都可有達百分之五十的差異。當代最佳的對照表是薩普科的《大革命前的法國度量衡：省區與各地單位字典》。薩普科這本兩百一十四頁的字典必然不完整，應該再以一七九三到一八一二年間法國各行政區所擬定的上百個對照表作爲補充，然而，這些對照表也同樣不完整。

歷史學有一門次級領域——歷史度量學，就致力於在考古與文獻證據中找出古代度量。這種關於過去度量的證據不時會挖掘出來，使我們得以重現往昔先人的日常生活情形。

長度

舊制法丈（toise）≈英制噚（fathom）≈六英尺≈一·八三公尺
舊制巴黎尺（aune）≈英制厄爾（ell）≈三英尺≈九一·四四公分
舊制法尺（pied）≈英尺（foot）≈三〇·四八公分
舊制法寸（pouce）≈英寸（inch）≈二·五四公分
舊制法分（ligne）≈十二分之一英寸≈〇·二一公分

其他度量

舊制法里佛（livre）≈磅（pound）≈〇・四五公斤

舊制法蒲式耳（boisseau）≈英制蒲式耳（bushel）≈三六・三七公升

舊制法品特（pinte）≈夸特（quart）≈一・一三六公升

度數

從一七九三到一七九八年間，一個三百六十度的圓偶爾會被定義為有四百度。本書所有角度，以及所有的緯度與經度，全是以三百六十度的系統表示之。在這個標準制度中，每一「度」分為六十分，每一「分」分為六十秒，因此，36°44'61.26"的緯度，書中表示為成北緯三十六度四十四分六十一・二六秒（本書中所有緯度都在赤道以北）。

日期

書中事件的日期是採用格列哥里曆，而非革命曆；革命曆則以文字說明之。

幣值

法國舊王朝的貨幣單位是里佛（相當於英制的「鎊」），一個里佛分為十二蘇（相當於英制的「先令」）；二十個蘇等於十二個丹尼爾（相當於英制的「便士」）。共和政府恢復舊名「法郎」（一法郎可以分為一百「生丁」），在幾經討論後，終將一法郎定為約當一「里佛」。事實上，十進位的法郎最早要比舊「里佛」價值多十八分之一，因此它含銀的重量大約是四．五公克，而非昔日較低誤差的四．四一九公克。然而在大革命期間，「法郎」和「里佛」隨著立法的改變，有時是可以互換使用的。一八〇三年拿破崙實施金融改革，「法郎」成爲固定的貨幣，其銀含量提高爲五公克。

　　指劵是大革命初期創造的紙鈔，面值爲一法郎。但是不久後就貶值，而政府也開始出版「折現值表」，因應在四年間達到百分之兩萬的通貨膨脹率；土地劵是另一種紙幣，曾暫時取代「指劵」。關於法國大革命期間的金融和經濟，最精闢的討論，可見柯羅佐所著《通貨大膨脹：從路易十六到拿破崙的法國錢幣》。

法國大革命與採行公制相關事件時間對照表

時間	法國大革命相關事件	公制相關事件
一七八八年	·路易十六召開「三級會議」	
一七八九年		
四月		·拉蘭德力促「三級會議」採統一的實際度量標準
六月	·「三級會議」成爲「國民公會」	
七月	·巴士底監獄被攻陷	
八月	·「人權宣言」發表，封建特權結束	
一七九〇年		
二月		·「國民公會」舉行一場以巴黎標準爲基礎的統一度量公聽會
三月		·「國民公會」採塔雷朗提議，以鐘擺爲度量標準
一七九一年		
三月		·「國民公會」同意以經線測量爲基礎的度量標準
六月	·路易十六因「瓦倫逃亡」而蒙羞	
一七九二年		
六月	·普法戰爭	·德朗柏與梅杉展開經線探查任務
七月		·德朗柏採勘巴黎附近的觀測點；梅杉抵達巴塞隆

		納，探勘加泰隆尼亞的觀測點
八月	・八月十日的叛亂結束君主統治	
九月	・凡爾登堡被攻陷，使得巴黎對普軍門戶大開；共和宣告成立；瓦爾米之役，普軍開始撤退	・德朗柏在拉格尼和聖丹尼被捕；梅杉在加泰隆尼亞進行三角測量
十月		・德朗柏在巴黎地區進行三角測量
十二月		・梅杉測量如意山緯度
一七九三年		
一月	・路易十六被處死	
二月	・英法戰爭	
三月	・法西戰爭	
四月	・「公共安全委員會」創立	・西班牙政府讓梅杉轉到巴塞隆納的金泉旅店
五月		・梅杉在抽水站發生意外，幾乎喪命
六月		・德朗柏開始從敦克爾克往南朝巴黎做三角測量
八月	・科學院廢除	・「公制法」確定一種暫行公尺，以及一組有系統的字首術語
九月	・「恐怖時期」展開	・梅杉自庇里牛斯山山頂做三角測量
十月	・革命曆二年	
十二月		・德朗柏被正式從探查隊中除名；梅杉則在金泉旅店測量緯度

時間	法國大革命相關事件	公制相關事件
一七九四年		
三月		・梅杉發現他對巴塞隆納緯度的兩項量測值有歧異
五月	・法軍征服低地國	・梅杉離開巴塞隆納往義大利，在熱那亞住了一年
七月	・羅伯斯比處死，「恐怖時期」結束	
一七九五年		
四月	・普法和約	・革命曆三年芽月十八日的法律重啓經線探查任務，也確定了公制；梅杉從熱那亞前往馬賽，在該地待了六個月
五月	・超級通貨膨脹如排山倒海而來	・德朗柏繼續在奧爾良和布赫日之間進行三角測量
七月	・法西和約	
八月		・梅杉繼續在佩皮尼昂和卡卡頌之間做三角測量
一七九六年		
五月	・拿破崙攻打義大利	・德朗柏從布赫日往南朝埃佛做三角測量
一七九七年		
二月	・廢除紙幣	
四月		・德朗柏從埃佛往南朝羅德茲做三角測量
八月		・德朗柏在羅德茲完成所有三角形，返回巴黎
十月		・梅杉在諾爾峰做三角測量，回到卡卡頌
一七九八年		

四月		·德朗柏開始在巴黎附近的梅倫測量基線
五月	·拿破崙遠征埃及	
七月		·德朗柏抵達佩皮尼昂測量基線；梅杉夫人與丈夫在羅德茲相會
八月		·梅杉繼續從羅德茲朝卡卡頌做三角測量
一七九八年		
九月		·「國際委員會」決定公尺長度的正式開始日期
十月		·德朗柏在卡卡頌等待梅杉完成最後的觀測點
十一月		·德朗柏與梅杉返回巴黎；「國際委員會」確定公尺的第一次會議
一七九九年		
二月		·「國際委員會」接受德朗柏的測地資料數據
三月		·「國際委員會」接受梅杉的測地資料數據
六月		·定案的鉑公尺棒送到議會
九月		·巴黎周遭地區強制採用公尺
十月	·拿破崙從埃及返國	
十一月	·拿破崙霧月十八日政變	
一八〇〇年		
十一月		·廢除公制單位有系統的字首術語，回復「日常名稱」

時間	法國大革命相關事件	公制相關事件
一八〇一年		
七月	·拿破崙與天主教會的政教協約	
九月		·法國境內強制採用公制
一八〇二年		
三月	·英法亞眠和約	
八月	·拿破崙成爲終身執政	
一八〇三年		
一月		·德朗柏成爲科學院終身祕書
四月		·梅杉前往西班牙做第二次探查
六月	·英法齟齬不斷，眼看將有戰爭	·梅杉在加泰隆尼亞海岸做三角測量
一八〇四年		
一月		·梅杉渡海到伊比薩，後至馬約卡
四月		·梅杉在瓦倫西亞做三角測量
九月		·梅杉亡故
十月		·梅杉之子帶著父親的文件回到巴黎
十二月	·拿破崙加冕爲皇帝	
一八〇五年		
十一月		·德朗柏得知梅杉的錯誤
十二月	·普奧俄聯軍在奧斯特利茲大敗	

一八〇六年		
一月	・革命曆廢止	・德朗柏出版《公制》第一冊
一八〇七年		・德朗柏出版《公制》第二冊
一八一二年	・拿破崙進攻俄國	・拿破崙宣告撤銷公制
一八一五年	・拿破崙敗亡，波旁王朝重新掌權	
一八二〇年		・低地國採用公制
一八二二年		・德朗柏亡故
一八三〇年	・波旁王朝君主制憲政體告終	
一八三七年		・法國議會恢復公制
一八四〇年		・法國境內強制採用公制

圖片來源

頁十三 Swedish Royal Academy of Science. Photo: Georgios Athanasiadis.

頁十四 Musée de Laon.

頁二七 Karpeles Museum, Santa Barbara. Photo: David Karpeles.

頁三三 Earth Sciences Library, University of California, Berkeley. Photo: Custom Process.

頁四八 Saint-Denis, Musée d'art et d'histoire. Photo: Irène Andréani.

頁五四 Photo: Roman Stansberry.

頁六六 Méchain to Llucía, October 1793. Photo: Archives Départementales des Pyrénées-Orientales.

頁七二 Delambre, Base, 2, pl. VII. Photo: Roman Stansberry.

頁七三 Jean-Dominique Cassini IV, Pierre-François-André Méchain and Adrien-Marie Legendre, Exposé des opérations faites en France en 1787, pour la jonction des observatories de Paris et de Greenwich (Paris: Institution des Sourds-Muets, 1790), pl. 3. Photo: Houghton Library, Harvard University.

頁七四，頁七五 Alexandre Laborde, Voyage pittoresque et historique de l'Espagne (Paris: Didot, 1806-22), pl. I, pl. IV. Photo: Special Collections, Golda Meir Library, University of Wisconsin-Milwaukee.

頁七九 Photo: Observatoire de Paris.

頁九一 Photo: Observatoire de Paris.

頁九二 Bibliothèque Nationale de France, Coll. Destailleur, Ve Rés. 1047. Artist: De Machy.

頁九六 Musée de Versailles; Réunion des Musées Nationaux. Photo: Art Resource.

頁一一八 Musée des Arts et Métiers-CNAM. Photo CNAM.

頁一三八 Photo: Observatoire de Paris.

頁一四五 Musée de Laon.

頁一五四 Musée des Arts et Métiers-CNAM. Photo CNAM.

頁一五七 Photothèque des Musées de la Ville de Paris. Photo: Chevalier.

頁一五九 Musée des Arts et Métiers-CNAM, Paris. Photo: Pascal Faligot, Seventh Square.

頁一八二 Photo: Galleria Internazionale d'Arte Moderna di Ca' Pesaro, Venice.

頁二〇一 Photothèque des Musées de la Ville de Paris. Photo by Briant.

頁二三四 Photo: Roman Stansberry.

頁二三六 Delambre, Base, 3, plate vi. Photo: Roman Stansberry.

頁二七四 Bibliothèque Nationale de France, Est. Kh383 no. 227.

頁二七七 Photothèque des Musées de la Ville de Paris. Photo: Svartz.

頁二八八 Photo: Observatoire de Paris.

頁二九七，頁三〇〇 Antonio José Cavanilles, Observaciones sobre la historia natural, geografía, agricultura, población y frutos del reyno de Valencia (Madrid: Imprenta Real, 1795-7), 1, p. 184, p. 110. Photo: University of Chicago Library, Special Collections Research Center.

頁三三二 Photo: Observatoire de Paris.

頁三五一 Archives de l'Académie des Sciences. Photo: Charmet.

頁三五九 Illustration (16 May 1874), 316. Engraver: H. Dutheil. Photo: Roman Stansberry.

頁三六七 Museum of Modern Art, New York. Photo: Art Resource.